本书获西南石油大学研究生教材建设项目资助

石油高等院校特色规划教材

石油工程测井新技术及应用

姜淑贤 夏宏泉 胡 南 宋金泽 编著

石油工业出版社

内 容 提 要

本书在概略介绍常规测井技术的基础上，深入浅出地阐述了各项石油工程测井新技术的主要工程应用，具体包括元素俘获岩性识别与核磁共振测井技术、声电成像测井技术、随钻测井技术、过套管电阻率测井技术、套管损伤测井检测技术，以及欠平衡测井技术、人工智能测井技术。全书原理及仪器介绍并重、理论和实际应用紧密结合。

本书可供石油工程专业的研究生使用，也可作为相关领域的研究生、工程技术人员和研究人员的参考用书。

图书在版编目（CIP）数据

石油工程测井新技术及应用／姜淑贤等编著.
北京：石油工业出版社，2024.12. -- （石油高等院校
特色规划教材）. -- ISBN 978-7-5183-7212-6
Ⅰ．TE151
中国国家版本馆 CIP 数据核字第 20240EG655 号

出版发行：石油工业出版社
　　　　　（北京市朝阳区安华里二区 1 号楼　100011）
　　网　　址：www.petropub.com
　　编辑部：（010）64523733
　　图书营销中心：（010）64523633
经　　销：全国新华书店
排　　版：三河市聚拓图文制作有限公司
印　　刷：北京中石油彩色印刷有限责任公司

2024 年 12 月第 1 版　2024 年 12 月第 1 次印刷
787 毫米×1092 毫米　开本：1/16　印张：13.25
字数：338 千字

定价：38.00 元
（如发现印装质量问题，我社图书营销中心负责调换）
版权所有，翻印必究

前言

测井技术产生于油气工业，涵盖了电磁学、声学、力学、核物理学等的基本理论和测量方法，被誉为发现和监测油气的眼睛和医生。自诞生以来，测井技术作为井下油气勘探的重要方法之一，为地质家和油气工程技术人员提供了大量认识和分析地层的信息，是发现和描述油气藏以及评估油气储量的重要依据。尤其是近年来日新月异发展的测井新技术，使人们在对地层充分认识的基础上，由"一孔之见"实现"一孔远见"，可以更加高效安全地开发油气资源。

本书共分为七章，第1章回顾并介绍了常规测井方法及技术，第2章至第6章分别针对元素俘获岩性识别及核磁共振测井、声电成像测井、随钻测井、过套管电阻率测井、套管变形及损伤测井检测等多种测井新技术进行阐述，主要包括新技术的方法原理、代表性仪器以及工程上的应用实例。其中，第3章选取了典型的石油工程测井解释软件进行介绍并展示其在岩石力学参数、地层三应力计算、射孔压裂层段优选等方面的应用。第7章针对欠平衡测井、人工智能测井两种测井新技术的原理及应用进行阐述。

本书由西南石油大学石油工程测井岩石力学团队的姜淑贤、夏宏泉、胡南、宋金泽共同编著完成，具体编写分工如下：第1章、第2章由夏宏泉编写，第3章由姜淑贤、胡南编写，第4章、第7章由姜淑贤编写，第5章、第6章由胡南、宋金泽编写，全书由姜淑贤统稿。研究生宋宣锜、夏宏明、李册为本书的完成做了大量的资料准备和文字校对工作。

测井方法和仪器的发展进步与石油工业生产实践的需求息息相关，并得益于微电子、通信、计算机和人工智能等技术的进步，使得精密测井仪的研制、数据准确快速传输、测井资料的精细处理成为可能。与飞速发展的测井技术相比，本书介绍的内容还仅是整个测井技术中的一小部分，编者希望能够抛砖引玉，使读者能够有兴趣并主动了解和运用测井相关新技术。

本书编写过程中引用了国内外相关领域的文献资料，在此向所有作者表示衷心的感谢。由于编者水平有限，书中错误和不妥之处在所难免，恳请广大读者予以指正，不胜感激。

编者

2024 年 8 月

目录

第1章　常规测井技术概述 ·· **001**
　1.1　电法测井原理及应用 ·· 001
　1.2　放射性测井原理及应用 ·· 015
　1.3　声波测井原理及应用 ·· 022
　1.4　其他测井方法 ·· 025
　参考文献 ·· 031
　练习题 ·· 031

第2章　元素俘获岩性识别与核磁共振测井技术及应用 ····················· **033**
　2.1　元素俘获岩性识别测井技术及应用 ······································ 033
　2.2　核磁共振成像测井技术及应用 ·· 046
　参考文献 ·· 059
　练习题 ·· 059

第3章　声电成像测井技术及应用 ·· **061**
　3.1　电阻率系列成像测井技术及应用 ·· 061
　3.2　偶极横波成像测井技术及应用 ·· 077
　3.3　远探测声波成像测井技术及应用 ·· 109
　3.4　固井质量检测与评价的声波成像测井技术 ··························· 115
　3.5　石油工程测井解释软件介绍及应用 ······································ 122
　参考文献 ·· 138
　练习题 ·· 139

第4章　随钻测井技术及应用 ··· **140**
　4.1　近钻头随钻测井与地质导向技术简介 ·································· 140
　4.2　致密油和页岩油（气）随钻测井评价技术 ··························· 145
　4.3　天然气水合物随钻测井评价技术 ·· 148
　4.4　煤层气随钻测井评价技术 ··· 155
　4.5　随钻地层压力测井技术 ··· 160

参考文献 ··· 165
练习题 ··· 166

第 5 章 过套管电阻率测井技术及应用 ··· 168

5.1 过套管电阻率测井简介 ··· 168
5.2 过套管电阻率测井分类及原理 ·· 170
5.3 过套管电阻率测井影响的因素 ·· 172
5.4 过套管电阻率测井的应用 ·· 173
参考文献 ··· 178
练习题 ··· 179

第 6 章 套管损伤测井检测技术及应用 ··· 180

6.1 套管损伤测井检测仪器及原理 ·· 180
6.2 套管损伤测井检测技术的应用 ·· 185
参考文献 ··· 186
练习题 ··· 187

第 7 章 其他测井新技术及应用 ··· 188

7.1 欠平衡测井技术及应用 ··· 188
7.2 人工智能测井技术及应用 ·· 197
参考文献 ··· 205
练习题 ··· 206

第1章 常规测井技术概述

地球物理测井作为油气勘探的重要手段,按照所研究的岩石物理性质不同,可分为以下几类:(1)研究岩石电学性质的测井方法,包括研究岩石导电性的普通电极系电阻率测井、微电极系测井、侧向测井、微球形聚焦测井和感应测井等,研究岩石电化学性质的自然电位测井和人工电位测井等,研究岩石介电性质的电磁波传播测井;(2)研究岩石原子物理和核物理性质的测井方法,包括自然伽马测井、密度测井、光电吸收截面指数测井、中子测井、自然伽马能谱测井、活化测井、同位素测井和核磁测井等;(3)研究岩石声学性质的测井方法,包括纵波、横波和斯通利波的速度测井,幅度测井,以及声波成像测井等;(4)其他一些测井方法,如井径测井、地层倾角测井、井温测井,以及检查井内技术状况的各种测井方法等。

1.1 电法测井原理及应用

1.1.1 岩石的电学性质

岩石作为一种多孔(孔隙中含流体)混合介质,表征其电学性质的参数为电阻率 R、电导率 σ、介电常数 ε 和磁导率 μ。

1. 电阻率基本概念

电阻率与电阻的关系可用电阻定律来表示:

$$P = R \frac{L}{S} \tag{1.1}$$

式(1.1)表明,对一导电均匀的导体,其电阻 P 与导体长度 L 成正比,与截面积 S(电流垂直于此截面)成反比,R 为导体的电阻率,其值与导体的性质有关。当电阻的单位为欧姆(Ω),长度的单位为米(m),面积的单位为平方米(m^2)时,电阻率的单位为欧姆·米($\Omega \cdot m$)。岩石导电性的强弱也常用电导率来反映,电导率是电阻率的倒数,其单位为西门子/米(S/m)或毫西门子/米(mS/m)。

2. 电阻率与岩性的关系

(1)砂岩的电阻率变化范围较大,电阻率大小与砂岩的分选程度、胶结物及胶结程度有关。分选差、胶结好的致密砂岩的电阻率高；分选好、胶结弱者电阻率低。泥质胶结砂岩的电阻率低于硅质、钙质胶结的砂岩。粉砂岩的组成颗粒较细，分选好，孔道均匀，离子运动的阻力较小。粉砂岩中常有均匀分布的泥质或黏土颗粒，它们也增加了粉砂岩的导电性。因此，粉砂岩的电阻率比较低。

(2) 砾岩的颗粒较粗，分选很差，多数胶结良好，孔隙度很低。因而，砾岩的电阻率较高，高者可大于 $1k\Omega \cdot m$。也有孔隙发育的例子，这时的导电性与砂岩相差无几。

(3) 石灰岩、白云岩的颗粒极细，孔隙度极小，一般小于7%，几乎不含水。致密石灰岩、白云岩的电阻率高达 $5\sim6k\Omega \cdot m$。碳酸盐岩在外界条件作用下，可形成溶洞或裂缝。孔隙通道极其复杂，连通性较差。裂缝性的白云岩、石灰岩呈现明显的低电阻率，是碳酸盐岩中的储层。

(4) 石膏和盐岩孔隙度极低，如石膏仅1%，电阻率都很高；含泥质时，电阻率下降。

主要岩石与矿物的电阻率见表1.1。

表 1.1 主要岩石及矿物的电阻率

名称	电阻率, $\Omega \cdot m$	名称	电阻率, $\Omega \cdot m$
黏土	1~200	石英	$10^{12}\sim10^{14}$
泥岩	5~60	云母	4×10^{11}
页岩	10~100	长石	4×10^{11}
泥质砂岩	5~1000	方解石	$5\times10^{8}\sim5\times10^{12}$
疏松砂岩	2~50	硬石膏	$10^{4}\sim10^{6}$
致密砂岩	20~1000	石墨	$10^{-5}\sim3\times10^{-4}$
泥灰岩	5~500	磁铁矿	$10^{-4}\sim6\times10^{-3}$
石灰岩	600~6000	黄铁矿	10^{-4}
白云岩	50~6000	黄铜矿	10^{-3}
玄武岩	$6\times10^{2}\sim10^{5}$		

3. 电阻率与孔隙度和含油饱和度的关系

阿尔奇(Archie)通过大量实验得出纯岩石含水饱和度、孔隙度、电阻率以及地层水电阻率之间的两个基本关系式，即阿尔奇公式。当地层不含黏土矿物或导电金属矿物时，100%含水的孔隙性纯砂岩、碳酸盐岩地层电阻率 R_0 与地层水电阻率 R_w 成正比，R_0、R_w 以及岩石孔隙度 ϕ 之间的关系可表示为

$$F=\frac{R_0}{R_w}=\frac{a}{\phi^m} \tag{1.2}$$

式中，F 为地层因数，无量纲；m 为地层胶结指数，取决于岩石颗粒的胶结类型和胶结程度，孔隙性砂岩地层的 m 值范围通常为 1.5~3；a 为岩性系数，a 值范围通常为 0.6~1.5。

此外，阿尔奇实验得出含油气的纯岩石电阻率 R_t 与地层含水饱和度 S_w、岩石100%含水时的电阻率 R_0 之间的关系式为

$$I = \frac{R_t}{R_0} = \frac{b}{S_w^n} = \frac{a}{(1-S_o)^n} \qquad (1.3)$$

式中，I 为地层电阻率增大系数；b 为与岩性有关的系数；n 为饱和度指数，与油（气）、水在孔隙中的分布状况有关。对孔隙性砂岩地层，n 值的变化范围为 1.0~4.3，以 1.5~2.2 居多；b 值一般接近于 1。不同岩石的 a，b，m 和 n 值是不同的，一般需要通过岩电实验得到，对于孔隙性地层，通常取 $a=b=1$，$m=n=2$。

阿尔奇公式是电阻率测井解释饱和度的基础公式，将电阻率测井和孔隙度测井有机连接起来，实现了储层含油气饱和度的定量评价。由于阿尔奇公式是基于骨架不导电的孔隙性纯岩石得到的，因此对于黏土发育、骨架导电的孔隙结构复杂的岩石饱和度预测具有较大的局限性。学者们以阿尔奇公式为基础，针对岩石电阻率和饱和流体性质间的关系展开了大量研究，推出了各种地层条件下利用电阻率计算含油气饱和度的理论模型。

1.1.2 侧向测井

普通电阻率测井是建立在各种岩石具有不同的导电性这一基础上的，为此，需要向井中供应电流，在地层中形成电场，研究地层中电场的变化，求得地层的视电阻率 R_a。电阻率测井在盐水钻井液或高阻薄层剖面的测量条件下进行时，由于钻井液及围岩的分流作用，使得普通电阻率测井获得的视电阻率远小于地层的真电阻率，不能正确反映地层电阻率的变化。

为了解决上述条件下的普通电阻率测量问题，设计了迫使电流侧向进入地层的侧向测井（laterolog）。侧向测井的种类很多，如三侧向、七侧向、八侧向、双侧向、微聚焦电阻率测井等，但其特点都是主电流被聚焦，侧向流入地层。下面以双侧向测井（dual laterolog logging，DLL）和微球形聚焦测井（micro-spherically focused logging，MSFL）为例介绍侧向测井的原理及应用。

钻井过程中，井中充满了钻井液，一般钻井液柱压力 p_m 略大于地层压力 p_p，在渗透性地层处钻井液滤液向地层渗入，并置换了原渗透层孔隙中的流体，这就是钻井液侵入现象。钻井液滤液向地层渗入的同时，钻井液中的固体颗粒就附着在井壁上形成滤饼。

由于钻井液侵入，井附近介质电阻率将发生变化。在靠近井壁处岩层孔隙中的流体几乎全部被钻井液滤液所代替，这部分叫冲洗带，其电阻率为 R_{xo}；在冲洗带的外部是一个孔隙中部分充满了钻井液滤液的过渡带，冲洗带和过渡带统称为侵入带，其电阻率为 R_i；再向外是远井、未被侵入的原状地层，电阻率为 R_t。井周渗透层附近介质分布如图 1.1 所示。

钻井液侵入可分两种类型：

当地层孔隙中原有的流体电阻率较低时，电阻率较高的钻井液滤液侵入后，侵入带岩石电阻率升高（$R_{xo}>R_t$），这种钻井液侵入称为增阻钻井液侵入，或称钻井液高侵，它多出现在水层。当地层孔隙中原有的流体电阻率比渗入地层的钻井液滤液电阻率高时，钻井液滤液侵入后，侵入带岩石电阻率降低（$R_{xo}<R_t$），这种钻井液侵入称为减阻钻井液侵入，或称钻井液低侵，一般多出现在地层水矿化度不是很高的油层。

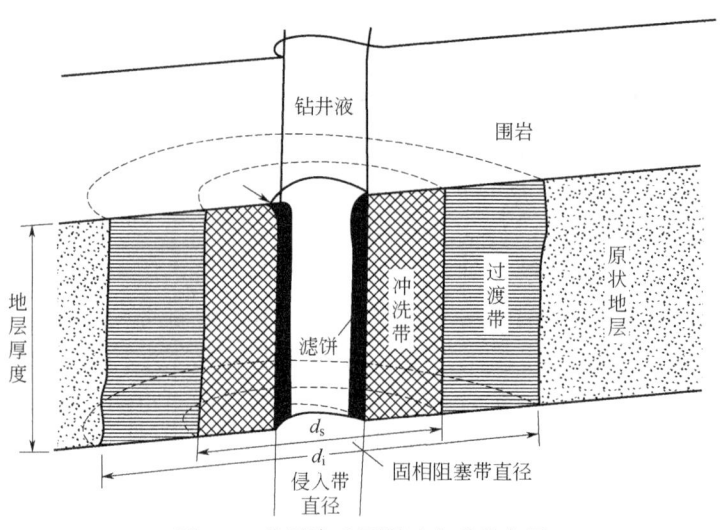

图 1.1 井周渗透层附近介质分布图

1. 双侧向测井

双侧向测井采用圆柱状电极和环状电极，主电极 A_0 通以测量电流 I_0，M_1、M_2（M'_1、M'_2）为监督电极，测量过程保持 M_1、M_2（M'_1、M'_2）电极间的电位差为零。进行深侧向测井时屏蔽电极 A_1、A_2 合并为上屏蔽电极，A'_1、A'_2 合并为下屏蔽电极，并发出与 A_0 电极同极性的屏蔽电流。浅侧向测井时，A_1、A'_1 为屏蔽电极，极性与 A_0 电极相同，A_2、A'_2 为回路电极，极性与 A_0 相反，由 A_0 和屏蔽电极 A_1、A'_1 流出的电流进入地层后很快返回到 A_2、A'_2 电极，减小了探测深度。双侧向测井电极系和电流线分布如图 1.2 所示。

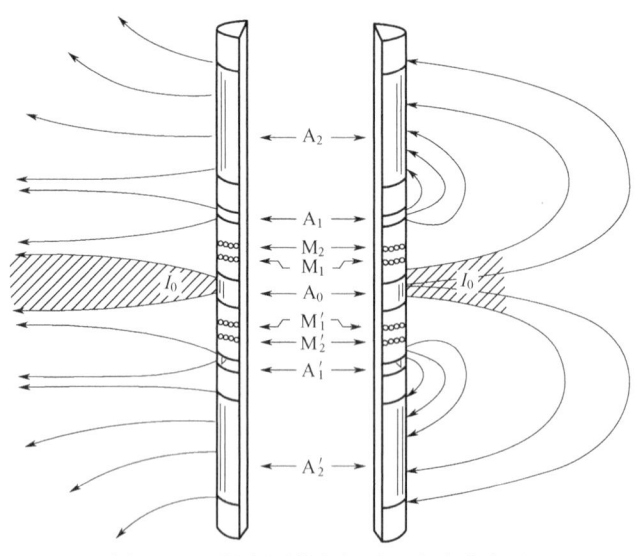

图 1.2 双侧向测井电极系和电流分布图

双侧向测井分为深侧向、浅侧向，两者的探测深度不同。深侧向发射的电流可以进入地层深处，所以探测深度较深，通常表示原状地层电阻率；浅侧向发射的电流进入地层后迅速发散，主要反映冲洗带电阻率。深侧向和浅侧向的视电阻率计算公式为

$$R_{\text{LLD}} = K_{\text{d}} \frac{U_{M_1}}{I_{0d}} \tag{1.4}$$

$$R_{\text{LLS}} = K_{\text{s}} \frac{U_{M_1}}{I_{0s}} \tag{1.5}$$

式中，R_{LLD}、R_{LLS} 为深、浅侧向的视电阻率；$\Omega \cdot m$；K_{d}、K_{s} 为深、浅侧向电极系系数；U_{M_1} 为深、浅侧向测井测得的电位差，mV；I_{0d}、I_{0s} 为深、浅侧向主电流强度，mA。

双侧向测井的测量结果仍然受钻井液和围岩的影响。因此，对井眼和围岩的影响要进行校正，从而确定侵入带直径和地层电阻率 R_{t}，再利用相应的饱和度公式得出地层含油饱和度。

双侧向测井曲线主要应用在以下两方面：

（1）划分地层剖面，判断油（气）、水层。双侧向测井具有较强的分层能力，可用来划分地层剖面，一般厚度大于 0.4m 的泥质夹层或致密层在曲线上都有明显的反应。用深、浅侧向曲线重叠可以直观判断油（气）、水层。油气层常为减阻侵入，显示正幅度差；水层常为增阻侵入，显示负幅度差。

（2）求地层电阻率。双侧向视电阻率除主要取决于地层的电阻率外，还受井眼、围岩和侵入带的影响。为了求得地层电阻率必须对这些影响因素进行校正，校正图版如图 1.3 所示，图中 $R_{\text{LLD,c}}$、$R_{\text{LLS,c}}$ 分别为校正后的深、浅侧向电阻率，R_{s} 为围岩电阻率。

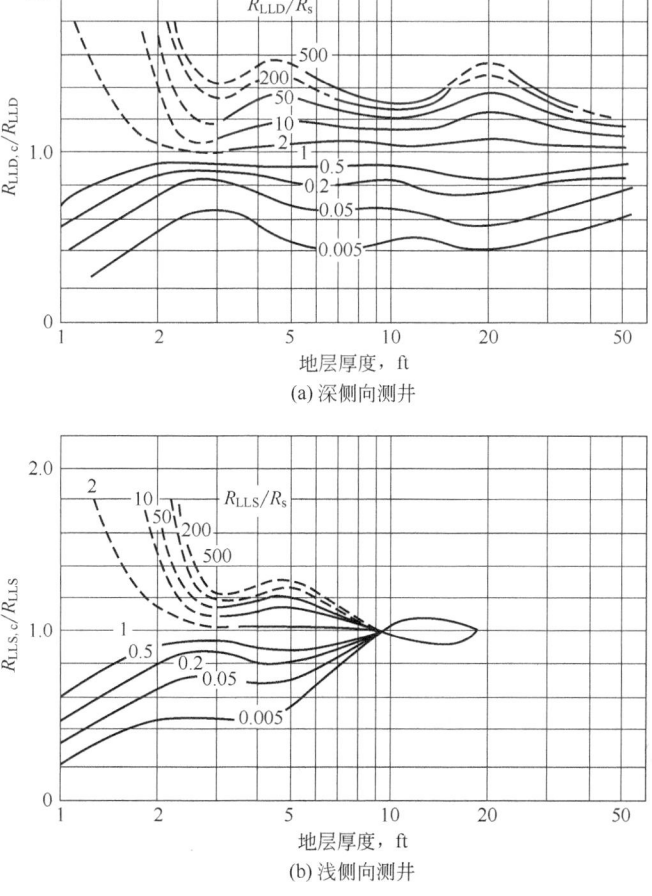

图 1.3　双侧向测井层厚—围岩校正图版

以侵入校正图版(图1.4)为例，校正时，根据经井眼和围岩校正后的深、浅侧向视电阻率值 R_{LLD}、R_{LLS} 计算出 R_{LLD}/R_{xo} 和 $R_{LLD}/R_{LLS,c}$，定出坐标点，由其位置从三组曲线上分别求得 R_t/R_{xo}、d_i 和 R_t/R_{LLD}，由 R_t/R_{xo} 和 R_t/R_{LLD} 分别乘以 R_{xo} 和 R_{LLD} 都可求得 R_t。R_t/R_{LLD} 的大小可用来说明侵入带对深侧向视电阻率的影响程度，例如若求得的 $R_t/R_{LLD}=1.3$，说明侵入带使深侧向视电阻率减小，其值等于地层电阻率 R_t 的 $1/1.3$。

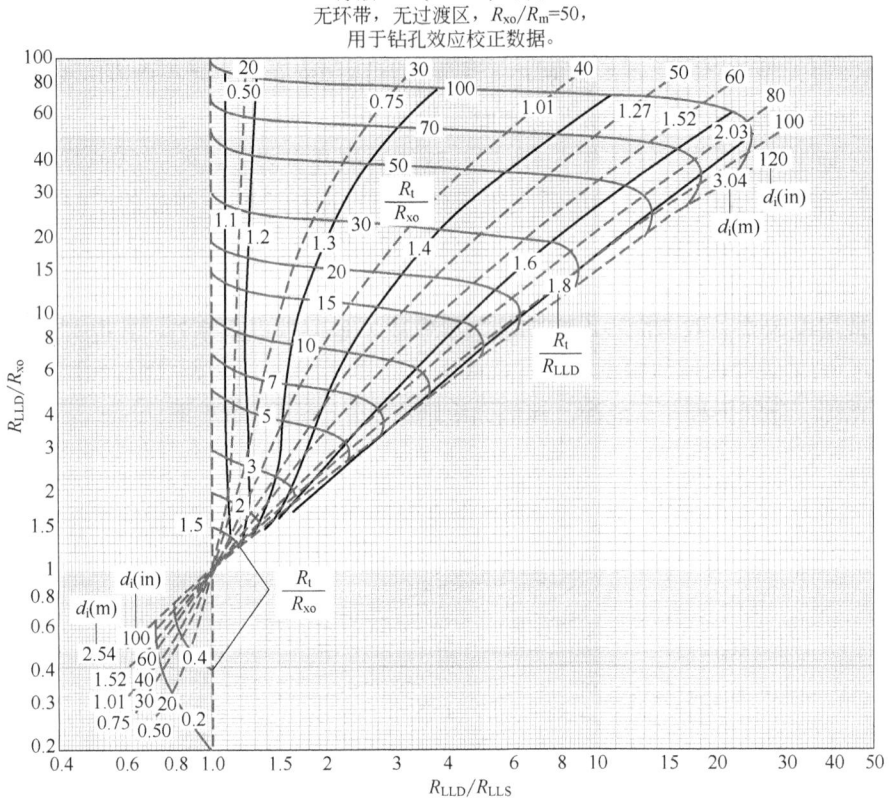

图1.4 双侧向测井视电阻率侵入校正图版

除校正图版外，还可使用经验公式计算电阻率校正值。以钻井液侵入为例，利用双侧向测井资料计算地层真电阻率和钻井液侵入深度公式为

$$R_t = \frac{K_s}{K_s - K_d} R_d - \frac{K_d}{K_s - K_d} R_s \tag{1.6}$$

$$d_i = d_0 \cdot \exp\left(4.264 \cdot \frac{R_d - R_t}{R_{xo} - R_t}\right) \tag{1.7}$$

$$d_i = d_0 \cdot \exp\left(2.617 \cdot \frac{R_s - R_t}{R_{xo} - R_t}\right) \tag{1.8}$$

式中，K_d、K_s 为深、浅侧向测井电极系系数，钻井液侵入很浅时，$K_d \approx 0$；d_i 为钻井液侵入带直径，in❶；d_0 为井径，in；R_{xo} 为冲洗带电阻率，$\Omega \cdot m$；R_d、R_s 为深、浅侧向视电阻率，$\Omega \cdot m$；R_t 为地层真电阻率，$\Omega \cdot m$。

---

❶ 英寸，$1 \text{in} \approx 2.54 \text{cm}$。

2. 微球形聚焦测井

微侧向测井和邻近侧向测井都采用了聚焦电极系极板装置,在条件适合的情况下,用来确定 R_{xo} 是可靠的。但是,二者均有一定的局限性:前者探测深度较浅,受滤饼影响大;后者虽然可以克服较厚滤饼的影响,但由于探测深度较大,在一定范围内又受到地层电阻率 R_t 的影响,只适用于侵入较深的地层。理论研究和实践证明,微球形聚焦测井既具备微侧向测井和邻近侧向测井的优点,也能在较大程度上克服微侧向测井及邻近侧向测井的缺点。另外,微球形聚焦测井的适用范围较宽,在电阻率测井系列中又便于和双侧向测井组合,探明径向电阻率变化,了解钻井液滤液侵入特性。因此,微球形聚焦测井在国内外得到广泛的应用。

微球形聚焦测井主电极呈矩形,其他电极呈环状矩形,电极间的距离较小,装在绝缘极板上,借助推靠器使电极与井壁直接接触。图 1.5 是微球形聚焦电极系及电流分布示意图。辅助电流 I_a 主要经滤饼流入 A_1 电极,迫使主电流 I_0 流入地层中(对于渗透性地层,即流到侵入带中),这就减小了滤饼的影响。该方法具有电极距小、探测深度浅、不受原状地层电阻率影响的特点,所以主要用于探测冲洗带电阻率 R_{xo}。

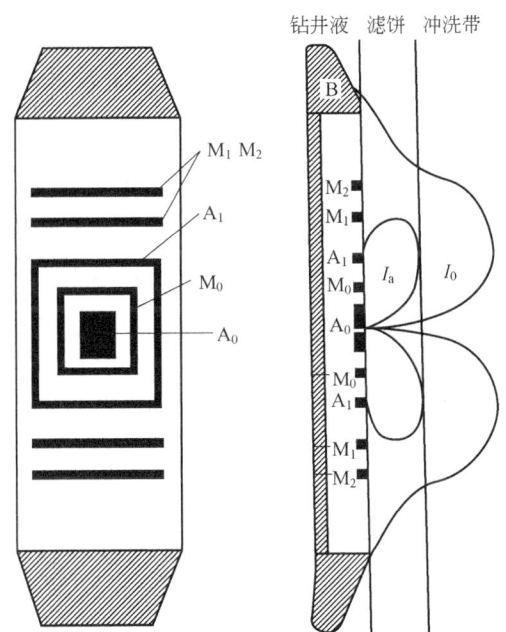

图 1.5 微球形聚焦测井电极系及电流分布图

当滤饼厚度小于等于 1.9cm 时,微球形聚焦测井视电阻率 R_{MSFL} 值近似等于侵入带电阻率 R_{xo};当滤饼厚度大于 1.9cm 时,微球形聚焦测井的探测深度介于微侧向测井和邻近侧向测井之间。通常与双侧向测井进行组合测量,用以提供侵入带电阻率 R_{xo}。

R_{MSFL} 用式(1.9)计算:

$$R_{MSFL} = K \frac{\Delta U_{M_0 M_1}}{I_0} \tag{1.9}$$

式中,R_{MSFL} 为微球形聚焦测井视电阻率,$\Omega \cdot m$;K 为微球形聚焦测井电极系系数;$\Delta U_{M_0 M_1}$ 为 M_0 和 M_1 电极间的电位差,mV;I_0 为主电流强度,mA。

双侧向—微球形聚焦组合测井使用的是一种综合下井仪器，该极板结构特殊，其末端可做水平移动，在井壁不规则时，也能贴靠井壁，以保证测井质量。这种组合测井仪一次下井能测取以下曲线：深侧向测井视电阻率（R_{LLD}）曲线、浅侧向测井视电阻率（R_{LLS}）曲线、微球形聚焦测井电阻率（R_{MSFL}）曲线、井径曲线、自然电位曲线、滤饼厚度。

1.1.3 感应测井

感应测井（induction logging，IL）是利用电磁感应原理测量地层电导率的测井方法。普通电阻率测井和侧向测井的共同特点是把电极系放在井中，通以直流电（实际是频率不高的交流电），在井中形成电场，记录两个电极间的电位差来反映地层视电阻率的变化。这些方法只能在井内钻井液有导电性能时应用，实际条件下，有时采用油基钻井液和空气钻井，以直流电场为基础的测井法便无法进行。为了适应生产需要，产生了利用电磁感应的原理来了解地层导电性的感应测井法。

感应测井的原理为：给发射线圈 T 通以等幅交流电，在它周围的导电介质中就会形成交变电磁场，由于磁场变化，导电介质中产生无限多个以线圈轴线为中心的水平环状感应电流（称为涡流），涡流产生的交变电磁场（称二次磁场或次生磁场）将在接收线圈 R 中产生感应电动势。这个电动势的大小与涡流电流大小成正比，而涡流大小又与介质电导率成正比（因为介质中感应电动势产生的电流大小与涡流通过的介质导电性有关，导电性好即电导率大，则涡流大，导电性差即电导率小，则涡流小），所以 R 线圈中产生的感应电动势与介质电导率成正比。

感应测井就是根据上述电磁感应的原理来测定地层电导率变化的。如图 1.6 所示，进行感应测井时，把相隔一定距离的线圈下到井中并沿井身移动，振荡器 1 输出频率和幅度恒定的正弦交流电信号。2 是发射线圈，当正弦交流电信号通过发射线圈发射电磁波时，在周围的地层中形成交变电磁场。把地层看作是无数个以井轴为中心的圆环，每个圆环相当于一个导电环。在交变电磁场的作用下，导电地层中的这些圆环就会产生环形感应电流，感应电流

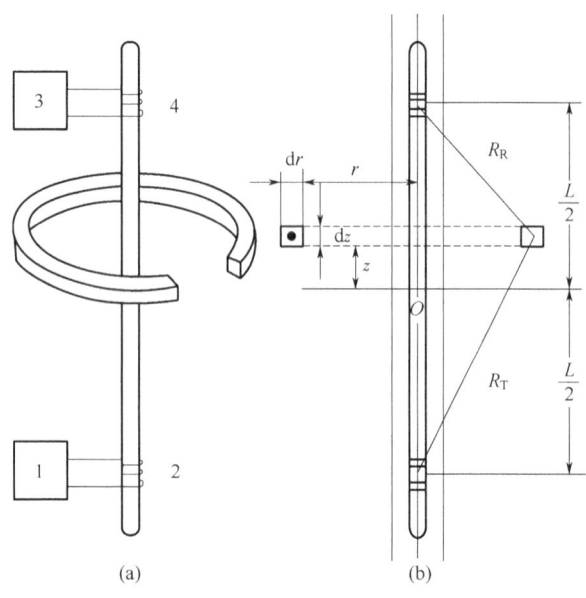

图 1.6 感应测井原理图

是以井轴为中心的同心圆状的闭合电流环，闭合电流环本身又会形成二次交变电磁场，在二次交变电磁场的作用下，接收线圈4中产生二次感应电动势。这个电动势经放大后通过电缆传送到地面记录成曲线，叫作感应测井曲线，反映了地层电导率的变化情况。

国内外实际使用的各种感应测井仪都为复合线圈系，复合线圈系是由串联在一起的多个发射线圈和串联在一起的多个接收线圈组成。如0.8m六线圈系由三个发射线圈T_0、T_1、T_2和三个接收线圈R_0、R_1、R_2构成，其中T_0和R_0是主发射线圈和主接收线圈，T_0和R_0之间的距离称为主线圈距；辅助线圈T_1和R_1称为井眼补偿线圈；T_2和R_2称为围岩补偿线圈。六线圈系的主要参数为：

线圈排列　R_2　0.6　T_0　0.2　T_1　0.4　R_1　0.2　R_0　0.6　T_2
线圈匝数　−7　　　100　　　−25　　　−25　　　100　　　−7

其中，线圈符号间的数字是以米为单位的距离，线圈匝数的符号表示线圈方向。感应测井仪器的纵向分层能力和径向探测深度随着线圈距的变化而变化，0.8m六线圈感应测井仪器的纵向分层能力为2m，径向探测深度约为1.3m。

以斯伦贝谢双感应测井仪为例，双感应测井仪一次下井通常同时测量两条径向探测深度不同的电导率测井曲线：一条记为ILD，径向探测深度为1.2~1.6m，主要用于求取原状地层电阻率；另一条记为ILM，径向探测深度为0.65~0.8m，主要反映侵入带地层电阻率。深、中感应测井曲线一般也以相同纵横向比例重叠绘制。深、中感应重叠使用可以确定渗透性地层、划分油（气）水层。深感应测井曲线的垂向分辨率约为2.5m，中感应测井曲线的垂向分辨率约为1.8m。

为了求准侵入较深地层的电阻率、侵入带电阻率和侵入带直径，常使用双感应—聚焦电阻率组合测井仪。该组合测井仪可以同时测量深感应曲线、中感应曲线、聚焦电阻率曲线和自然电位曲线。实践证明，只要地层电阻率R_t<100Ω·m、R_{mf}<R_w，就可得到可靠的结果；当R_{mf}>R_w时，只要井径小于8in（20.3cm），侵入深度中等或比较浅、地层电阻率中等，也可测得比较可靠的地层电阻率（R_{mf}为钻井液电阻率，R_w为地层水电阻率）。

尽管感应测井的线圈系有纵向和径向聚焦作用，受围岩和钻井液、侵入带的影响较小，但是这些影响并没有完全消除。为了求得准确的地层电导率，需要对影响视电导率的因素予以校正。

1. 视电导率曲线的分层和取值

为了读取地层的视电导率值必须首先分层。对于0.8m六线圈系，h>2m时可根据曲线的半幅点划分层面。h<2m时界面不在半幅点处而向峰值方向移动，这时最好根据微电阻率曲线或短梯度电阻率曲线分层。

从地层的视电导率曲线来看，无论是高电导率还是低电导率地层，曲线的极值皆与地层中点相对应，因此，对高电导率地层应取极大值，对低电导率地层应取极小值。如果地层电导率不均匀，则要根据实际情况取值。若曲线微小变化是岩性不均匀、含油性不均匀引起的，可选取面积平均值、极大（或极小）平均值。若地层中含有薄的泥质或钙质夹层，可取扣除夹层部分的平均值；若地层各部分视电导率有明显的差别，则应分段取平均值。

围岩的视电导率值也从曲线上读取。若围岩是均匀的，可直接从对应的曲线上读得；若围岩是不均匀的，则应在靠近目的层的围岩处取值，因为这部分围岩对地层的视电导率影响最大，一般说来应取距地层中点5m范围以内的围岩读数作为围岩的视电导率值。

2. 厚度—围岩校正

均质校正图版可以用来校正厚层的传播效应影响。对于薄层,由于其视电导率还受到层厚和围岩影响,便将它的传播效应影响和厚度、围岩影响放在一起,做出厚度—围岩校正图版进行校正。

3. 侵入影响校正

一般渗透层处多有侵入,此时电导率的大小取决于岩层的真电导率、侵入带电导率和侵入带直径。因此,只有一条感应测井曲线无法得出岩层的真电阻率,目前多采用组合测井资料,如双感应—球形聚焦测井等,再用相应的组合校正图版或经验公式得出岩层的真电阻率等参数(图1.7)。

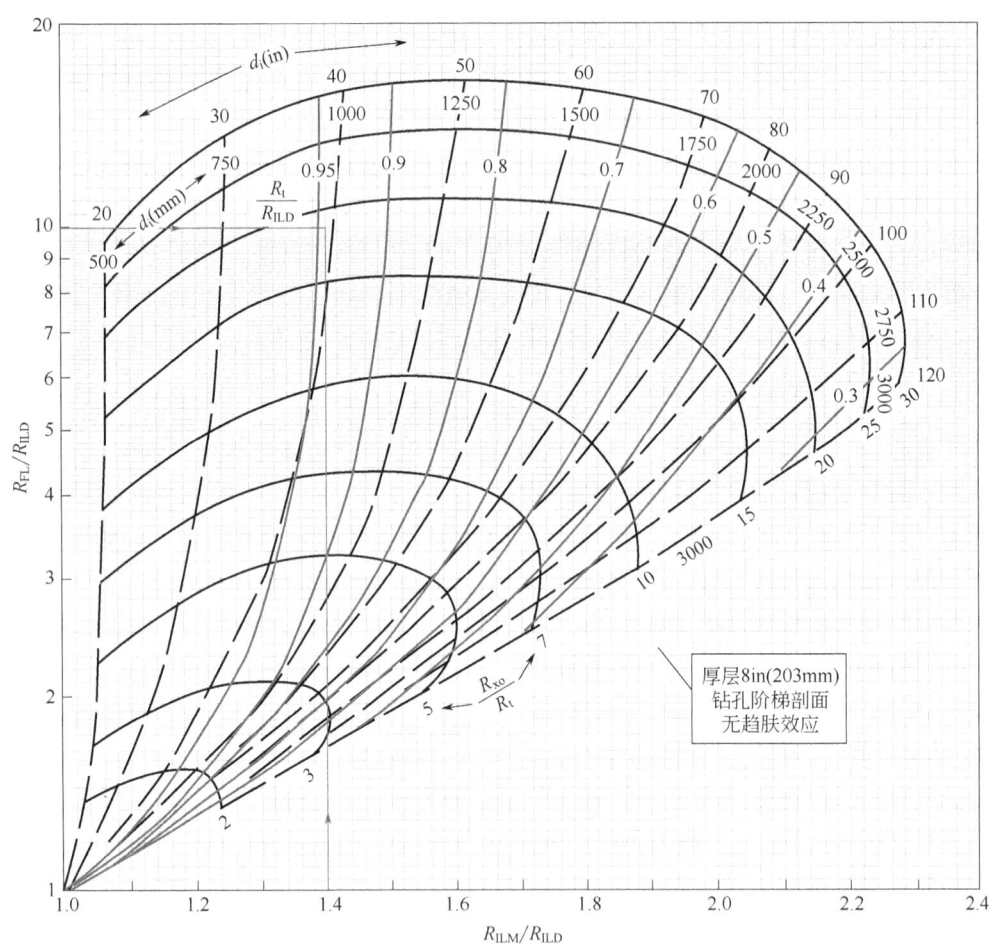

图1.7 双感应测井视电阻率侵入校正图版

1.1.4 自然电位测井(SP)

1. 自然电位测井原理

在井中未通电的情况下,井中的电极 M 与位于地面的电极 N 之间存在电位差,这个电位差是自然电场产生的,称为自然电位,测量自然电位随井深的变化叫自然电位测井(spontaneous potential logging，SP）（图 1.8）。

井内自然电位产生的原因是复杂的，对于油气井来说，主要有以下两个原因：地层水和钻井液含盐浓度不同而引起的扩散电动势和吸附电动势；地层压力与钻井液柱压力不同（压差）而引起的过滤电动势。

1）扩散电动势

当两种不同浓度的溶液被半透膜隔开，离子在渗透压作用下，高浓度溶液中的离子将穿过半透膜向较低浓度的溶液中移动，这种现象叫扩散，形成的电位叫扩散电位。扩散电动势是由井中钻井液和地层水的浓度差引起的离子扩散作用，以及正、负离子的扩散速度的差异引起的。如图 1.9 所示，渗透性隔膜将容器分隔成两部分，分别装有矿化度为 C_1 和 C_2 的 NaCl 溶液，且 $C_1>C_2$。不同浓度的 NaCl 溶液接触时，由于溶液中 Cl^- 的迁移速度大于 Na^+ 的迁移速度，随着扩散过程的进行，在溶液接触面附近低浓度溶液中 Cl^- 相对增多，形成负电荷富集，而高浓度溶液中 Na^+ 相对增多，形成正电荷富集。此时，正负离子的迁移还在持续，但由于 Cl^- 受到高浓度溶液中的正电荷吸引和低浓度溶液中的负电荷排斥作用导致迁移速度减慢，接触面两侧的电荷富集速度减慢，达到动态平衡时在两种不同浓度的溶液接触面处的电动势保持一定值，称为扩散电动势 E_d。在渗透性纯砂岩地层，扩散电动势可表示为

$$E_d = K_d \lg \frac{C_w}{C_{mf}} = K_d \lg \frac{R_{mf}}{R_w} \tag{1.10}$$

式中，K_d 为扩散电动势系数，mV；C_w 和 C_{mf} 分别为地层孔隙流体和钻井液的矿化度，mg/L；R_w 和 R_{mf} 为地层孔隙流体和钻井液的电阻率，$\Omega \cdot m$。

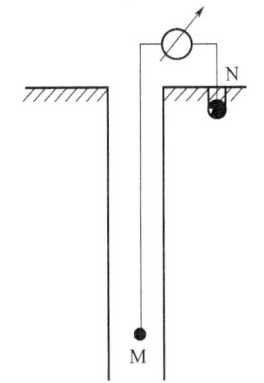

图 1.8　自然电位测井原理图

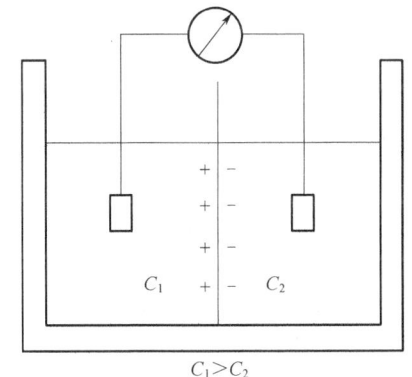

图 1.9　不同浓度盐水接触面上的扩散作用

2）扩散吸附电动势

泥岩结构、化学成分等与砂岩不同，与钻井液之间形成的电位差大，这是由于黏土矿物表面具有选择吸附负离子的能力。当两种不同浓度的溶液被泥页岩隔开时，高浓度溶液中的正负离子都将同时向低浓度溶液一方扩散，但高浓度溶液中的阴离子通过泥页岩时，将受到黏土矿物表面已吸附的高浓度阳离子的吸引而滞留；而阳离子则受到排斥作用加速扩散进入到低浓度溶液中。因此，离子扩散和泥页岩选择性通过的结果是在高浓度溶液一方富集负电荷，低浓度溶液一方富集正电荷，从而在两种不同浓度的溶液间产生电动势。这时既有扩散作用又有吸附作用，因此称为扩散吸附电动势。

扩散吸附电动势可表示为

$$E_{da}=K_{da}\lg\frac{C_w}{C_{mf}}=K_{da}\lg\frac{R_{mf}}{R_w} \tag{1.11}$$

式中，K_{da} 为扩散吸附电动势系数，mV。

3）过滤电位

这种电动势是由于钻井液柱与地层之间存在压力差，钻井液滤液通过滤饼或泥质岩石渗滤形成的。通常，钻井液柱的压力大于地层压力，并在渗透性岩层（如砂岩层）处，都有不同程度的滤饼存在。由于组成滤饼的泥质颗粒表面有一层松散的阳离子扩散层，在压力差的作用下，这些阳离子会随着钻井液滤液的渗入向压力低的地层内部移动。于是在地层内部一方出现过多的阳离子，使其带正电，而在井内滤饼一方正离子相对减少，使其带负电，从而产生了电动势。由此形成的电动势，叫作过滤电动势。

通常过滤电动势只有在压力差很大时，才不可忽略，但一般钻井时，要求钻井液柱压力只能稍大于地层压力，因此在实际工作中，通常都认为过滤电动势可忽略不计。

2. 自然电位测井曲线特征

对于纯砂岩和纯泥岩地层交界面，当地层水和钻井液滤液所含盐类均为 NaCl 且温度为 25℃时，自然电位系数 $K_{SP}=70.7\text{mV}$，此时 E_s 称为静自然电位，常用 SSP 表示。$I_{SP}r_m$ 为自然电流在井筒钻井液中产生的电压降，为自然电位测井的测量值，记为 ΔU_{SP}。在实测自然电位曲线上，渗透层井段的自然电位幅度值 ΔU_{SP} 的大小受多种因素影响，包括地层水与钻井液滤液含盐浓度差异、地层水与钻井液滤液所含电解质类型、地层厚度、地层电阻率、井径扩大和钻井液侵入等影响。

地层水和钻井液滤液的含盐量差异是产生 E_d 和 E_{da} 的根本原因，因此两者含盐浓度差异越大，造成的自然电场电动势越大。相对于泥页岩基线，当 $C_w>C_{mf}$ 时，砂岩层段的自然电位将出现负异常；当 $C_w<C_{mf}$ 时，砂岩层段的自然电位将出现正异常；当 $C_w=C_{mf}$ 时，没有造成自然电场的电动势产生，则没有自然电位异常出现。

若地层水和钻井液滤液中电解质不同，则所含离子的离子价和迁移率都有差异，直接影响扩散电动势系数和扩散吸附电动势系数。

对于薄层，自然电流经过地层的界面较小，等效电阻较大，使 ΔU_{SP} 和 SSP 的差别增大，因此自然电位幅度 ΔU_{SP} 随地层变薄而降低，曲线幅度变缓。而随着地层厚度增大，自然电位幅度 ΔU_{SP} 会增大并趋近于静自然电位，在实测自然电位曲线上，以泥岩为基线，则厚层砂岩的 $\Delta U_{SP}\approx$SSP。

自然电场使地层界面附近有自然电流的流动，将有限厚的砂岩井段的自然电位幅度 ΔU_{SP} 定义为自然电流流经井眼钻井液柱的等效电阻上的电位降。对于厚层砂岩地层来说，地层的等效电阻远小于钻井液柱的等效电阻，因此可将砂岩 ΔU_{SP} 近似为 SSP。当地层电阻率增大时，地层的等效电阻不能忽略，此时 $\Delta U_{SP}<$SSP，且地层电阻率越高 ΔU_{SP} 越低。

井眼扩大时井眼截面增大，自然电流流经井眼的等效电阻减小，使 ΔU_{SP} 降低。钻井液侵入时，地层水与钻井液滤液的接触面向地层内部推进，使测量的自然电位下降，侵入越深所测得的 ΔU_{SP} 越低。

3. 自然电位测井的应用

1）判断岩性和划分渗透层

对于砂泥岩地层，从自然电位的成因知道，当地层水的矿化度大于钻井液滤液的矿化度时，正对砂岩的钻井液中有多余负电荷，正对泥岩的钻井液中有多余正电荷，于是在测得的自然电位曲线中泥岩为基线，砂岩处是负异常。非渗透性泥岩地层对应的自然电位测量曲线称为泥岩基线，纯砂岩地层对应的自然电位曲线为砂岩线。砂岩中泥质含量越多，异常幅度越小，因此在其他条件相同的情况下，根据异常幅度的大小对岩性作出判断(图 1.10)。

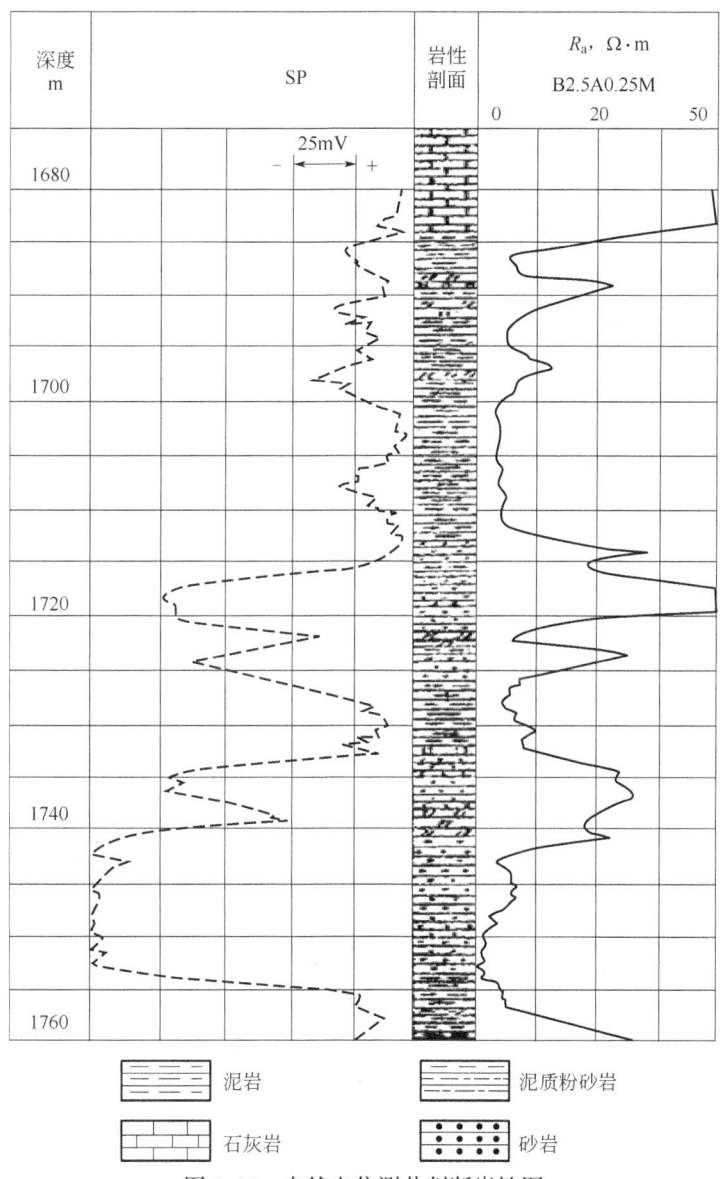

图 1.10 自然电位测井判断岩性图

考虑到砂岩的渗透性与泥质含量有关，泥质含量由少变多，渗透性由好变差，所以，根据自然电位异常幅度值大小可以划分砂泥岩剖面中的渗透性地层。实际的沉积环境中不同粗细的岩粒并不是截然分开的，而是连续分布的，在细、粉砂岩中往往有较高的泥质含量。总体来说，岩粒越细，渗透性越差，自然电位异常幅度越小；分选性好，疏松的砾岩出现较大的负异常。

含油/气砂岩与含水砂岩在自然电位曲线上反映相似，均为负异常，在其他条件相同的情况下，含油/气砂岩的异常幅度要小些，约为含水砂岩异常幅度的 70%。

上述各地层在自然电位曲线上的反映都是在地层水矿化度大于钻井液滤液矿化度的假设条件下得出的,如果钻井液滤液的矿化度大于地层水矿化度,则电化学电动势的极性及自然电位曲线异常都要改变符号。在淡水地层及水淹层中就可能遇到这种情况。在某些岩盐发育地区,钻井液中含盐量很高,剖面中各地层的地层水矿化度与钻井液滤液的矿化度相同,不发生扩散作用,这时测得的自然电位曲线为一条直线,无异常。

2) 求地层水电阻率

在评价油气储层时,含油气饱和度是一个非常重要的参数,而要确定含油饱和度 S_o,则必须知道地层水电阻率 R_w。用自然电位测井资料确定地层水电阻率是常用的方法之一。其方法是:选择剖面中较厚的饱含水的纯净砂岩层,读出该层的自然电位异常幅度 ΔU_{SP},根据岩层电阻率、地层厚度和井径等数据,把自然电位值校正到静自然电位,根据扩散吸附电动势公式,在已知 K_{da} 和 R_{mf} 值的情况下,确定地层水电阻率 R_w。

3) 估计地层的泥质含量

地层的静自然电位与地层的泥质含量 V_{sh} 有关。设 PSP 为含泥质地层的静自然电位,SSP 为厚层纯水层砂岩地层的静自然电位,则地层的泥质含量计算公式为

$$V_{sh} = \frac{\text{SSP} - \text{PSP}}{\text{SSP}} = 1 - \alpha \tag{1.12}$$

式中,α 称为自然电位减小系数。

1.1.5 电磁波传播测井(EPT)

电磁波传播测井(electromagnetic propagation logging,EPT)测量电磁波在介质中的传播时间和信号衰减,反映岩石的介电特性,可用来区分油、水层,并计算含水饱和度。

1. 电磁波传播测井的测量原理

电磁波传播测井发射和接收频率为 1100MHz 的电磁波。发射和接收天线都是在黄铜极板上挖的槽,槽内充填介电常数约等于 4 个相对单位的不透水的陶瓷绝缘体。槽长为波长的一半(约 7.5cm),槽深为波长的 1/4(3.75cm)。极板上共有两个发射天线 T_1、T_2 和两个接收天线 R_1、R_2,形成 T_1-R_1-R_2-T_2 排列,T_1 和 T_2 间的距离是 20cm,R_1 和 R_2 间的距离是 4cm,对称地排在极板上,如图 1.11 所示。

天线相当于一个谐振腔,电磁能量由同轴电缆送到谐振腔,由于槽底面和侧面的反射作用使电磁波谐振,入射波能量增强,并从开口辐射出去。

测井时极板压在井壁上,从天线 T 发射的电磁波有的沿着滤饼传播(称直达波),有的穿过滤

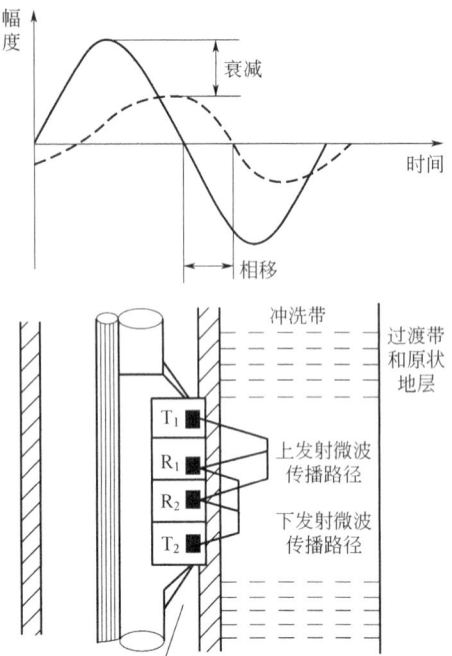

图 1.11 电磁波传播测井仪器示意图

饼在滤饼与地层交界面上发生反射(称反射波)，有的在交界面处发生折射(称折射波)。由于滤饼对电磁波的强烈衰减作用，接收天线收不到直达波和反射波。折射波遵循折射定律：

$$\frac{\sin\theta_{mc}}{\sin\theta_{xo}} = \sqrt{\frac{\mu_{xo}\varepsilon_{xo}}{\mu_{mc}\varepsilon_{mc}}} \tag{1.13}$$

式中，下标 mc 和 xo 分别代表滤饼和冲洗带；μ_{mc}、μ_{xo} 分别为滤饼和冲洗带的磁导率，大多数地层的磁导率 μ 等于真空的磁导率；ε_{mc}、ε_{xo} 分别为滤饼和冲洗带的介电常数。

对于水基钻井液，钻井液中含有大量的水，$\varepsilon_{mc} > \varepsilon_{xo}$，从而 $\theta_{xo} > \theta_{mc}$。当 θ_{mc} 等于临界角 $\sin^{-1}\sqrt{\frac{\varepsilon_{xo}}{\varepsilon_{mc}}}$ 时，$\theta_{xo} = 90°$，这时电磁波的一部分沿交界面以冲洗带速度传播，称滑行波。滑行波中又有一部分以同样角度折回滤饼，被两个接收天线 R_1、R_2 接收。为了消除仪器倾斜及井眼不规则的影响。上、下两个天线 T_1、T_2 交替发射，求其两次接收读数的平均值，这种补偿原理与井眼补偿声波测井相同。

2. 电磁波传播测井的应用条件

(1) $R_{xo} > 0.5\Omega \cdot m$(对于低孔隙度地层，$R_{mf}$ 可低到 $0.05\Omega \cdot m$)，以便保证接收到足够强的信号。

(2) 滤饼厚度应小于 3/8in，否则电磁波在滤饼中衰减太大。

(3) 在空气井，油基钻井液井及导电的套管井中不能使用电磁波传播测井，因为它不满足测量要求的条件；由于解释上的原因，在非导电的塑料套管井中也应避免使用这种测井方法。

(4) 井眼垮塌和井壁凹凸不平对测量结果有不利影响，电磁波传播测井要求井壁光滑。

3. 电磁波传播测井的主要应用

可利用 t_{po} 解释法计算冲洗带含水饱和度和冲洗带含水孔隙度。假设岩石的无损耗传播时间与岩石各组分的无损耗传播时间具有线性关系，是各组分无损耗传播时间以相对体积系数的加权平均值。对于冲洗带有残余油的纯地层，则式(1.14)可计算冲洗带含水饱和度 S_{xo}：

$$t_{po} = (1-\phi_T)t_{pma} + S_{xo}\phi_T t_{pow} + (1-S_{xo})\phi_T t_{ph} \tag{1.14}$$

式中，t_{pma} 为岩石骨架电磁波传播时间，ns/m；t_{pow} 为水的无损耗电磁波传播时间，ns/m；t_{ph} 为烃的电磁波传播时间，ns/m；S_{xo} 为冲洗带含水饱和度，%；ϕ_T 为岩石的总孔隙度，小数。

岩石中所含烃类的介电常数与岩石骨架的介电常数很接近，其传播时间也很近。在式(1.14)中若令 $t_{pma} = t_{ph}$，则式(1.14)可改写为式(1.15)：

$$t_{po} = (1-\phi_{EPT})t_{pma} + \phi_{EPT}t_{pow} \tag{1.15}$$

其中
$$\phi_{EPT} = S_{xo}\phi_T$$

式中，ϕ_{EPT} 为含水孔隙度，反映岩石中水所占的孔隙空间。对有侵入的渗透性地层，电磁波传播测井一般反映冲洗带中的钻井液滤液所占的孔隙体积，即冲洗带含水孔隙度。

1.2 放射性测井原理及应用

放射性测井又称核测井，是根据岩石及其孔隙流体的核物理性质研究井剖面的一类测井方法。早期使用的放射性测井方法是自然伽马测井、中子伽马测井和放射性同位素测井，它们是一类测量自然放射性和人工放射性的测井方法，故称为放射性测井。随着核物理学、核电子学和核地质学的发展，这一类测井方法有了很大发展，如中子测井、核磁共振测井等，其内容已超出了放射性测量的范畴。因此，该类测井方法也称为核测井。

1.2.1　自然伽马测井和自然伽马能谱测井

岩层中含有天然放射性核素，这些核素衰变放射出的伽马射线称自然伽马射线。不同岩石所含放射性核素的种类和数量不同，衰变时放射出的伽马射线的能量和强度也不同。所以，测量自然伽马射线的强度和能谱能反映不同地层的岩性。

广义的自然伽马测井是指测量地层自然放射性的一类测井方法，它包括测量自然伽马射线强度和自然伽马射线能谱。通常，人们把前者称为自然伽马测井（GR），后者称为自然伽马能谱测井（NGS）。

在沉积岩中，纯地层的自然放射性通常是很微弱的，而放射性元素主要存在于黏土和泥质中。因此，自然伽马测井值一般反映地层中的泥质含量，用于划分非泥质储层、确定泥质含量和地层对比等。

1. 自然伽马测井

自然伽马测井（GR）的下井仪器主要是一个γ射线探测器，它每探测到1个γ光子就输出一个电压脉冲，并由电缆传输到地面仪器中，经电阻—电容平滑器（积分电路）后，与计数率成正比的输出电流被检流计记录成GR曲线。GR曲线以计数率（脉冲/分）或标准化单位（微伦琴/时或API）刻度。

地层的放射性核素所放射的伽马射线，在穿过岩石时会逐渐被吸收。距离γ射线探测器较远处岩石放射出的γ光子，在到达探测器前就全被吸收了。所以，GR曲线所记录的主要是以探头为中心，半径为30~50cm范围内岩层所放射出来的γ射线，这个范围称探测范围。

自然伽马测井曲线有以下特点：

（1）对于放射性物质含量均匀的高放射性岩层，当上、下围岩的放射性强度相同时，GR曲线对称于岩层中点，且对着岩层中点的极大值随层厚的增加而升高；当层厚大于探测范围时（理论曲线$h>3d_h$），其极大值不再增大，此时的GR_{max}与岩层的放射性强度成正比。

（2）当高放射性岩层的上下围岩的放射性强度不同时，曲线不对称。

（3）当层厚大于3倍井径时（$h>3d_h$），曲线的半幅点对着岩层界面，可以用半幅点划分岩层。当$h<3d_h$时，用半幅点划分的视厚度h_s将大于岩层真厚度h，此时所划分的岩层界面不可靠。

自然伽马测井资料主要用于划分岩性、地层对比以及确定储层的泥质含量等。

（1）划分岩性：利用GR曲线划分岩性，主要是根据岩层中泥质含量不同进行的，在用GR曲线划分岩性时要遵循区域特点和规律。

（2）地层对比：与自然电位和普通视电阻率曲线相比，利用GR曲线作地层对比具有明显优势。GR值与地层孔隙流体的性质（油、气或水）无关，与钻井液和地层水的矿化度无关，容易找到标准层、标志层。因此，在油水边界区、盐水钻井液井及膏盐剖面中，GR曲线用于地层对比的具有优势。

(3)求泥质含量：根据 GR 曲线读值可得到解释层的自然伽马相对值 I_{GR} 为

$$I_{GR} = \frac{GR - GR_{min}}{GR_{max} - GR_{min}} \quad (1.16)$$

式中，GR、GR_{min}、GR_{max} 分别为解释层、纯地层和泥岩的自然伽马测井值，API；I_{GR} 为自然伽马相对值，也称自然伽马指数。

泥质含量为

$$V_{sh} = \frac{2^{G \cdot I_{GR}} - 1}{2^G - 1} \quad (1.17)$$

式中，V_{sh} 为泥质含量；G 为地区经验系数，一般古近—新近系取值 3.7，老地层取值 2。

2. 自然伽马能谱测井

人们在生产实践中发现，某些非泥质储层的 GR 值显示为高值。经研究，这多半是铀(U)的含量比较高造成的。显然，在这种情况下由自然伽马测井求泥质含量 V_{sh} 是错误的，因为，此时比较真实地反映岩层泥质含量的是钍(Th)和钾(K)的含量。自然伽马能谱测井(NGS)是利用钾、钍、铀释放不同伽马射线能量的特性，在钻井中测量地层钾、钍、铀含量的方法技术。

钾(^{40}K)放射出单能量 1.46MeV 的伽马射线，而铀系(^{238}U)的特征能量是 1.76MeV，钍系(^{232}Th)的特征能量是 2.62MeV。因此，分别测量 1.46MeV、1.76MeV、2.62MeV 的自然伽马射线的强度，进而求出钾、铀、钍的含量。自然伽马探测器探测到的是钾、钍、铀的混合谱，通过对所探测到的与 γ 光子能量成正比的计数脉冲作幅度分析，并经解谱后可分别获得钾、钍、铀含量曲线。

自然伽马能谱测井的测量过程和解谱结果均会受环境影响而产生误差。井中介质包括钻井液、套管和水泥环。若钻井液为低放射性钻井液，那么测井的影响主要来自地层对伽马射线的散射和吸收；若钻井液中含有 KCl，则钻井液柱相当于一个附加的放射源，钾的特征道区计数率会增高；当钻井液中含有重晶石时，钻井液的光电吸收效应会增强，将使自然伽马能谱严重变形。

自然伽马能谱测井的主要用途包括研究油页岩的有机碳含量、寻找泥岩储层(裂缝)、识别高放射性的碎屑岩和碳酸盐岩储层、用 Th/U 研究沉积环境以及求取储层的泥质含量等。

1.2.2 密度测井和岩性密度测井

根据伽马射线与地层介质的康普顿效应测定地层密度的测井方法称密度测井。岩性密度测井是对密度测井的扩展，利用伽马射线与地层间产生的光电效应和康普顿效应测定地层的密度和岩性参数。

密度测井属于孔隙度测井系列。密度测井测量由伽马源放射并经地层介质康普顿散射而进入探测器的伽马射线强度，由地面仪器将两种源距的计数率按密度测井补偿方程变为地层体积密度 ρ_b 加以记录。密度测井资料的主要用途是求岩层孔隙度和划分气层；与其他孔隙度测井组合，可以同时确定岩性和孔隙度。岩性密度测井仪(lithology density tool, LDT)是在补偿密度测井仪器的基础上发展起来的，岩性密度测井仪不但可以提供准确的地层密度测量值，还可以进行光电吸收截面指数的测量。

1. 密度测井

通常所说的密度测井，实际上是指补偿密度差测井。补偿密度差测井仪 CDL 的井下仪器的结构由伽马源、长源距探测器和短源距探测器组成。这些设备均安装在滑板上，以便紧密贴合井壁进行测量。在测井过程中，伽马源向地层发射光子，经地层散射和吸收后，部分散射的光子被两个探测器捕捉。通过长源距和短源距探测器的计数率，可以计算出地层的密度信息。

岩性密度测井仪的井下仪器能够连续监测地层发生康普顿效应和光电效应作用后的伽马射线信号。这些信号通过地面的频谱分析仪进行详细记录，分别捕捉散射伽马光子的高能段和低能段信号。通过分析，将这些信号转换为地层体积密度 ρ_b、电子密度指数 ρ_e 及光电吸收截面指数 P_e 等关键参数的曲线图。

岩性密度测井不仅能够划分岩性、判断气层、确定岩层的孔隙度，还具备识别重矿物和裂缝的能力。例如，磁铁矿、赤铁矿、锆石、重晶石等重矿物具有较高的光电吸收截面指数 P_e。特别是重晶石，其 $P_e \approx 266.8$，显著高于其他矿物。因此即使钻井液中只含有少量的重晶石，在钻井过程中钻井液渗透到裂缝中，也会导致相应层位的 P_e 值明显增大。

2. 岩性密度测井

由伽马射线源放出的伽马射线，其能量范围为几百电子伏到几兆电子伏。当高能伽马射线穿过物质时，与物质发生相互作用，通常会产生三种效应，即电子对效应、康普顿散射和光电效应。

(1) 电子对效应。当能量大于 1.02MeV 的伽马射线穿过原子核附近时，在原子核库仑场的作用下形成一对正、负电子，伽马射线本身被吸收，这种过程称为电子对效应。伽马射线穿过单位距离的物质时，由于电子对效应使其强度减弱，用吸收系数 k 表示。经验表明吸收系数 k 与原子序数 Z 的平方成正比。

(2) 康普顿散射。当伽马射线具有中等能量时，伽马光子与原子中的外层电子发生碰撞，将部分能量传递给电子，使电子沿某一方向射出，而损失了部分能量的伽马射线则沿另一方向射出。这种效应称为康普顿散射，碰撞后射出的电子叫康普顿电子。由于康普顿散射引起伽马射线的吸收，用散射系数 σ 表示。散射系数 σ 与原子序数 Z 成正比，即与原子的电子数成正比。

(3) 光电效应。当伽马射线的能量 E_γ 低于 1.02MeV 时，这些低能量的伽马光子与原子核的电子层发生相互作用时，把伽马光子的全部能量转移给电子，使电子从电子层中脱离，成为自由电子。同时，伽马射线本身被吸收。这种效应称为光电效应，而由此产生的电子称为光电子。伽马射线在单位长度上由于光电效应被吸收的程度，用吸收系数 τ 表示，吸收系数 τ 与物质的原子序数 Z 密切相关。

探测器（短源距和长源距）每接收到一个伽马光子就产生一个电脉冲，电脉冲的幅度与伽马光子的能量成正比。地面仪器根据电脉冲的幅度将短源距和长源距探测器产生的电脉冲进行分类计数，获得各自高能段与低能段的计数率：N_s 为短源距、高能段，N_L 为长源距、高能段，N_{lith} 为长源距、低能段。

低能段的光子数受两个主要因素影响：一是康普顿效应，即地层中的康普顿效应越强，高能光子转化为低能光子的数量就越多；二是光电效应，即地层中的光电效应的强度越大，低能光子被吸收的比例就越高。光电效应的吸收系数与原子序数紧密相关，同时也与地层的岩性特性密切相关。

岩石的光电吸收截面指数 P_e 是描述物质发生光电效应时对伽马光子的吸收能力。这个指数与原子序数之间存在特定的关系，可表示为

$$P_e = \alpha \cdot Z^{3.6} \tag{1.18}$$

式中，α 为常数，Z 为原子序数。

岩石的体积光电吸收截面指数 U 定义为每平方厘米物质的光电吸收截面，它是光电吸收截面指数 P_e 与电子密度指数 ρ_e 的乘积。电子密度指数可表示为

$$\rho_e = \frac{2n_e}{N_A} \tag{1.19}$$

式中，N_A 为阿伏伽德罗常数，取值 6.02×10^{23}；n_e 为单位体积岩石中的电子数，电子数/cm³。

1.2.3 中子测井

以中子与地层介质相互作用为基础的测井方法称为中子测井。地层中氢元素对中子的减速能力最强，中子测井测量结果主要反映地层的含氢量。地层中的氢元素主要以水或油等流体形式存在于孔隙中，因此中子测井反映的是充满液体的孔隙度。

中子测井属孔隙度测井系列，主要用来确定储层孔隙度和判断气层，与其他孔隙度测井组合，可更准确地确定复杂岩性储层的岩性和孔隙度。根据中子测井的记录内容：可以将中子测井分为中子—中子测井（neutron-neutron logging）和中子—伽马测井（neutron-gamma logging）。根据仪器的结构特点，中子—中子测井又可分为中子—超热中子测井即井壁中子测井 SNP（sidewall neutron porosity logging）和中子—热中子测井即补偿中子测井 CNL（compensated neutron porosity logging）。

1. 中子测井的核物理基础

地层对快中子的减速能力主要取决于地层的含氢量。含氢量高的地层宏观减速能力强、减速长度小。为了方便，在中子测井中把淡水的含氢量规定为一个单位，用来衡量地层中所有其他岩石或矿物的含氢量。单位体积的任何岩石或矿物中氢核数与同样体积的淡水中氢核数的比值，称为该岩石或矿物的含氢指数，用 HI 表示。

含氢指数 HI 与单位体积介质里的氢核数成正比，可用下式表示：

$$\mathrm{HI} = K \frac{\rho \cdot x}{M} \tag{1.20}$$

式中，ρ 为介质密度，g/cm³；M 为该化合物的分子量；x 为介质分子中的氢原子数；K 为比例常数，根据淡水含氢指数为 1，K 取值为 9。

相对淡水来说，盐水中含氢密度减小，岩水含氢指数降低。液态烃的含氢指数与水接近；天然气的氢浓度很低，并且随温度和压力而变化，当天然气靠近井眼时，中子测井测出的含氢指数较小。泥质伴生有化学结晶水和束缚水，所以它具有很大的含氢指数，一般可达 0.15~0.30，因而在含泥质的地层中，含氢指数大于地层的有效孔隙度。

2. 中子—超热中子测井

井壁超热中子探测器（SNP）是由热中子计数器外壁上加一层石蜡和一层镉构成。镉的作用是吸收探测器周围的热中子，而只让超热中子通过并进入石蜡层，再经石蜡减速为热中子，便可被热中子计数管记录。

超热中子测井是探测探测器周围快中子变为热中子之前的超热中子密度,以反映地层的中子减速特性,进而计算储层孔隙度和对储层进行评价。井壁中子测井下井仪器中,中子源和超热中子探测器安装在极板上,测井时由推靠器将其推向井壁以减小井眼的影响。

测井记录的超热中子计数率越大,反映岩层的孔隙度越小,反之计数率越小,反映岩层的孔隙度越大。在不含有氢元素的地层中,超热中子读数随油气含氢量增高呈指数规律降低,在岩石中,含氢量直接反映孔隙度的大小,因此:

$$\lg N = a\phi + b \tag{1.21}$$

式中,b 为仪器常数;a 为与井径、源距等有关的参数;ϕ 为孔隙度,%;N 为超热中子计数率。式(1.21)就是利用超热中子测井可以测量岩层孔隙度的原理。

由于超热中子被元素俘获的截面非常小,所以超热中子的空间分布不受岩层含氯量的影响(即地层水矿化度的影响),所以能够较好地反映氢含量的多少,即较好地反映岩层孔隙度的大小。

超热中子测井仅反映地层的减速性质,有利于测定地层含氢指数,能很好地测定地层的孔隙度。其不足之处在于超热中子分布范围小,探测深度浅,源距小,井眼条件和贴井壁状态的变化都会影响测量的结果。

热中子分布范围比超热中子大得多,探测范围大,其空间分布规律与超热中子的空间分布规律一样,即在长源距的情况下,饱含流体的岩层的孔隙度越大,热中子的计数率越低;孔隙度越小,计数率越高。

3. 中子—热中子测井

由中子源发出的快中子在周围介质中减速成热中子,探测热中子密度的测井方法叫热中子测井。快中子与地层作用减速成热中子,探测器周围热中子的密度不仅与地层的减速特性有关,还与地层的俘获特性有关。这就决定了热中子的空间分布既与岩层的含氢量有关,又与含氯量有关。

在均匀无限介质中,对点状快中子源造成的热中子分布进行了理论推导,得到下列关系:

$$N_t(r) = \frac{KL_d^2}{4\pi D(L_s^2 - L_d^2)} \left(\frac{e^{-r/L_s}}{r} - \frac{e^{-r/L_d}}{r} \right) \tag{1.22}$$

式中,N_t 为热中子计数率;r 为探测器到中子源的距离(源距);D 为扩散系数;L_s 为减速长度;L_d 为扩散长度;K 为与仪器有关的系数。由式(1.22)可见计数率大小不仅取决于岩层减速性质(反映含氢量),还与岩层俘获性质有关(反映含氯量)。

若采用源距不同的两个探测器,记录两个计数率 $N_t(r_1)$ 和 $N_t(r_2)$,取这两个计数率比值,当源距 r 足够大时,则有:

$$\frac{N_t(r_1)}{N_t(r_2)} = \frac{r_2}{r_1} \frac{e^{-r_1/L_s} - e^{-r_1/L_d}}{e^{-r_2/L_s} - e^{-r_2/L_d}} \tag{1.23}$$

因热中子的扩散长度 L_d 比快中子的减速长度 L_s 小很多,所以当源距 r 足够大时,含有 L_d 的指数项与含有 L_s 的指数项相比可以忽略不计,故式(1.23)可简化为

$$\frac{N_t(r_1)}{N_t(r_2)} = \frac{r_2}{r_1} e^{-(r_1 - r_2)/L_s} \tag{1.24}$$

当源距 r_1、r_2 选定后，这个比值只与地层的减速性质有关，所以该比值能很好地反映地层的含氢量，该式即为双源距热中子测井的理论依据。此外这种方法能减小井参数及岩石对热中子俘获性质对测量结果的影响，所以中子—热中子测井也称为补偿中子测井（CNL）。

热中子探测器通常由普通的闪烁计数器在其外壁上涂上锂或硼构成。由于锂和硼对热中子有强吸收性，并在吸收热中子后发生核反应而放射出 α 粒子，该粒子能使闪烁计数器中荧光体发光，从而在记数管中的阳极产生负的电脉冲，通过地面记录仪进行记录。补偿中子测井仪（图 1.12）可以同时记录长、短源距两种计数率，地面仪器计算出两个探测器计数率的比值。该比值与孔隙度呈一定函数关系，刻度后直接按孔隙度记录。

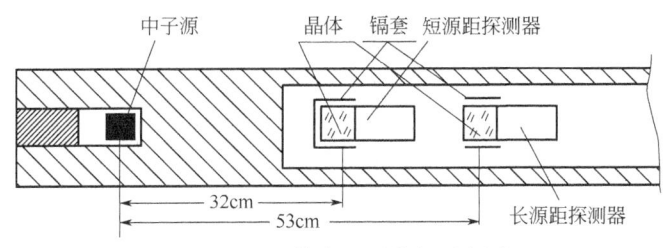

图 1.12 补偿中子测井仪示意图

实际工作中，补偿中子测井仪通常都在已知孔隙度的纯石灰岩地层上进行刻度，由此获得的孔隙度单位称为石灰岩孔隙度。它在纯石灰岩地层上等于地层的真孔隙度。但在非纯石灰岩地层，用这种方式刻度的仪器测得的孔隙度将与地层的真孔隙度不同，称为视石灰岩孔隙度。

4. 中子测井的主要应用

1）确定地层岩石的孔隙度

中子测井是孔隙度测井方法之一，测量的是地层的含氢量。地层的骨架部分含氢量为零；地层中水或石油的含氢量是基本相同的。这样，地层的含氢量就与水或油的多少有关。当地层饱含水或油时，孔隙度越大，地层的含氢量越高；孔隙越小，地层的含氢量也越低。

中子测井可以在裸眼井或套管井中测，但为了减少校正因素，提高解释质量，一般要求在确定孔隙度时采用裸眼井的中子测井资料。

从方法原理而言，用中子测井资料确定孔隙度时，超热中子测井优于热中子测井，热中子测井又优于中子伽马测井。因为超热中子测井值主要取决于地层含氢指数；热中子测井值在一定程度上还受含氯量的影响；中子伽马测井值所受影响因素太多，只有在不多的理想条件下，才有可能用于估计岩层孔隙度。

中子—超热中子测井虽采用贴井壁的测量方式，但井径变化大时，井眼影响仍比较大，而且超热中子的探测效率比热中子低得多，其计数率低 1~2 个数量级，所以统计误差较大。因此，在多数情况下，使用中子—热中子测井的效果可能优于中子—超热中子测井。

2）划分油水界面

当地层水矿化度较高时，油、水层中氯的含量不同，在固井后测的中子测井曲线上，油、水层的中子测井值将有所差异，含水部分的中子测井值高于含油部分。

3）识别含气层

当储层含天然气时，其含氢指数远小于具有相同孔隙度的含油（或含水）层，因此，气层在中子伽马测井曲线上显示为高值，在中子孔隙度曲线上显示为低值。利用中子、密度孔隙度曲线重叠法划分气层为例，气层在 ϕ_D（密度孔隙度）曲线上显示为高值，在 ϕ_N（中子孔隙度)曲线上显示为低值,出现 $\phi_D \gg \phi_N$ 的幅度差。

当钻井液侵入较深时,中子测井探测范围内的天然气被驱走,致使裸眼井甚至刚固井后的套管井中所测中子曲线上无明显的气层特征。固井一段时间后,由于侵入带消失,天然气将返回井周,故可采用不同时间测得的中子测井曲线寻找气层,一般在固井后及相隔1周测的两条中子测井曲线对比,就可排除钻井液侵入影响而显示气层的存在。

1.3 声波测井原理及应用

物质在外力作用下可产生机械振动发出声音,这种振动以波的形式在各种介质中传播,称为声波。声波在介质中传播有一定的规律,研究井剖面岩石声学物理特性的测井方法,称为声波测井(sonic logging)。声波测井主要分为两大类,即研究声波速度的测井方法和研究声波幅度的测井方法。声波测井资料,可确定地层孔隙度、判断岩层剖面的岩性、研究岩层的力学参数;还可检查固井质量、射孔质量及套管质量。到目前,声波测井已形成自己的独立体系,得到了广泛的应用。

1.3.1 声波测井原理

为了克服单发双收声系在仪器不居中、井径不规则和深度误差等影响,设计了双发双收声系,这种声系称为井眼补偿声系。

双发双收井眼补偿声速测井仪(borehole compensated sonic tool,BHC)具有上发射器 T_1 和下发射器 T_2,中间是两个声波接收器 R_1 和 R_2。上下发射器交替发射声脉冲,两个接收器交替接收时差 Δt_1 和 Δt_2,地面仪器计算 Δt_1 和 Δt_2 的平均值,并对二者取平均值输出记录成时差(Δt)曲线。

由图 1.13 可知,双发双收声速测井仪的 T_1 发射得到的 Δt_1 和 T_2 发射得到的 Δt_2 曲线,

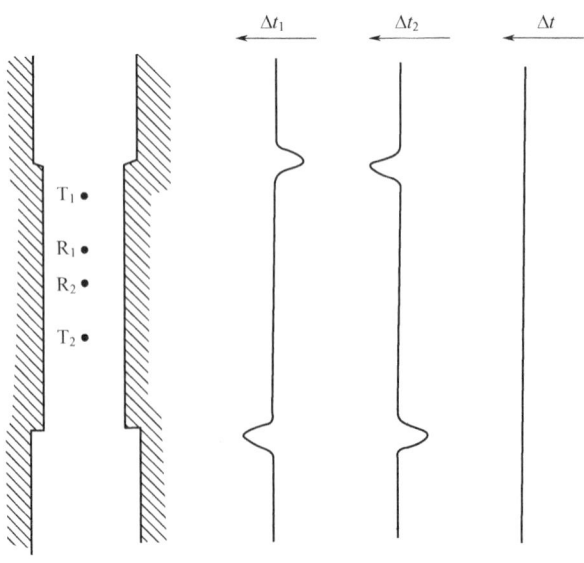

图 1.13 井径变化影响的补偿示意图

在井径变化处的变化方向相反。所以，取二者的平均值得到的曲线恰好补偿了井径变化对测量结果的影响，同时也补偿了仪器倾斜对时差造成的影响。

1.3.2 声速测井的影响因素

1. 地层厚度

地层厚度的大小是相对于声速测井仪的间距来说的，厚度大于间距的称为厚层，小于间距的称为薄层。

对厚层来说，在地层中部时差曲线出现平直段，该段时差值为地层时差值。当地层岩性或孔隙性不均匀时，曲线稍有波动，取地层中部时差曲线的平均值作为地层的时差值。时差曲线的半幅点处对应于地层的上、下界面。

对于薄层，目的层时差受相邻地层时差影响较大。若相邻地层时差高于目的层的时差，则目的层时差增加；反之，目的层时差减小。厚度越薄，围岩影响越大，时差与地层实际时差值差异越大，半幅点间的距离越大于目的层真实厚度，不能应用曲线半幅点确定地层界面。

对于薄互层，即间距大于互层的地层厚度时，测井值不能反映地层的真实速度，甚至还可能出现反向。因此间距尺寸必须小于目的层中最薄地层的厚度。间距越小，分辨地层的能力越强，但测量的精度也就越差。应该合理选择间距，我国现场多采用0.5m的间距。

2. 周波跳跃现象

一般情况下，声速测井仪的两个接收器先后被同一首波所触发记录时差。但是，在某些情况下，由于首波太弱，不足以先后触发两个接收器，第二个接收器被后续波触发，使两个接收器不是被同一个峰触发而造成的曲线跳动现象。这时，所测得的时差增大。这种现象，称为"周波跳跃"。在测井中，下列情况可能出现周波跳跃：(1)裂缝或层理发育的地层；(2)未胶结的纯砂岩气层、高压气层；(3)井径扩大严重的盐岩层及钻井液中含有天然气等。

1.3.3 声波测井的应用

1. 判断气层

气和油水的声速及声衰减差别很大。因此，在高孔隙度和钻井液侵入不深的条件下，声波测井可以较好地确定含气疏松砂岩。气层在声波时差曲线上显示时差增大，常出现周波跳跃(图1.14)，一般见于特别疏松的砂岩气层中。这是由于含气疏松砂岩具有较高的孔隙度，且孔隙内含有声波吸收强的天然气，致使声波能量衰减大，产生周波跳跃。

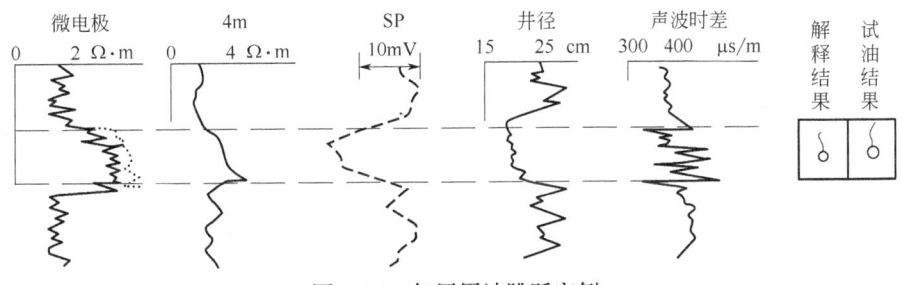

图 1.14 气层周波跳跃实例

2. 划分地层

由于不同地层具有不同的声波速度，可以根据声波时差曲线划分不同岩性的地层。

在砂泥岩剖面中，砂岩声速与砂岩胶结物的性质及含量有关。通常，钙质胶结砂岩比泥质胶结砂岩的时差低，并且声波时差随钙质含量增加而减小，随泥质含量增高而增高。泥岩时差较高，页岩时差则介于砂岩和泥岩之间，砾岩时差较低。

在碳酸盐岩剖面中，致密石灰岩和白云岩的时差最低，若含泥质，时差稍有增高；当有孔隙或裂缝时，时差明显增大，甚至还可能出现周波跳跃现象。

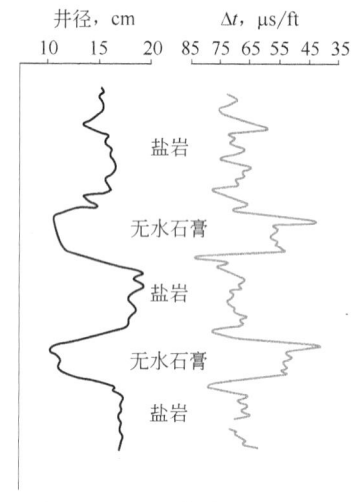

图 1.15 利用声波时差曲线来划分膏盐剖面

在膏盐剖面中，无水石膏和盐岩的声波时差有明显的差异，并且在盐岩层部分因井径扩大，时差曲线有明显的假异常，所以可以利用声波时差曲线来划分膏盐剖面（图 1.15）。

地层声速和地层孔隙度有关，大量数据表明，在固结、压实的纯地层，地层孔隙度和声波时差存在线性关系，即威利（Wyllie）平均时间公式：

$$\phi = \frac{\Delta t - \Delta t_{ma}}{\Delta t_f - \Delta t_{ma}} \quad (1.25)$$

式中，Δt 为从曲线上读出的地层声波时差，$\mu s/m$ 或 $\mu s/ft$；Δt_f 为孔隙中流体的声波时差，$\mu s/m$ 或 $\mu s/ft$；Δt_{ma} 为岩石骨架的声波时差，$\mu s/m$ 或 $\mu s/ft$；ϕ 为地层孔隙度，小数。

威利平均时间公式的应用条件为孔隙均匀分布、压实的纯地层，因此由该公式求出的声波孔隙度，对于不同的地层情况要分别处理。

对固结压实的纯地层，若为粒间孔隙的石灰岩及较致密的砂岩（孔隙度为 18%~25%），可直接利用平均时间公式计算出孔隙度，不必进行任何校正。若为孔隙度 25%~35% 的砂岩，则声波孔隙度需要引入流体校正系数，气层的流体校正系数为 0.7，油层的流体校正系数为 0.8~0.9。

对固结而压实不够的砂岩，要引入压实校正系数 C_p，C_p 与地层埋藏深度、年代及地区有关。

对泥质砂岩，由于泥质声波时差较大，按式（1.25）计算的孔隙度偏大，必须进行泥质校正。根据岩石体积物理模型可得

$$\Delta t = (1 - \phi - V_{sh}) \Delta t_{ma} + V_{sh} \Delta t_{sh} + \phi \Delta t_f \quad (1.26)$$

则地层孔隙度可表示为

$$\phi = \frac{\Delta t - \Delta t_{ma}}{\Delta t_f - \Delta t_{ma}} - V_{sh} \frac{\Delta t_{sh} - \Delta t_{ma}}{\Delta t_f - \Delta t_{ma}} \quad (1.27)$$

式中，V_{sh} 为泥质含量，小数；Δt_{sh} 为泥质砂岩的声波时差，$\mu s/m$ 或 $\mu s/ft$。

岩石体积物理模型是根据测井方法的探测特性和岩石的各种物理性质上的差异，把岩石体积分成几个部分，研究每一部分对岩石宏观物理量的贡献，并视宏观物理量为各部分贡献之和。公式（1.27）中参数 Δt 可替换为密度等参数，以密度为例，根据岩石体积物理模型有 $\rho_b = (1 - \phi - V_{sh}) \rho_{ma} + V_{sh} \rho_{sh} + \phi \rho_f$。

3. 计算缝洞孔隙度

声速测井测量沿传播时间最短的路径传播的纵波首波的速度，一般认为声波时差不受洞穴和高角度裂缝的影响，只受骨架和粒间孔隙影响，声波孔隙度反映岩石粒间孔隙度。中子和密度测井确定的是岩石的总孔隙度，那么它与声波孔隙度之差即为缝洞孔隙度。

1.4 其他测井方法

除电法测井、放射性测井和声波测井外，本节将列举说明其他测井方法，包括井径测井（caliper log）、地层倾角测井（diplog）。

1.4.1 井径测井

井径测井是测量井筒直径大小的一种测井方法。在裸眼井中，由于地下各地层的机械强度不同以及各地层受到的钻井液冲洗、浸泡和钻头的碰撞的差别，实际的井径往往与钻头直径不同。井径仪的测量原理基本相同，以张臂式井径仪为例，如图1.16所示，它的井径臂（也叫井径腿）在弹簧力的作用下发生伸张和收缩，并将井径臂的张缩变化转换成电阻值的变化。

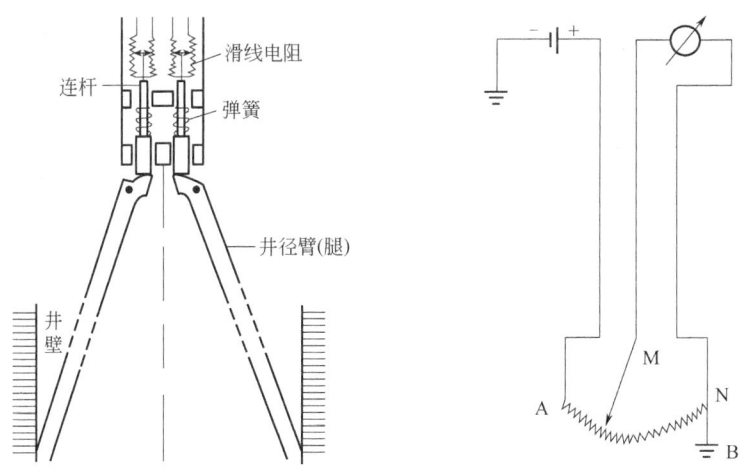

图1.16 井径仪结构示意图及测量原理

在裸眼井中使用的井径仪有两臂井径仪、三臂井径仪和四臂井径仪三种。两臂井径仪可以附带在其他带极板贴井壁的仪器上，如微电极、密度等。三臂井径仪和四臂井径仪一般是单独下井测量，但也可以组合在其他测井仪器上，如四臂井径仪就可以组合在地层倾角仪上，测量地层倾角信息的同时，测量两条井径。两臂井径仪、三臂井径仪、四臂井径仪虽然都是测量井的直径，但它们反映的特征却不大一样，两臂井径仪得到的是井眼的最大直径，三臂井径仪得到的是井眼的平均直径，而四臂井径仪常给出井眼的最大和最小两条直径。

实际进行井径测量时，将仪器下到预计的深度上，然后通过一定的方式打开井径臂，于是，互成90°的四个井径臂便在弹簧力的作用下向外伸张，其末端紧贴井壁。随着仪器的向上提升，井径臂就会由于井径的变化而发生张缩，并带动连杆作上下运动。如果将连杆同一个电位器的滑动端相连，则井径的变化便可转换成电阻的变化。当给该滑动电阻通以一定强度的电流时，滑动电阻的某一固定端与滑动端之间的电位差将随着其间电阻值的变化而变化。通过测量这一电位差，便可间接反映井径的大小。

假定井径值为某一起始井径 d_0 时，滑动电阻的滑动端 M 与某一个固定端 N 之间的电阻 $r_{MN}=0$，即 $\Delta U_{MN}=0$，则当井径值变为 d 时，ΔU_{MN} 为

$$\Delta U_{MN}=I \cdot r_{MN}=I \cdot \beta \cdot (d-d_0) \tag{1.28}$$

则

$$d=d_0+\frac{1}{\beta}\frac{\Delta U_{MN}}{I} \tag{1.29}$$

式中，r_{MN} 为滑动电阻的滑动端与固定端之间的电阻，Ω；ΔU_{MN} 为滑动电阻的滑动端与固定端之间的电压，V；I 为电流，A；d 和 d_0 代表不同的井径值，in；β 为仪器相关系数。

井径资料的主要应用包括以下两个方面：

（1）划分岩性。砂岩由于渗透性较好，一般都有钻井液侵入，在井壁上有滤饼形成，使井径小于钻头直径；致密石灰岩和致密白云岩的渗透性很差，且较坚硬，所以井径近似等于钻头直径；含泥质的石灰岩或白云岩，其井径略大于钻头直径；砾岩渗透性差，井径近似等于钻头直径；泥岩颗粒细，结构较疏松，受钻井过程中钻井液浸泡和冲刷易发生垮塌，因此一般泥岩段的井径都大于钻头直径；盐岩受钻井液的溶解作用会发生严重的井径扩大。井径曲线一般只能用来定性识别岩性，常与其他曲线配合进行解释。

（2）估算固井水泥用量。套管外径与井径之间环形空间的体积就是固井水泥用量，工程上一般采用体积法计算：

$$V=\frac{\pi}{4}h(\bar{d}^2-d'^2) \tag{1.30}$$

式中，h 为固井段长度，m；d' 为套管外径，m；$\bar{d}$ 为平均井径值，m；V 为固井水泥用量，m³。

1.4.2 地层倾角测井

地层倾角测井用来在钻井中测量地层的视电阻率、井斜、井径和下井仪方位等地层倾角数据资料，经过数据处理，获得地层的倾角和方位角等信息。

1. 地层倾角测井基本原理

1）地层面的倾角和倾向在大地坐标系中的表示

地层走向为地层面与水平面的交线的方位角。倾斜线在水平面上的投影为倾向线，地层倾向线与正北方向的夹角称为倾斜方位角，简称倾向，代表地层面倾斜的方向，与地层走向互成90°。地层倾斜线与倾向线的夹角为地层倾角。

建立如图1.17所示的坐标系，任意平面的单位法向矢量 $\boldsymbol{n}$ 在大地坐标系(V, N, E)中的三分量分别为 n_V, n_N, n_E。由图可知，任意平面的倾角和倾斜方位角分别为

$$\theta=\arctan\left(\frac{\sqrt{n_E^2+n_N^2}}{n_V}\right) \tag{1.31}$$

$$\varphi = \arctan \frac{n_E}{n_N} \qquad (1.32)$$

2) 直井内地层倾角及倾斜方位的计算

以地层倾角测井仪为例,输出曲线类型包括:两条井径曲线(C_{13} 和 C_{24})、Ⅰ号极板方位角曲线 P1AZ、井斜角 DEVI 以及四条微聚焦电阻率(或电导率)曲线(图 1.18)。通过对比,确定地层面上不在同一直线上的四个点 M_1、M_2、M_3、M_4 以及沿井轴方向的高度 Z_1、Z_2、Z_3、Z_4。其中,Ⅰ号极板方位角是从正北起顺时针方向计量,Ⅰ号极板相对方位角为井轴相对Ⅰ号极板的方位角,从Ⅰ号极板开始逆时针方向计量。井斜角为井轴与铅垂线的夹角。

如图 1.19 建立坐标系:仪器坐标系与大地坐标系的原点重合(位于井轴),Ⅰ号极板在 D 轴上,D 轴指向正北方向。地层面上四个极板的坐

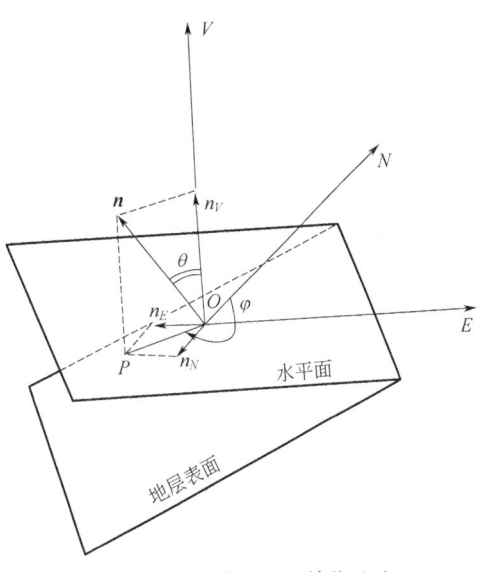

图 1.17 地层层面上单位法向矢量在大地坐标中的表示

标为:$M_1\left(0, \dfrac{C_{13}}{2}, Z_1\right)$,$M_2\left(\dfrac{C_{24}}{2}, 0, Z_2\right)$,$M_3\left(0, -\dfrac{C_{13}}{2}, Z_3\right)$,$M_4\left(-\dfrac{C_{24}}{2}, 0, Z_4\right)$。从图上可以看出,如果有一地层面,当带有四组电极系的仪器通过该层面时,则四组电极系将测出

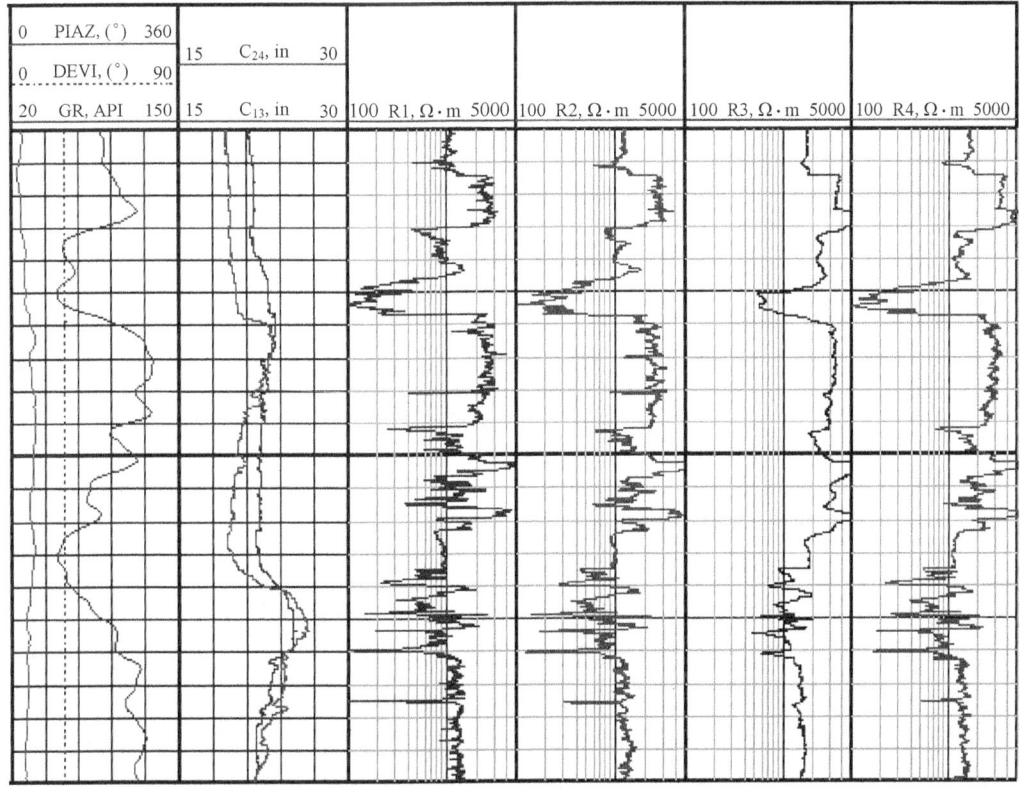

图 1.18 地层倾角测井曲线实例

四条带拐点的电阻率曲线。这四个拐点的深度分别为 Z_1、Z_2、Z_3、Z_4，它们分别代表地层面上四个点的深度。如果地层是倾斜的，则 Z_1、Z_2、Z_3、Z_4 之间有高度差，也叫高程差，根据这些高程差就可绘出一个倾斜的平面来。

地层倾角及倾斜方位计算公式为

$$\theta = \arctan\left(\frac{\sqrt{n_F^2 + n_D^2}}{n_A}\right) \tag{1.33}$$

$$\varphi = \arctan\frac{n_F}{n_D} \tag{1.34}$$

其中，$n_A = \dfrac{C_{13}C_{24}}{S}$，$S = \sqrt{C_{13}^2(Z_2-Z_4)^2 + C_{24}^2(Z_3-Z_1)^2 + C_{13}^2 C_{24}^2}$，$n_F = \dfrac{C_{13}}{S}(Z_2-Z_4)$，$n_D = \dfrac{C_{24}}{S}(Z_3-Z_1)$。

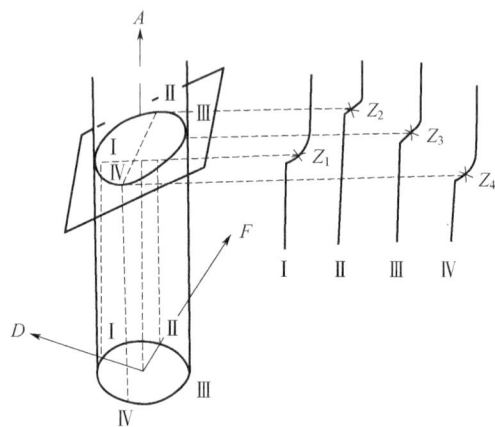

图 1.19 地层倾角测井原理图

如果 I 号极板不在正北方向，则地层倾斜方位角为

$$\varphi = \mu + \arctan\frac{n_F}{n_D} \tag{1.35}$$

式中，μ 为 I 号极板方位角。

实际生产中，井眼与地层都可能是倾斜的，因此，就应进行坐标转换，建立地层层面上的法向单位矢量在大地坐标系轴向分量与仪器坐标系上的三个轴向分量之间的关系，进而确定地层倾角和倾斜方位角。

地层倾角测井资料的成果可表示为蝌蚪图、杆状图（棍棒图）、方位频率图、改进的施米特图和圆柱面展开图等。蝌蚪图中（图 1.20），黑点的位置表示深度和倾角，箭头表示地层的倾向和方位。杆状图是表示沿剖面线的地层视倾角随深度变化的图件。方位频率图是在一定的研究井段中以统计方法建立的极坐标图（图 1.21），在选择研究井段时，要求该井段为一连续一致的单元，不应包含有不整合、断层等不连续的情况。改进的施密特图也是一种极坐标图，同心圆从外边缘 0° 到中心的 90° 表示地层倾角。根据井段内各点倾角和方位的大小标在相应的坐标图上，用等值线标出每个小扇形区点子数相同的区域。圆柱面展开图相当于岩心素描的展形图，用它可以研究地层倾角和观察各种层理。

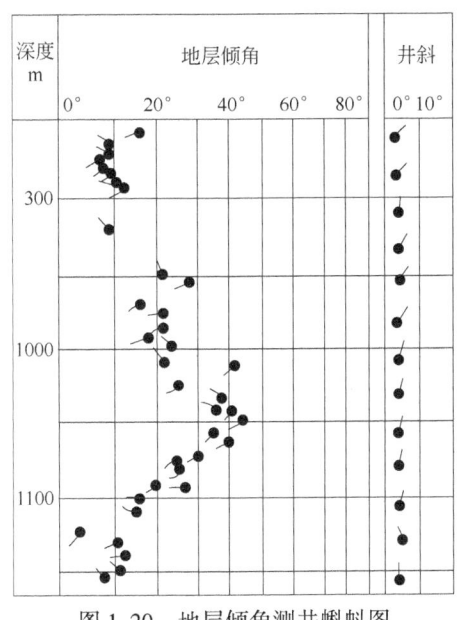

图1.20　地层倾角测井蝌蚪图

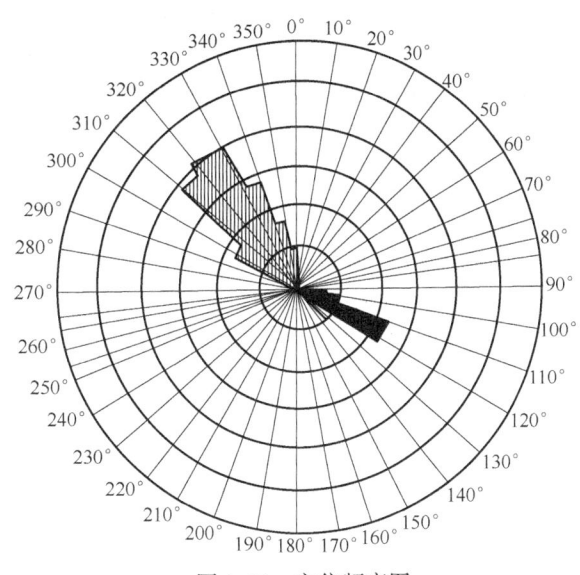

图1.21　方位频率图

2. 地层倾角测井仪器

仪器能测出层面上三个点，叫三臂式地层倾角仪，能同时测出层面上四个点，叫四臂式地层倾角仪。三臂式地层倾角仪有三个互成120°的推靠臂，每个臂上都安装同样的一组电极系。当仪器在井中移动时，每个推靠臂都使电极系紧贴井壁，并连续测量出一条反映井壁地层电阻率变化的曲线。

我国石油测井中经常使用的地层倾角仪有阿特拉斯公司的1013仪和1016仪，斯伦贝谢公司的高分辨率地层倾角仪HDT、地层学高分辨率地层倾角仪SHDT，哈里伯顿公司的六臂倾角仪等。我国海洋测井公司已经制造出了八臂倾角仪。应用这些倾角仪在我国石油勘探中已经测量过数千口井的资料，利用这些资料在识别断层、不整合、裂缝、沉积构造、确定地应力等方面做了大量的研究工作，在油气勘探开发工程中发挥了重要的作用，地层倾角测井已经成为一种常规测井方法。

四臂式地层倾角仪包括以下几个主要部分：

（1）在同一水平面上互成90°的四个臂，每个臂上装有一个可塑性橡胶板，板上装几个小电极用来测量电阻率曲线。同时利用四个臂的横向位移来改变电位计的电阻，指示井径的变化，起到井径仪的作用，可以测得两条井径曲线。

（2）仪器上部是定方位装置，用磁罗盘连续测量Ⅰ号极板的方位角和Ⅰ号极板与井斜方向的相对方位角。

（3）利用井斜重锤测量井斜角。

（4）顶部为电子仪器部分，装有一个旋转头和弹簧扶正器，旋转头使仪器在测井时的自转减到最小，以保证能获得精确的结果。弹簧扶正器能使仪器轴线与井眼轴线一致，确保测得准确的井眼偏离的位移。

仪器正常的测井速度大约为7~9m/min，测得的各种数据同时记录在野外磁带和胶片上。一次下井同时记录9~10条曲线，包括：

(1) 四条浅聚焦电导率曲线 DIP1、DIP2、DIP3、DIP4；
(2) 二条微井径曲线 CAL1、CAL2；
(3) 一条 I 号极板相对于磁北极方向的方位角 AZ(μ) 曲线，简称 I 号极板方位角；
(4) 一条 I 号极板与井斜方向的相对方位角 RB(β) 曲线，简称相对方位角；
(5) 一条井斜角 DEV(δ) 曲线；
(6) 一条电缆张力曲线，显示测井过程中对四个臂的加压情况。

3. 地层倾角测井的地质应用

1) 倾角模式及其地质含义

地层倾角测井研究构造和沉积时，在矢量图上可以把地层倾角的矢量与深度关系大致分为四类(图 1.22)。

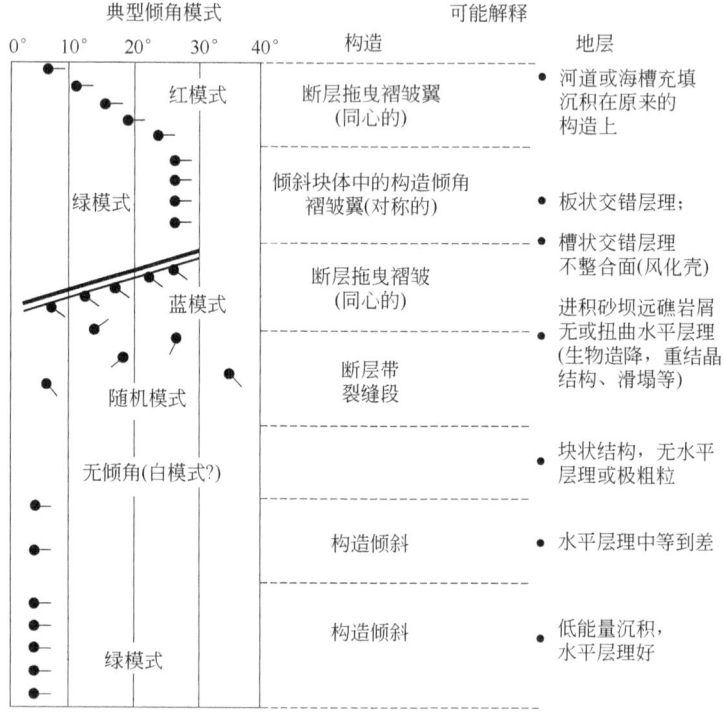

图 1.22 地层倾角模式及地质解释

红模式为倾向大体一致，倾角随深度增加而增大的一组矢量，可以指示断层、砂坝及河道等。蓝模式为倾向大体一致，倾角随深度增加逐渐变小的一组矢量，一般反映地层水流层理、不整合等。绿模式为倾向大体一致，倾角随深度不变的一组矢量，一般反映构造倾斜和水平层层理等。白模式(杂乱模式)的倾角变化大或矢量点很少，这种倾角模式的可信度差，标示着有新层面、风化面或岩性粗的块状地层等存在。

2) 利用地层倾角测井研究构造地质

测井资料的构造地质研究，主要是褶皱、断层和不整合三类地质现象的地层产状和构造要素的准确确定。研究构造的主要测井资料是地层倾角测井和井壁成像测井资料。

褶皱构造包括对称背斜、不对称背斜和倒转背斜。以不对称背斜为例，当不对称背斜和轴面重合，井钻遇的不对称背斜次序是缓翼—脊面—陡翼时，矢量图有下列特征：在缓翼地层中，构造倾角与倾斜方位角基本一致，矢量图呈绿模式；由缓翼地层逐渐接近构造脊面，倾角随深度增加而减小，矢量图呈蓝模式，在背斜脊面处倾角接近零度；有背斜脊面向陡翼地层过渡时，倾角随深度增加而增大，倾向与上翼地层相反，矢量图呈红模式；在陡翼地层中，倾角稳定，倾角比缓翼地层大，倾向与缓翼地层相反，矢量图呈绿模式。

不同断层类型具有各自的地层倾角特征，如逆断层表现为随深度增加，倾角增大，在断层面附近达最大，而后减小，地层倾向基本不变；有拖曳现象的同向牵引正断层，断层面与地层面向同一方向倾斜，并且断层面的倾角大于地层的倾角。由于上盘顺断层面下滑，下盘沿断层面上推，使上下盘在拖曳区倾角变大。

不整合面的地层倾角特征为：角度不整合的不整合面上下倾角不同，且均不随深度变化，地层倾向可能相反。假整合处如果存在风化壳，则地层倾角和倾向均无规律变化。

参考文献

[1] 尉中良，邹长春. 地球物理测井 [M]. 北京：地质出版社，2005.
[2] 陈一鸣，朱德怀，任康，等. 矿场地球物理测井技术 [M]. 北京：石油工业出版社，1994.

练习题

1.1 计算岩石力学参数常用到哪些测井曲线？写出泊松比的计算公式？

1.2 双侧向测井和感应测井的适用条件分别是什么？

1.3 写出计算地层水饱和度 S_w 和冲洗带含水饱和度 S_{xo} 的阿尔奇公式，基于岩石体积物理模型的含泥质地层的声波时差 AC、补偿中子 CNL 和密度 DEN 的测井响应方程，以及计算渗透率 K 的 Timur 公式？

1.4 深、浅侧向视电阻率曲线重叠显示时，有正幅度差一定为油层，有负幅度差一定为水层吗？为什么？

1.5 常规九条测井曲线指哪些曲线？其中，哪些曲线可反映岩性、物性、电性(含油气饱和度)？要显示钻井井眼轨迹和形状等，需测哪些测井项目？POR，ϕ_S，ϕ_n，ϕ_d，PE，□，CGR，RHOB，NPHI，Δt_s，LWD，IBC，VDL，AIT，HALR，ECS(GEM)，FMI/ARI，CMR-P，MRIL，DSI/XMAC/WS，TVD/DEPTH，MDT/DST，CAL/C13-C24 代表什么参数或测井方法？

1.6 到目前为止，就你所了解与熟知的，哪种测井曲线(或成像图)的纵向分辨率最高？哪种测井曲线(或成像图)的探测深度(或横向分辨率)最大？

1.7 确定地层岩性有哪些手段或方法途径(例如哪些参数的交会图)？以表格形式总结，如何利用测井曲线(特征)识别钻井地质剖面中的泥岩、砂岩、石灰岩、白云岩、软硬石膏、黄铁矿、重晶石、盐岩、煤层、可燃冰(NGH)、蒙脱石、高岭石、伊利石、绿泥石？

1.8 读下图，回答以下问题：

(1) 写出图中测井曲线英文代码的中文含义。

(2) 找出图中井壁垮塌现象的井段，说明理由。
(3) 找出图中储层的位置，并说明理由。
(4) 分别计算 5289m、5299m 处的孔隙度、泥质含量、含油饱和度。
(5) 画出流体性质变化的界面，并说明理由。
(6) 判断 5289m 所在储层段是否含有可动油气，并说明理由。

已知：$a=b=1$，$m=n=2$，$R_w=0.05\Omega\cdot m$，$R_{mf}=0.2\Omega\cdot m$。要求计算题写出所用公式，计算结果保留小数点后 2 位。

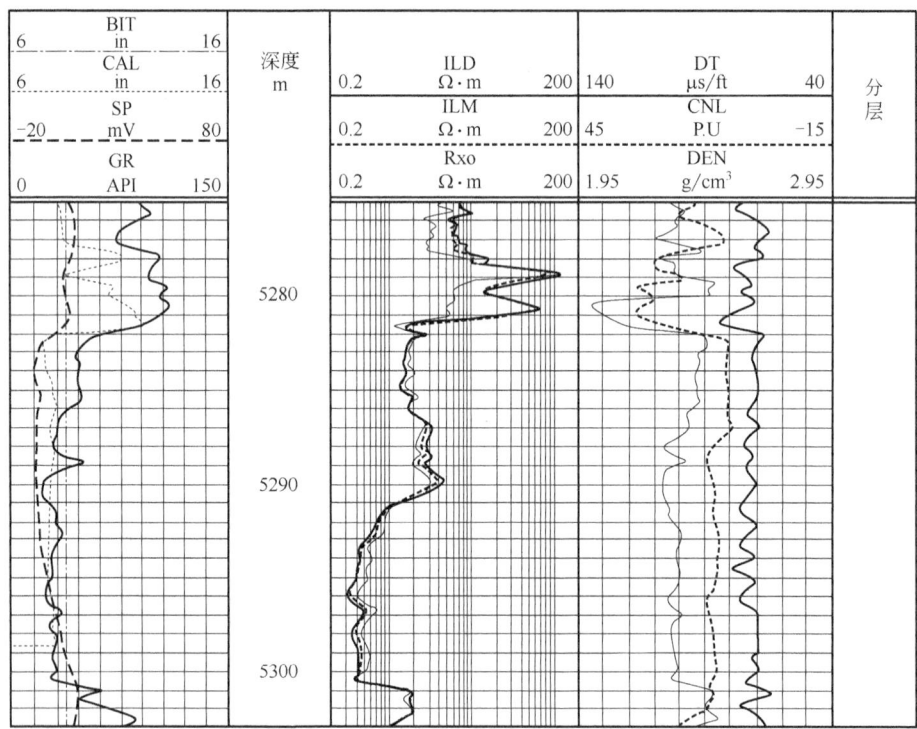

题 1.8 图

第2章 元素俘获岩性识别与核磁共振测井技术及应用

利用地层元素俘获岩性识别测井和核磁共振测井资料可以快速直观地对储层展开定性和定量评价。定性评价可以识别储层岩性和流体性质；定量评价包括计算矿物组分、物性参数等，为储层测井精细评价提供重要的技术手段。

元素俘获岩性识别测井技术及应用

基于伽马能谱的元素测井是通过测量地层元素自发产生或中子源激发的次生伽马能谱，利用谱解析方法获得地层元素含量，为复杂储层测井评价提供一种有效手段。伽马元素能谱测井的发展历程可分为四个大的阶段：自然伽马能谱测井、地球化学测井、元素俘获能谱测井和基于脉冲中子源的元素能谱测井。

地球化学测井可提供地层丰富的元素和矿物含量信息，20世纪80年代末斯伦贝谢公司推出其地球化学测井仪（GLT），该仪器包括三个独立部分：自然伽马能谱测井仪（NGT）、铝活化测井仪（AACT）和俘获伽马能谱测井仪（GST）。地球化学测井仪（GLT）是第一支应用次生伽马能谱确定地层元素含量的测井仪器，能直接提供 K、U、Th 及 Al 等元素的质量分数，并可通过地球化学闭合模型得出 Si、Ca、Fe、S、Gd、Ti 等元素的质量分数。

地球化学测井仪的出现，解决了地层多元素产额分析的问题，为储层评价提供了更充分的信息。地球化学测井仪结构复杂，测量速度不能满足实测井测量的需求。20世纪末，斯伦贝谢公司和哈里伯顿公司研发出元素俘获能谱测井仪器 ECS（elemental capture spectroscopy）和 GEM（geochemical logging）仪器，仪器由 ^{241}Am-Be 中子源和 BGO 晶体探测器构成，取代了上一代地球化学测井仪，结构更为简单且能提供更多的元素含量。

基于脉冲中子源的元素能谱测井通过对中子发生器的发射脉冲时序和伽马探测器的测量时序进行设计，可同时获取地层的非弹性散射伽马能谱和俘获伽马能谱，通过谱解析可获得更多种类、更精确的元素含量。贝克休斯公司于20世纪90年代末推出利用可控中子源的元素能谱测井 FLeX，可同时测量俘获伽马能谱和非弹伽马能谱，获取 Al、Ca、Cl、Gd、H、Fe、Mg、Mn、K、Si、S、Ti 等元素含量。2012年斯伦贝谢公司推出最新一代地层元素扫描仪 LS（litho scanner），利用高中子产额的 D-T 脉冲中子源和高能量分辨率的溴化镧伽马探测器，测量高精度、高能量分辨率的非弹性散射和俘获伽马能谱，对俘获伽马能谱解析可获得 Al、Ba、Ca、Cl、Cu、Gd、H、Fe、K、Mg、Mn、Na、Ni、Si、S、Ti 等 16 种元素含量，对非弹性散射伽马能谱解析可获得 Al、Ba、C、Ca、Fe、Mg、O、Si、S 等 9 种元素含量。

2.1.1 元素俘获岩性识别测井原理

元素能谱测井是利用中子源产生的快中子进入地层，与地层元素的原子核发生作用放出伽马射线，记录非弹性散射和俘获伽马能谱，以实验标准谱为基础，利用谱分析技术得到地层元素含量，并利用氧化物闭合模型和聚类因子分析等方法确定地层矿物类型及含量，进而进行地层评价。

1. 核物理基础

岩石、矿物和石油等都是原子组成的，原子的中心是原子核，原子核是由质子和中子组成的，质子带正电，中子不带电。质子和中子结合形成稳定的原子核，要使一个核子从原子核里释放出来就必须供给一定的能量。在元素俘获过程中，Am-Be 中子源发出平均能量为 4MeV 的快中子轰击靶核，首先与地层中 C、O、Si、Ca、Fe、Mg 等元素发生非弹性散射反应，经散射后部分逐渐慢化成热中子并被原子核所俘获生成俘获 γ 射线，用中子源的 BGO 晶体探测器可以探测并记录这些俘获 γ 能谱。快中子轰击靶核后产生复核，并以发射 γ 射线的方式释放出激发能，从激发态回到基态。

元素俘获能谱测井时，中子源向地层发射高能快中子，这些能量较高的快中子轰击储层元素原子核时，将发生非弹性散射，产生非弹性 γ 射线。例如发射的中子打到碳原子核上就会发生非弹性散射：

$$n_0^1 + C_6^{12} \rightarrow C_6^{13+}(激发态的碳原子核) \rightarrow n_0^1 + C_6^{12} + \gamma(4.43\text{MeV}) \tag{2.1}$$

当发射的中子能量 E_n 满足式(2.2)时，就能与 C、O、Si、Ca 等原子核发生非弹性散射产生非弹性 γ 射线。

$$E_n \geq E_\gamma \frac{m_A + m_B}{m_A} \tag{2.2}$$

式中，E_γ 为靶核最低激发能级的能量，MeV；m_A、m_B 为靶核和入射中子的静止能量，MeV。

氧原子的最低激发能量为 6.13MeV，激发（n，n'）反应的中子能量应大于或等于 6.51MeV；而对于碳原子，最低激发能级的能量 E_γ 为 4.43MeV，中子能量应大于或等于 4.81MeV。油气储层最显著的特征谱线 C、O、Ca、Si 的谱线能量分别为 6.13MeV、4.43MeV、3.73MeV 和 1.78MeV，是脉冲中子能谱测井采集的最重要的数据。石英矿物的指示元素是硅元素，石灰岩的指示元素为钙元素，白云岩的指示元素是镁和钙元素，原油和水的指示元素是碳和氢。而对于成分复杂的矿物，则可以选取硅、铝和钾作为指示元素，判别伊利石含量可以依据钾元素的多少。通常 C、O、Si、Ca、Fe 等元素的原子核与地层中的快中子发生非弹性散射，如图 2.1 所示。

快中子经多次的非弹性散射后能量逐渐降低，慢化成热中子。靶核俘获热中子后变为激发态的复核，继而释放一个或多个 γ 光子，并由激发态退回到基态，这种 γ 射线称为热中子俘获

γ射线，元素种类不同，其原子核能级也不同，故各种原子核释放的γ射线主要由H、Si、Ca、Fe、S、Ti、K等元素的原子核与热中子发生的俘获反应而生成，如图2.2所示。

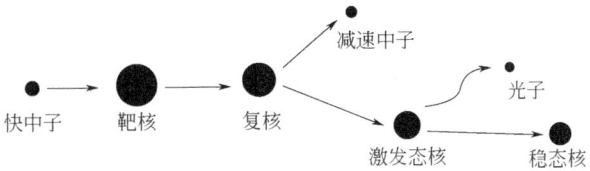

图2.1　快中子非弹性散射过程图

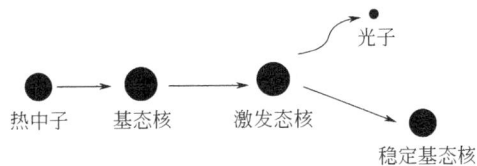

图2.2　热中子俘获反应过程图

2. ECS测井原理

通过ECS测井仪器记录井眼某一地层的伽马射线谱的测量中，地层第j种元素中子俘获的伽马射线被井下的多谱仪记录的第i道的平均计数率$\overline{CR}_{ij}$为

$$\overline{CR}_{ij} = W_{tj} I_n (\rho_b \overline{\Phi}_n \overline{\Omega} \overline{V}) N_A \frac{\sigma_j M_{ij}}{A_j} \tag{2.3}$$

式中，W_{tj}为第j种元素在该地层中的质量分数，%；I_n为中子源发射的中子强度，1/s；ρ_b为地层体积密度，g/cm³；$\overline{\Phi}_n$为单位中子源中子强度(1/s)在地层的平均有效中子通量，1/cm²；$\overline{\Omega}$为空间立体角；$\overline{V}$为平均有效研究体积，cm³；N_A为阿伏伽德罗常数；σ_j为第j种元素的热中子俘获截面，cm²；M_{ij}为第j种元素俘获伽马射线的传输和被第i道记录的效率，%；A_j为第j种元素的原子量，mol。

所测得的伽马谱是256道。i从2开始，因为第1道往往是计数时间。

如果令$\overline{CR}_{ij}$为第j种元素俘获伽马谱的总计数率，M_j为第j种元素俘获伽马射线的传输和总探测效率，则

$$\overline{CR}_j = \sum_{i=2}^{256} \overline{CR}_{ij} \quad M_j = \sum_{i=2}^{256} M_{ij} \tag{2.4}$$

该层所有地层元素对实测的俘获伽马谱的总贡献，即总计数率$\overline{CR}_t$为

$$\overline{CR}_t = \sum_{j=1}^{m} \overline{CR}_j \tag{2.5}$$

那么，第j种元素对俘获伽马实测谱的贡献份额即产额y_j为

$$y_j = \frac{\overline{CR}_j}{\overline{CR}_t} = W_{tj} I_n \frac{(\rho_b \overline{\Phi}_n \overline{\Omega} \overline{V})}{\overline{CR}_t} N_A \frac{\sigma M_j}{A_j} \tag{2.6}$$

令$S_j = N_A \dfrac{\sigma_j M_{ij}}{A_j}$；$\dfrac{1}{F_0} = I_n \dfrac{(\rho_b \overline{\Phi}_n \overline{\Omega} \overline{V})}{\overline{CR}_t}$，式中$S_j$为第$j$种元素俘获伽马射线的探测灵敏度。$F_0$

为一个与单种元素无关的量，但不同地层是不一样的，则

$$y_j = W_{tj} \frac{S_j}{F_o} \tag{2.7}$$

在实际中，探测灵敏度 S_j 很难用试验测得，因此采用相对灵敏度。如定义 Si 元素的相对灵敏度为 1，其他元素的相对灵敏度是相对 Si 元素而言的，相对灵敏度 S_{rj} 为：

$$S_{rj} = \frac{S_j}{S_{Si}} = \frac{\frac{y_j}{W_{tj}}}{\frac{y_{Si}}{W_{tSi}}} \tag{2.8}$$

由此可见，元素的探测灵敏度是该元素的"产额—质量分数"与 Si 元素的"产额—质量分数"之比值。由于通常使用的都是相对灵敏度，因此，S_{rj} 就简写为 S_j，因此，第 j 种元素的质量分数 M_{tj} 为

$$M_{tj} = F \frac{y_j}{S_j} \tag{2.9}$$

式中，$F = \frac{F_0}{S_{Si}}$，F 是与待分析的地层元素无关、与测量介质总体情况有关的量；而探测灵敏度（相对灵敏度）S_j 是与中子源强度、中子输运、地层密度无关而与具体元素和探测器系统有关的量。式（2.9）是确定地层元素质量分数的基本理论公式。

确定产额 y_j 的一般步骤：首先要有一套标准的单种地层元素俘获伽马谱即标准谱；其次做谱漂移和谱形状的校正，求归一化谱；最后选择一种工程上适用、精度高的解谱方法求出待分析地层俘获伽马谱中各元素的产额 y_j。

在实际元素俘获伽马能谱测井中，由于井况变化、不同深度的地层温度变化及仪器不稳定性，即使采取稳谱措施，测量系统的增益也会发生变化，致使实测俘获谱峰发生偏移。特别是能量分辨率也会随温度升高而变差，导致峰形变宽。用能量和分辨率刻度不同的标准谱去拟合测井获得的地层混合元素俘获伽马谱（简称混合俘获谱），会带来很大的误差。因此在解谱之前，必须进行谱漂移校正和谱形状校正。

一般校正方法是对谱漂移校正，以标准谱俘获谱为基准，将混合俘获谱校正到标准俘获谱；对谱形校正，以混合俘获谱为基准，将标准俘获谱的谱形校正到混合俘获谱。

$$\Delta^2 = \frac{1}{n} \sum_{i=1}^{n} \left(c_i - \sum_{j=1}^{n} a_{ij} y_j \right)^2 \tag{2.10}$$

式中，c_i（根据解谱方法）为第 i 道或第 i 段区的计数百分数；a_{ij} 为仪器响应矩阵；n 为总道数或总段区数；i 为道码货段区号；y_j 为地层中各元素的产额。

用一个 1.5m×1.5m 的标准圆筒，圆筒中心再装上一根同轴的套管，在套管外壁与圆筒内壁之间装入精心配置的具有一定孔隙度、孔隙流体和矿物质量分数已知的多种矿物混合物，使混合物密度和热中子扩散长度与标准谱井基本一样，从而得到元素质量分数 W_{tj}（j=1,2,…,m）已知的模拟井地层；然后利用地层元素俘获谱测井仪，在该模拟井中获得中子俘获瞬发伽马射线谱；再用前述的解谱方法求出模拟地层中各元素的产额 y_j（j=1,2,…,m）。由于氧和碳的热中子俘获截面很低，这两种元素的俘获谱贡献可忽略不计，对氧化物和碳酸盐矿物来说，只考虑氧和碳以外的元素。

令 $S_{Si} = 1$，则

$$S_j = \frac{\dfrac{y_j}{W_{tj}}}{\dfrac{y_{Si}}{W_{tSi}}}, j=1,2,\cdots,m \tag{2.11}$$

由式(2.11)可以求出模拟地层中各元素的探测灵敏度因子,作为实际测井时应用。

对于一个确定的地层,各种矿物的质量分数 M_j 之和应该是 1,即

$$\sum_{j=1}^{m} M_j = 1 \tag{2.12}$$

这就是闭合归一化模型的理论基础。对于地层中主要是氧化物和碳酸盐矿物时,式(2.12)可写成

$$\sum_{j=1}^{m} X_j M_{tj} = 1 \tag{2.13}$$

式中,X_j 为闭合归一化模型的第 j 种氧化物或碳酸盐的氧化物指数,它为该元素的矿物中所占质量分数的倒数。部分元素其氧化物或碳酸盐的氧化物指数列于表 2.1。

表 2.1 闭合归一化模型的氧化物指数

元素	氧化物	氧化物指数
Si	SiO_2	2.139
Ca	$CaCO_3$	2.497
Ca	CaO	1.399
Al	Al_2O_3	1.899
Ti	TiO_2	1.668
K	K_2O	1.205
Fe	FeO	1.287
Fe	Fe_2O_3	1.43
Fe	$FeCO_3$	2.075
S	$CaSO_4$	1.125
S	FeS	0.064
Na	Na_2O	1.348

已有文献已论证 K、Na、Al、Mg 四种元素都不是中子俘获伽马谱来测定的。因此,将式(2.9)代入式(2.13)得闭合归一化模型表达式:

$$F\sum_{j=1}^{m'} X_j \frac{y_j}{S_j} + X_{Mg}W_{tMg} + X_K W_{tK} + X_{Al}W_{tAl} + X_{Na}W_{tNa} = 1 \tag{2.14}$$

式中 $m' < m$。这样,用热中子俘获瞬发伽马射线谱确定地层元素的闭合归一化模型变为闭合 Q 模型:

$$F\sum_{j=1}^{m} X_j \frac{y_j}{S_j} = Q \tag{2.15}$$

式中，m 是对俘获谱有贡献的元素数，实际是式(2.14)中的 m'，只是为描述方便仍用 m。

关键是 Q 值的确定。还是利用确定 S_j 的那口模型井，已知模拟地层中第 l 种元素的真含量 $W_{\text{tr}l}(l=1,2,\cdots,m)$。由式(2.15)将第 l 种元素的一项提到求和符号以外，得

$$F\frac{y_l}{S_l}\left(\sum_{j=1}^{m} X_j \frac{y_j S_l}{S_j y_l} + X_l\right) = Q \quad j \neq l \tag{2.16}$$

$$W_{tl}\left(\sum_{j=1}^{m} X_j \frac{y_j S_l}{S_j y_l} + X_l\right) = Q \quad j \neq l \tag{2.17}$$

则

$$W_{tl} = \frac{Q}{\sum_{j=1}^{m} X_j \frac{y_j S_l}{S_j y_l} + X_l} \quad j \neq l \tag{2.18}$$

由式(2.17)求出的 W_{tl} 与真值 $W_{\text{tr}l}(l=1,2,\cdots,m)$ 的方差为

$$\sigma^2 = \frac{1}{m}\sum_{l=1}^{m}(W_{tl}-W_{\text{tr}l})^2 \tag{2.19}$$

即

$$\sigma^2 = \frac{1}{m}\sum_{l=1}^{m}\left[\frac{Q}{\sum_{j=1}^{m} X_j \frac{y_j S_l}{S_j y_l} + X_l} - W_{\text{tr}l}\right]^2 \quad j \neq l \tag{2.20}$$

要使 $\sigma^2 \to \min$，则 $\dfrac{\mathrm{d}\sigma^2}{\mathrm{d}Q}=0$，由式(2.16)对 Q 求导数，并取零，得

$$Q = \frac{\sum_{l=1}^{m}\left[\dfrac{W_{\text{tr}l}}{\sum_{j=1}^{m} X_j \dfrac{y_j S_l}{S_j y_l} + X_l}\right]}{\sum_{l=1}^{m}\left[\left(\sum_{j=1}^{m} X_j \dfrac{y_j S_l}{S_j y_l} + X_l\right)^{-2}\right]} \quad j \neq l \tag{2.21}$$

在实际测井时，Q 值随不同的地层不一定与式(2.17)的计算值(模型井刻度值)相同，而是随不同矿物地层而变化。因此，对于含 Al 的地层，用中子活化测井确定 Al 的质量分数 $W_{t\text{Al}}$；对于含 K 的地层，用自然伽马能谱测井确定 K 的质量分数 W_{tK}；对于含 Mg 的地层，用岩性密度测井测量光电吸收截面指数 P_e，从而确定 Mg 的质量分数 $W_{t\text{Mg}}$。其确定公式为

$$F\sum_{j=1}^{m'} Pe_j \frac{y_j}{S_j} + Pe_{\text{Mg}} W_{t\text{Mg}} + Pe_{\text{K}} W_{t\text{K}} + Pe_{\text{Al}} W_{t\text{Al}} + 0.23 = Pe_{\text{mat}} \tag{2.22}$$

式中，Pe_{mat} 为地层骨架的光电吸收截面指数。

2.1.2 元素俘获岩性识别测井仪器

1. ECS 测井仪

元素俘获能谱测井仪(elemental capture spectroscopy，ECS)是斯伦贝谢公司推出的一种

新型地层元素测井仪器，它利用快中子与地层中的原子核发生非弹性散射碰撞及热中子被俘获的原理，通过解谱和氧化物闭合模型得到地层矿物中主要造岩元素的质量分数，并应用聚类分析、因子分析等方法，定量求解地层的矿物含量。

ECS 测井仪既可在裸眼井中测量，又可在套管井中测量，该仪器(图2.3)结构由 ^{241}Am－Be(advanced multi-band excitation)中子源、BGO晶体探测器、光电倍增管(PMT)、硼套、高压放大电子线路等构成。仪器采用单谱计，处理简单、组合性强、测速高，可在淡水钻井液、饱和盐水钻井液或油基钻井液、氯化钾钻井液、含气钻井液等条件下使用，不受井眼条件的影响，即使在井眼条件差、高温井眼(保温瓶保护)的情况下也能取得较好的 ECS 测井资料。

在测井过程中，它通过 ^{241}Am－Be 中子源向地层发射 4MeV 的快中子诱发地层发生非弹性散射反应，同时释放出伽马射线，经过多次散射中子减速形成热中子，热中子被俘获产生元素的特征俘获伽马射线，元素通过释放伽马射线回到初始状态，用 BGO 晶体探测器探测记录这些非弹性散射伽马能谱和俘获伽马能谱(图2.4)。利用 BGO 晶体探测器探测到的非弹性伽马谱，经过解谱处理可以得到 C、O、Si、Ca 等元素的含量；而对其中主要的俘获伽马谱经过解谱处理可以得到 Si、Ca、S、Fe、Ti 和 Gd 等元素的含量，应用特定的氧化物闭合模型技术，从而可以得到地层中矿物的质量分数。

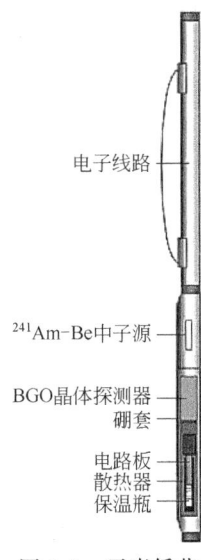

图 2.3　元素俘获谱测井仪

ECS 测井从岩石元素成分角度，解决岩性识别问题，对识别那些成分差异较大而颜色、结构、构造差异不明显的复杂岩性，具有极其重要的意义。

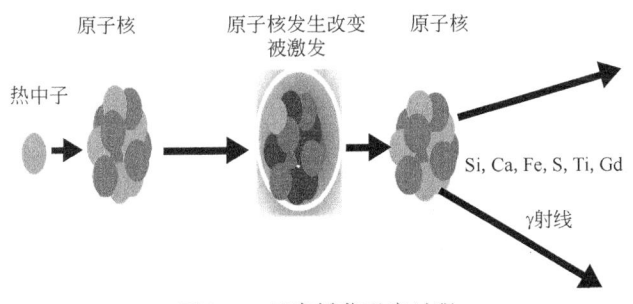

图 2.4　元素俘获反应过程

2. GEM 测井仪

地球化学测井 GEM(geochemical logging)仪器是哈里伯顿公司推出的元素分析仪器。该仪器能够对复杂矿物地层进行快速精确评价，并进行全面的元素分析，补充现有的随钻钻屑评价服务。与实时数据采集软件相结合，可以快速准确地提供现场与边远地区的地层元素可视化结果。

在测井行业，GEM 测井仪是第一个测量镁元素的仪器，并改善了泥质与页岩中铝的测量。镁是碳酸盐岩和片状硅酸盐常见的成分，也是至今为止最难测量的元素，对储层描述非常重要。用新增的元素(镁、铝和锰)测量，可以更好地确定矿物成分，改善孔隙度、饱和度、渗透率的评价，测量膨胀黏土和岩石力学性质，更精确地估算储量，优化完井和增产设计，提高产量。

哈里伯顿公司的 GEM 测井仪同样采用 ^{241}Am-Be 同位素中子源和 1 个 BGO 晶体探测器，采用优化的中子和伽马射线屏蔽来提高信噪比，如图 2.5 所示。采用同位素源的目的是缩短仪器长度、降低仪器电路及结构复杂性、增加测量稳定性，但采集到的信息相对于脉冲中子源比较单一。

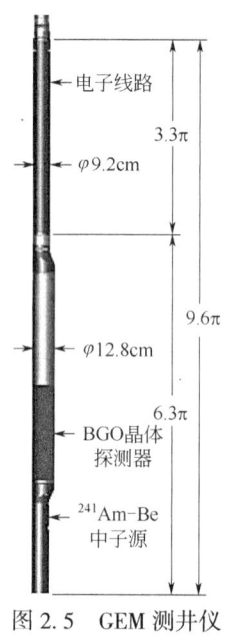

图 2.5 GEM 测井仪

GEM 测井通过和直径 90mm 的测井短节组合使用，一次下井能够进行补偿中子、伽马—伽马密度和自然伽马能谱测井。测井过程中能够实时输出元素含量进行地层岩性评价。探测器部分最大直径为 120mm；探测器部分的上部和下部都是偏心设计，有利于其他偏心仪器的连接；仪器贴井壁测量，连接扶正器可在直径 500mm 的井眼进行测量；可以在油基钻井液、水基钻井液及孔隙钻井条件下使用，纵向分辨率为 54cm。

3. LS 测井仪

2012 年斯伦贝谢公司在原有的 ECS 测井基础上，正式推出了基于 14MeV 脉冲中子发生器的高分辨率岩性扫描成像测井仪 LS（litho scanner），成为 Scanner 系列（scanner family）的新一员。该仪器的测量精度比 ECS 测井仪高 4 倍，在井场提供高分辨率能谱测井数据，实时定量分析复杂岩性地层的矿物成分及总有机碳含量。这些定量分析数据以前只能通过耗时费力、高成本的实验室岩心分析方法得到。

新型高清晰度能谱测井仪 LS（表 2.2）相比传统能谱测井仪具有以下八个显著特点及优势：

（1）通过提高镁元素的测量精度，更好地区分碳酸盐岩中石灰岩和白云岩；通过提高硫元素的测量精度，从石灰岩中定量得到硬石膏含量。同时提高了以下元素的测量精度，包括 Al、Ba、C、Ca、Cl、Fe、Gd、K、Mn、Na、Si 和 Ti，以及 Cu 等元素。

（2）通过减去非弹性散射伽马能谱中与碳酸盐岩矿物相关的无机碳含量，可得到不受其他因素（干酪根类型及成熟度、当地经验、解释模型等）控制的连续总有机碳含量（TOC）曲线，节省了等待实验室样品测定结果的时间。

（3）使用了独特的 $LaBr_3(Ce)$ 伽马探测器，从而大大提高了矿物含量获得的准确度和精度，该探测器主要具有出色的谱分辨率，受温度影响较小，具有较高的计数率。

（4）具有支持高计数率的高速电子设备。

（5）使用了表现优良的脉冲中子发射器（PNG）：①废弃了 Am-Be 中子源的使用，从而降低了操作、运输中存在的安全风险；②发射高密度中子流从而提高测量精度；③同时获得非弹谱和俘获谱；④最大耐温 350.6°F（177℃）。

（6）可与大部分裸眼井测井仪组合，且与主要的传输模式（电缆测井、TLC 恶劣测井条件下钻杆传输测井及牵引测井器）兼容。

（7）高速测井的同时也可获得高质量的数据，进而提高元素测量精度。

（8）对于深井或者水平井，高温条件下，无采集时间限制。

表 2.2　Litho Scanner 仪器规格

测量性能	
输出信息	元素产额、元素质量分数、总有机碳含量、矿物质量分数(干重)、骨架性质
最大测井速度	3600ft/h(1097m/h)
测量范围	1~10Mev
纵向分辨率	18in(45.72cm)
钻井液类型	不限
仪器性能	
允许的最高温度	350℉(177℃)
允许的最大压力	20000lb❶/in²(138MPa)
最小井眼尺寸	5.5in(13.97cm)
最大井眼尺寸	24in(60.96cm)
仪器外径	4.5in(11.4cm)
仪器长度	14in(35.56cm)
仪器质量(空气中)	366lb(166kg)
最大张力	55000lbf❷(244652N)
最大压力	22500lbf(100085N)

利用 Litho Scanner 进行地层评价主要包括以下四步：

(1)谱采集：同时采集非弹性散射伽马能谱和俘获伽马能谱。

(2)剥谱：从采集的伽马能谱中得到 13 种非弹性散射元素相对产额，以及 18 种俘获元素相对产额。

(3)氧闭合：采用氧化物闭合原理，即一种干燥岩石只有一组氧化物组成，这些氧化物的含量之和为 1。将元素的相对产额转换为元素质量分数。

(4)解释：利用元素质量分数，采用相应解释模型，确定矿物含量、骨架性质及总有机碳含量 TOC。

2.1.3　元素俘获岩性识别测井的应用

元素俘获岩性识别测井主要用于确定地层的岩性及岩石类型、根据矿物含量确定骨架密度、估算地层阳离子交换量、求取地层宏观俘获截面、解释沉积环境、推算成岩作用、根据矿物组成计算孔隙度及渗透率等。

1. 计算地层岩石矿物含量

利用 ECS 测井数据，并结合自然 γ 能谱测井数据，可计算黏土含量及其类型。图 2.6

---

❶　磅，1lb=0.4536kg。
❷　磅力，1lbf=4.45N。

为 XJ 油田的 B12ST1 井 2436.61~2463.71m 井段 ECS 测井解释成果图。根据不同深度的地层主要元素和矿物含量可以判断沉积环境，并能准确求取孔隙度、渗透率、饱和度和泥质含量这些储层参数。与其他常规测井方法所得到的参数相比，根据 ECS 测井计算出来的参数更加符合实际情况，特别是对于一些低阻油田的开发具有重要的参考价值。图 2.6 中第 10 道为测井质量控制，$F<3$ 代表探测质量好，$F>3$ 代表探测质量差。

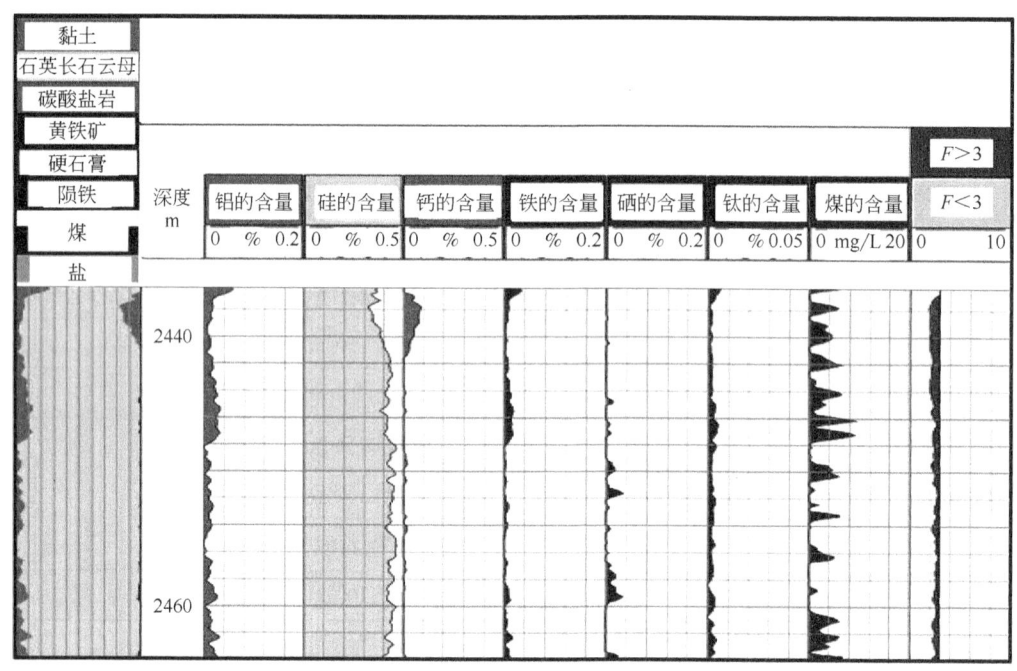

图 2.6　B12ST1 井 ECS 测井解释成果图

图 2.7 为利用 ECS 测井解释的 B12ST1 井 2436.61~2463.71m 井段岩性剖面图。从图 2.7 中自然伽马曲线和图 2.6 中硅元素的曲线可知，该处理井段内主要为砂泥岩。由于 Si、Al、Ca、Fe 是伊利石、蒙脱石的主要元素，根据图 2.6 中钙元素、铁元素等含量可计算得出伊利石、蒙脱石的相对含量。由图 2.7 中的第 6 道岩性剖面，可看出该井段的泥质含量以伊利石为主，蒙脱石在其中的含量较少；且该处理井段上部蒙脱石含量要高于处理井段下部蒙脱石含量。这种由 ECS 测井提供的详细地层岩石组分对于以后的储层改造是非常有帮助的。

LS 测井作为一种新的地球化学能谱测井，能够测量地层中常见的元素，包括以往难测的 Mg、Al、K、Na 和 Fe 等，测量的地层元素比以往的地层元素测井(如 ECS 测井)精度更高。LS 测井是通过地层中由中子诱发不同元素产生的伽马射线，通过解谱和氧化物闭合算法得到干骨架元素质量分数，在此基础上利用最优化程序通过元素含量得到地层中矿物的含量，实现复杂矿物和岩性的准确评价。通过 LS 测井可以快速准确地计算出某一深度的矿物组成，进而明确该地层的岩性特征。

对某研究区 M2 井重点油气层显示井段进行了 LS 测井，并同时通过钻井取心及相应分析化验对 LS 测井结果进行验证。图 2.8 展示了该井 LS 测井得到的矿物成分与岩心 X 射线衍射全岩矿物分析结果对比：LS 测井得到的石英、钾长石、钠长石、方解石、白云石、黏土矿物和黄铁矿等矿物成分与岩心 X 射线衍射全岩矿物分析结果一致性较好，反映了 LS 测井的结果可信度较高。

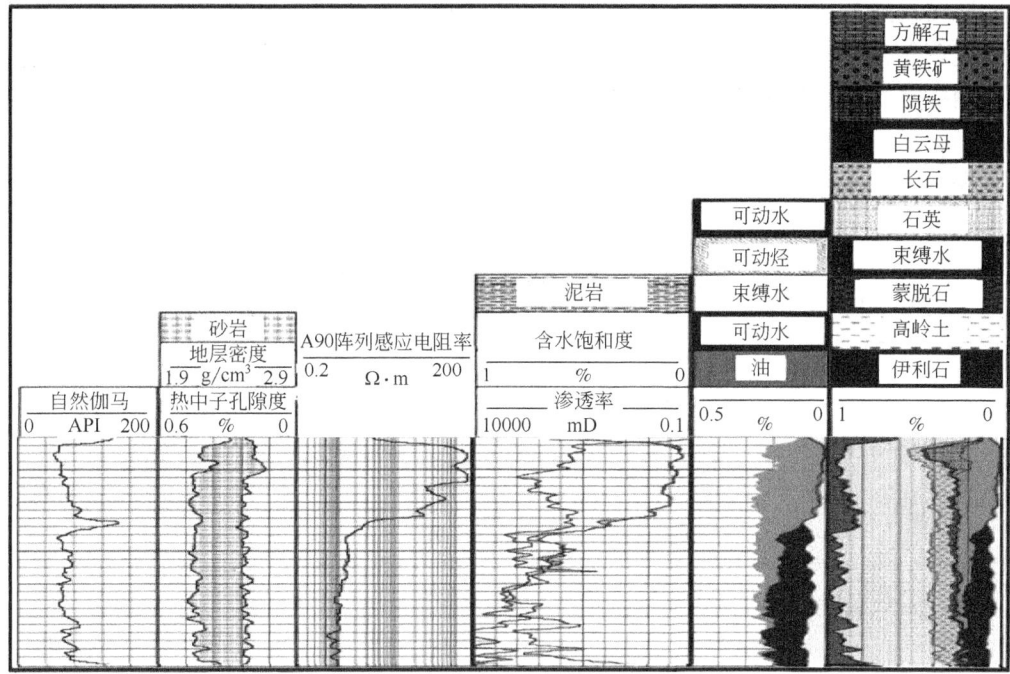

图 2.7 ECS 测井处理解释的 B12ST1 井岩性剖面成果图

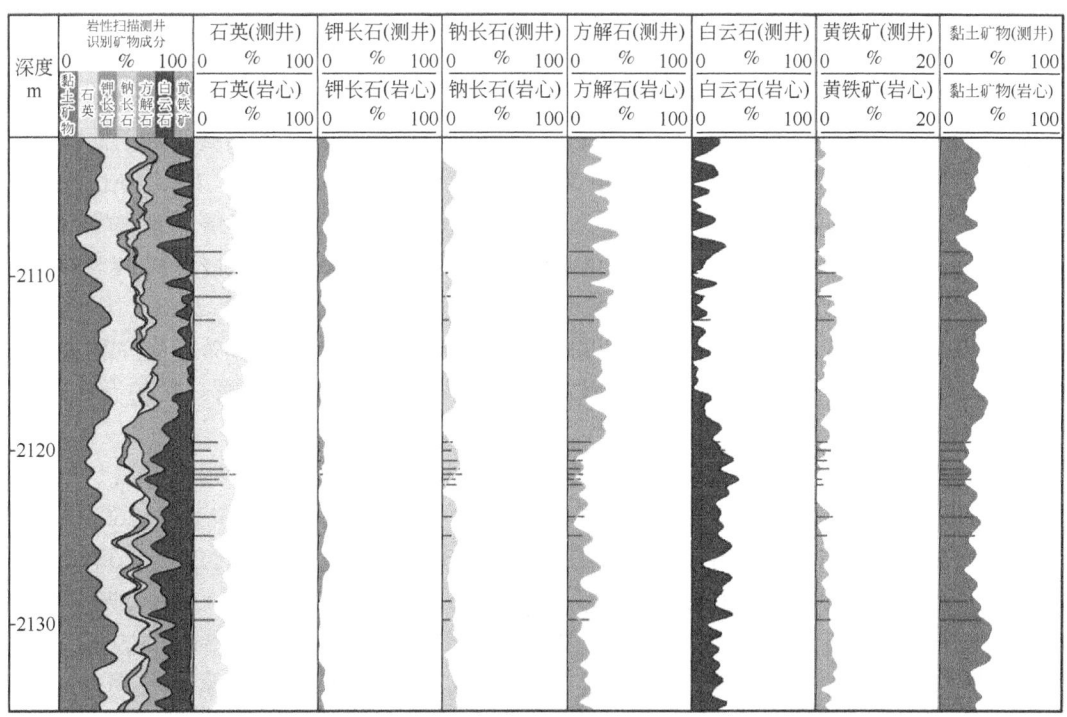

图 2.8 M2 井 LS 测井结果与岩心 X 射线衍射全岩矿物分析结果对比

2. 地层岩性分析

三塘湖盆地芦草沟组主要为凝灰岩类、碳酸盐岩类和陆源碎屑岩类，以及三种岩性的混杂沉积，由于岩石成分较为复杂且纵向非均质性强，岩性的识别难度较大。通过地球化学测井测量近十种地层元素含量，并基于氧化物闭合模型解释得出地层八种矿物含量，包括石英、钾长石、钙长石、伊利石、方解石、白云石、黄铁矿和菱铁矿等矿物。根据三端元矿物相对含量可以将岩性进行分类，表2.3为芦草沟组各矿物含量与岩性间的关系表。

表2.3 三塘湖盆地芦草沟组不同岩性对应矿物含量一览表

岩类名称	岩石名称	三端元矿物相对含量，%		
		石英+长石	白云石+方解石	黏土及其他
凝灰岩类	沉凝灰岩	60~70	<25	<25
	白云(灰)质凝灰岩	50~60	25~40	<25
	泥质凝灰岩	50~60	<25	20~25
碳酸盐岩类	白云(灰)岩	<25	≥60	<25
	凝灰质白云(灰)岩	25~40	50~60	<25
	泥质白云(灰)岩	<25	50~60	20~25
混积岩类	混积岩	<50	<50	<25
泥岩类	凝灰质(白云质)泥岩	<50	<50	≥25

凝灰岩类岩性是芦草沟组主要的储层，储集空间以晶间孔和粒间孔为主，是储层物性、含油性评价的优势岩性，可细分为沉凝灰岩、白云(灰)质凝灰岩和泥质凝灰岩。总体来说，凝灰岩类岩性中石英和长石矿物总含量在50%以上，黏土矿物含量小于25%，白云石和方解石矿物含量大多低于25%，部分白云(灰)质凝灰岩的白云石和方解石矿物含量介于25%~40%。第二类岩性为碳酸盐岩类，可细分为白云(灰)岩、凝灰质白云(灰)岩和泥质白云(灰)岩，白云石和方解石矿物总含量在50%以上，黏土矿物含量小于25%，长英质矿物含量在40%以下。泥岩类岩性中伊利石和绿泥石等黏土矿物含量大于25%，这种凝灰质(白云质)泥岩是主要的烃源岩，显微组分中腐泥组含量普遍大于40%，发育一定的有机孔，这类岩性重点需要进行岩石脆性和总有机碳含量的评价。

根据地球化学测井处理解释得到的八种矿物含量以及上表中的岩性判别标准，可在三塘湖盆地条湖凹陷中推广应用岩性识别方法。图2.9为TX02H(导眼)井3110~3260m井段地层元素测井岩石矿物含量及岩性识别图，底部3245~3260m井段伊利石含量高于30%，岩性为凝灰质(灰质)泥岩；3235~3245m层段石英、长石总含量大于60%，为沉凝灰岩储层；3160~3245m层段白云石含量较高，岩性主要为白云岩类为主；3110~3160m层段方解石含量相对较高，岩性主要为泥质灰岩和凝灰质灰岩，可见利用地层元素测井高效直观地识别岩性。

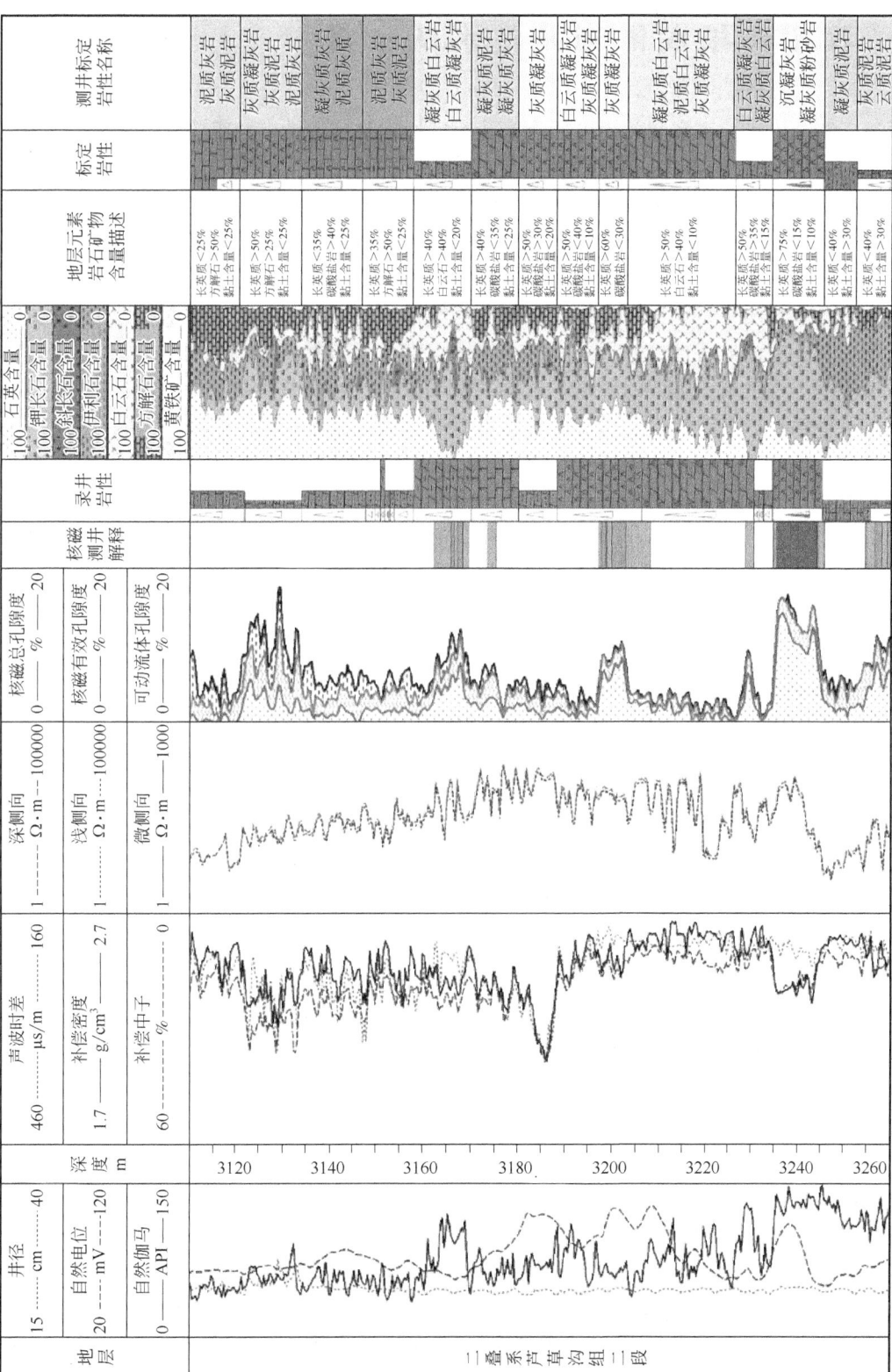

图 2.9 TX02H（导眼）井地层元素测井岩石矿物含量识别岩性图

2.2 核磁共振成像测井技术及应用

通过声波、中子、密度测井得出的储层孔隙度通常受到岩性、井眼等因素的影响,核磁共振成像测井技术因具有常规孔隙度测井无法比拟的优势而被广泛应用于石油勘探开发中。核磁共振成像测井信号包含十分丰富的地层信息,可用于定量确定有效孔隙度、自由流体孔隙度、束缚水孔隙度、孔径分布以及渗透率等参数,也能为产液性质、可采储量、油层的水淹程度、驱替效率、剩余油饱和度以及采收率等问题的评价和分析提供定量数据。

核磁共振成像测井是通过研究地层流体中的氢核与外加磁场的相互作用特性来描述储层的岩石物理及孔隙流体特性的一种新型测井技术。它可以直接测量岩石孔隙中流体的信号,其测量结果基本不受岩石骨架的影响。核磁共振成像测井可以提供孔隙内流体含量、含油气类型和孔径等信息。由于核磁共振成像仪器可以测量储层流体中氢核的密度,因此可获得视含水孔隙度,不受矿物成分及流体中微量元素的影响。同时,不同的孔隙流体类型如油、气、水具有不同的核磁共振响应,可通过测井结果分析储层的油气类型及含量。储层岩石孔隙空间中流体的核磁共振响应与自由状态流体的核磁共振响应是不同的。而且,孔径越小,束缚水的视核磁共振特性和自由水之间的差异越大,可以从数据中提取足够的孔径信息,从而改进对一些重要的岩石物理特性的估算,如渗透率、毛细管束缚水体积等。

2.2.1 国内外核磁技术进展

1946 年 F. Bloch 和 E. M. Purcell 等通过实验观测到核磁共振现象。20 世纪 50—60 年代,Brown 等对砂岩进行核磁共振,发现砂岩中流体的核磁共振弛豫时间明显快于自由流体,于是设计了地磁场核磁共振测井仪,并进行了现场试验;Seevers 等观察到岩石核磁共振弛豫速率与岩样渗透率的关系;Ernst 等提出了脉冲傅里叶变换核磁共振波谱学;Timur 等提出了自由流体指数概念以及由 NMR 测量渗透率、含水饱和度及束缚水饱和度的方法。1976 年,Aue 等实现了二维核磁共振技术;Wüthrich 将二维核磁共振用于生物高分子研究,并不断拓展和完善。1979 年,Brownstein 等提出了孔隙介质核磁共振弛豫理论和模型,为核磁共振测井应用奠定了基础。1994 年,国际岩石物理学家和测井分析家协会(SPWLA)举办了首届核磁共振在地层评价中的应用专题研讨会。

在仪器设计和油田应用方面,1978 年,斯伦贝谢公司开始提供地磁场核磁测井服务,将第一代商用 NML 投放市场。1980 年,Jackson 等申请了基于均匀磁场的脉冲回的 NMR 测井仪器。1988 年,NUMAR 公司设计了脉冲回波磁共振成像测井仪(magnetic resonance imaging logging, MRIL),并在 1990 年将 MRIL-B 投入商业应用。1992 年,斯伦贝谢公司的 Kleinberg 等研究人员设计了贴井壁脉冲回波核磁共振测井仪(combinable magnetic resonance, CMR)。1994 年,NUMAR 公司研制出具有多频观测能力的 MRIL-C 型测井仪和配套的实验室核磁共振岩心分析仪,提高了测井速度并提出识别油气及定量评价油气水饱和度的时域分析方法 TDA;随后,又开发出能够测量包括泥质束缚水在内总孔隙度的核磁共振测井仪 MRIL-C/TP;1998 年,已并入哈里伯顿公司的 NUMAR 公司将核磁共振测井仪升级为具有 9 个观测频率的 MRIL-Prime 型测井仪。以自旋回波为测量对象、以弛豫时间谱为基础的核磁共振测井不断进步成为成熟测井技术，并得到规模应用。

20世纪以来，核磁共振技术和仪器随着油田应用不断深入发展而快速迭代升级，二维核磁共振测井数据采集及处理技术不断进步，各大测井公司为了满足大斜度井和水平井的生产需求，研制出随钻核磁共振测井仪。1999年，试验用随钻磁共振测井仪NMR LWD 进行了现场测试。在全世界范围内提供商业服务的核磁共振成像测井仪主要有：哈里伯顿公司采用NUMAR专利技术推出的系列核磁共振成像测井仪MRIL系列，斯伦贝谢公司推出的组合式脉冲核磁共振测井仪CMR，以及俄罗斯生产的大地磁型系列核磁共振测井仪 ЯМК923 等。

中国核磁共振技术起步较晚，井场核磁共振技术萌芽于20世纪80年代初。1982年，梅忠武翻译了俄文专著《核磁测井》，介绍苏联地磁场核磁测井的方法原理及应用分析。同年，肖立志等发表了《核磁共振方法确定岩样孔隙度》一文，成为中国在该领域率先公开发表的研究成果。1991年，中国石油天然气总公司首次立项进行岩石核磁共振性质的系统研究，国内技术人员在基础理论和方法上不断创新，研究了页岩气核磁共振响应特征、裂缝性地层核磁共振测井响应特征、核磁共振测井界面响应特征、天然气水合物核磁共振响应特征等，发展了含油气储层的球管模型解释弛豫模型、陆相地层核磁共振估算孔隙度模型等多种模型，提出了多孔介质核磁共振正演模拟方法、多指数反演方法及影响因素定量评价方法、二维核磁共振理论与方法等多种方法，形成了适用于我国陆相复杂油气藏的核磁共振测量分析技术及若干新颖和前瞻的技术储备，建立了我国井场核磁共振技术的理论框架和方法原理基础。

2005年，中国石油天然气集团公司启动核磁共振测井仪研制项目，逐步制成多频核磁共振测井仪MRT6910。2008年，中国海洋石油总公司启动核磁共振测井仪研制项目，研制了偏心型核磁共振测井仪MRT，其性能不断提升，耐温超过200℃。2010年，国家科技部立项资助核磁共振井下流体分析仪的研制，探测效率高、信号强度高、信噪比高。2012年，中国石油大学(北京)完成了电缆核磁共振测井仪探头、电子系统、软件系统、降噪理论与方法、核磁共振井下流体分析系统、随钻核磁共振测井仪设计制作及原理验证的研究。随后，中国海油、中国科学院地质地球物理所、中国石油和国仪量子等相继开展了随钻核磁共振测井仪的研制和应用。刘化冰等开发了适用于复杂工作环境的核磁共振谱仪，形成了适用于非常规储层物性表征的核磁共振现场测量方法，并于2020年研制出了高性能井场核磁共振全直径岩心扫描分析仪(field scanner using magnetic resonance，FSMAR)。该仪器可以对现场采集岩心实现实时扫描测量，并且对地质调查过程中的实物地质资料数字化服务具有重要作用。

2.2.2 核磁共振测井物理基础

1. 核磁共振现象

核磁共振测井的理论基础是原子核的磁性及其在外加磁场作用下的进动特性。带有电荷的原子核不停地旋转会产生磁场，磁场的强度和方向可以表示为

$$\mu = \gamma P \quad (2.23)$$

式中，μ 为磁矩；P 为自旋角动量；γ 为磁旋比。

当单个核处于外加静磁场 B_0 中，会在力矩的作用下绕外加磁场的方向运动，频率 ω_0 为

$$\omega_0 = \gamma B_0 \tag{2.24}$$

对于宏观的磁化行为,在外加静磁场 B_0 中,整个自旋系统被磁化,单位体积内的核磁矩之和为宏观磁化量。核磁共振的测量对象就是宏观磁化量及其变化过程。

对于被磁化后的核自旋系统,如果在垂直于静磁场 B_0 的方向再加一个交变电磁场 B_1,则根据量子力学原理,处于低能态的核磁矩将通过吸收交变电磁场提供的能量跃迁到高能态,这种现象称为核磁共振现象。

交变电磁场一般采用射频脉冲法产生,在射频脉冲施加以前,自旋系统处于平衡状态,宏观磁化矢量与静磁场 B_0 方向相同。射频脉冲作用期间,磁化矢量受交变电磁场的作用而偏离静磁场方向;停止射频脉冲作用,磁化矢量又将朝 B_0 方向恢复。

2. 核磁弛豫

弛豫是指自旋系统由高能级的非平衡状态恢复到低能级的平衡状态的过程。射频脉冲作用期间,宏观磁化量被分解为横向分量和纵向分量。磁化矢量在 z 方向上的纵向分量恢复到初始磁化强度的过程称为纵向弛豫过程,弛豫速率用 $1/T_1$ 表示,T_1 叫纵向弛豫时间。非平衡态磁化矢量的水平分量 M_{xy} 衰减至零的过程称为横向弛豫,弛豫速率用 $1/T_2$ 来表示,T_2 叫横向弛豫时间。

岩石孔隙流体基本弛豫方式包括颗粒表面弛豫(bulk relaxation)、扩散弛豫(diffusion relaxation)及体积/表面弛豫(surface relaxation)。核磁共振横向弛豫是孔隙流体三种不同弛豫机制综合作用的结果,总的弛豫时间可以表示为

$$\frac{1}{T_2} = \frac{1}{T_{2S}} + \frac{1}{T_{2D}} + \frac{1}{T_{2B}} \tag{2.25}$$

式中,T_2 为总的弛豫时间,ms;T_{2S} 为表面弛豫时间,ms;T_{2D} 为扩散弛豫时间,ms,由外部磁场作用产生;T_{2B} 为体积弛豫时间,ms。当不存在梯度磁场或者是梯度磁场很小时,扩散弛豫时间 T_{2D} 可以忽略不计。当孔隙中流体为单相时,T_{2B} 一般为常数;当孔隙完全被水充填时,由于水的体积弛豫时间一般为 2~3s,远大于 T_2,因此,T_{2B} 可以忽略不计。

1) 核磁弛豫的类型

(1) 表面弛豫。

表面弛豫发生在岩石颗粒表面,是孔隙中的流体分子与颗粒表面不断碰撞造成能量衰减的过程。流体分子在孔隙空间内不停地运动和扩散,使它有充分机会与颗粒表面碰撞。当流体分子碰到颗粒表面时,氢核将自旋能量传递给颗粒表面,使之按静磁场 B_0 的方向重新线性排列,这就是表面弛豫对纵向弛豫时间的贡献。另外,质子可能不可逆地失相是表面弛豫对横向弛豫时间的贡献。

表面弛豫速率可表示为

$$\frac{1}{T_{2S}} = \rho \cdot \frac{S}{V} \tag{2.26}$$

式中,ρ 为表面弛豫强度,$\mu m/ms$;S 为孔隙表面积,μm^2;V 为孔隙体积,μm^3。

孔隙大小对表面弛豫影响较大,大孔隙中碰撞较少,比表面积 S/V 小,弛豫时间长;小孔隙碰撞次数多,比表面积 S/V 大,弛豫时间短。岩石中包含不同尺寸的孔隙,每个孔隙的表面体积比不同,因而会有多个弛豫组分。

(2) 扩散弛豫。

当静磁场中存在梯度时,分子运动能造成失相,导致 T_2 纵向弛豫时间受影响,T_1 纵向

弛豫时间不受影响。地层岩石中，磁场的梯度有两个来源，一是测井仪器产生的梯度场，二是岩石骨架颗粒与孔隙流体之间磁化率差异引起的内部背景梯度磁场。油、气、水都是能够扩散的流体，对它们的观测都要受到扩散弛豫的影响，尤其是气体主要受扩散弛豫的控制。

扩散弛豫公式为

$$\frac{1}{T_{2D}}=\frac{(\gamma GT_E)^2 D}{12} \tag{2.27}$$

式中，D 为分子扩散系数，cm^2/ms；γ 为质子旋磁比，$(ms \cdot Gs)^{-1}$；G 为梯度磁场强度，Gs/cm；T_E 为回波间隔，ms。

（3）体积弛豫。

对于水和烃类，流体体积弛豫主要是由邻近自旋随机运动产生的局部磁场波动造成的。当非润湿相与固体表面接触时，体积弛豫就十分重要了。在水润湿性岩石中，水的弛豫主要是与颗粒表面碰撞造成的，即表面弛豫。而孔隙中心的小油滴或气无法接近岩石表面，因此仅有体积弛豫。对于黏滞流体，即使构成润湿相，其体积弛豫也十分重要。在这种流体中，弛豫时间相对短，短的弛豫时间和扩散到颗粒表面能力的减弱使体积弛豫变得非常显著，因此流体黏度增加会缩短流体弛豫时间。

2）不同物质的弛豫特征

（1）水的弛豫特征：假设某一井段中地层水的矿化度基本不变，在水润湿的碎屑岩中，水的弛豫时间为表面弛豫所控制，弛豫速度与充满水的孔隙空间的比面和颗粒矿物成分有关。对于溶洞、严重油湿岩石以及含有高浓度顺磁离子如铁、铬的原生水或滤液水地层，弛豫时间主要受控于体积和扩散弛豫。

（2）油的弛豫特征：在水润湿岩石中，油的弛豫时间不受地层特性的影响，仅为油组分和地层温度的函数。原油是不同类烃的混合物，因此横向弛豫时间 T_2 分布跨度大，典型的分布是由一个源于最具流动性氢核的较长 T_2 峰和一个来自运动受限制氢核的较短弛豫时间的尾组成。

（3）气体的弛豫特征：气体的纵向弛豫时间 T_1 为其成分、温度和压力的函数，弛豫为体积弛豫；气体的横向弛豫时间 T_2 为扩散弛豫。

（4）岩石骨架的弛豫特征：岩石骨架固体中的黏土，以及含有结晶水的其他矿物中都富含丰富的氢核。然而，由于固体中氢原子核的横向弛豫时间很短，仅为数十微秒，这使得在仪器采集回波信号之前，信号早已完全衰减。同时，纵向弛豫时间则非常长，可达数十秒，这使得氢原子核不易被运动中的仪器磁场所磁化。因此，岩石骨架的弛豫特征对核磁共振测井结果不会产生影响。

2.2.3 核磁共振测井仪器

核磁共振测井记录的原始数据是具有衰减特征的回波串，是孔隙流体氢原子核的核磁共振纵向弛豫时间、横向弛豫时间、分子自扩散运动及流动等特性的综合反映。它以一种可预知的方式，包含了孔隙类型、孔径大小、孔间连通性、流体类型、流体化学成分、流体流动特性、赋存状态（流动、束缚）等十分丰富的信息。通过对回波串的处理，可以很方便地得到有效孔隙度、自由流体孔隙度、束缚水孔隙度、孔径分布以及渗透率等定量参数；通过对脉冲序列中采集控制参数的改变，利用纵向弛豫时间 T_1 加权和扩散系数 D 加权的方式，可以对流体类型进行识别和定量计算。对于勘探阶段，核磁测井为储层的产液性质、产层性质及可采储量等油气资源评价基本问题的解答提供了一个更为完备充分的模型和方案。对于开发过程,核磁测井可以为探明储层和剩余油分布、提升油层驱替效率以及采收率等提供更加直接和可靠的数据。

1. CMR 测井仪器及其原理

组合式核磁共振(combinable magnetic resonance,CMR)井下仪器主要由电子线路短节及探测器等部分组成,采用永久磁铁产生均匀磁场,贴井壁测量,场强为500G。探测体积小,探测区域约为1cm(长)×1cm(宽)×15cm(高)的小圆柱体;探测深度浅,仅2.5cm;对地层的纵向分辨能力可达20cm。

斯仑贝谢公司的 CMR 测井仪器测量核磁弛豫的方法主要是应用 CPMG 脉冲序列法测量横向弛豫时间 T_2,它可以消除扩散引起的误差,使结果更为准确可靠,并提高信噪比。

横向弛豫过程的测量采用 CPMG 脉冲序列为:$(90°)_x — [\tau — (180°)_y — \tau — 回波]$。其基本原理是:$(90°)_x$ 脉冲使磁化矢量扳转在 $x-y$ 平面上,磁化矢量的横向分量会由于静磁场的局部非均匀性等原因而很快散相。一定延迟 τ 时间后,连续地施加一系列间隔相同的 $(180°)_y$ 脉冲,把磁化矢量扳转 180° 到其镜像位置,结果是沿着与散相过程相反的方向使磁化矢量各横向分量得以重聚,在 180° 脉冲后的 τ 时刻,观测到一串回波信号。当被观测的横向弛豫幅度按单指数衰减时,测量的回波串幅度将按 $1/T_2$ 的速率衰减,可根据下式确定横向弛豫时间 T_2:

$$A(T_e) = A(0) e^{-\frac{T_e}{T_2}} \tag{2.28}$$

式中,T_e 为回波间隔,取值为 $2n\tau$,$n = 1, 2, \cdots$;$A(T_e)$ 为各 T_e 时刻测得的信号幅度;$A(0)$ 是零时刻的回波幅度。

当被观测的横向弛豫包含多个单指数衰减时,CPMG 回波串幅度的包络线将是多个指数的和,并且可以分解出不同指数成分。测量过程中,增加回波个数 n,将提高信噪比,并增强对衰减慢的长 T_2 分量的分辨能力;减小时间间隔 τ,则将减小扩散对 T_2 测量的影响,并提高对衰减快的短 T_2 分量的分辨能力。实际应用时,需要把多次测量结果累积起来,才能得到应有的信噪比。在多次累加时,两次测量之间的延迟即纵向恢复时间 (T_R) 非常重要。一个回波串采集完毕,必须等待足够的时间 T_R,使纵向磁化矢量完全恢复,才能开始第二个回波串的采集。T_R 的选取取决于被观测对象的纵向弛豫时间 T_1,通常取 $T_R = (3 \sim 5) T_1$。

纵向弛豫过程的测量方法是反转恢复法。发射器发射的射频脉冲序列由 n 个 $(180° — \tau — 90° — A_t — P_D)$ 脉冲对组成。在每个脉冲对中,180° 脉冲使沿磁场方向的初始化矢量完全反转;τ 期间,z 方向的纵向磁化矢量受纵向弛豫的作用而逐步恢复;90° 脉冲则使 z 方向的磁化矢量扳转到 x 轴或 y 轴,以便能够被检测;A_t 是检测期间测出的自由感应衰减;P_D 为延迟期,使磁化矢量能完全恢复正常,以便进行下一个回合的测量。

对纵向磁化矢量做一系列不同 τ 值的观测,得到一组 M_z 值。取一个足够长的 τ(通常大于 $5T_1$)用于确定 M_0,若被观测的纵向弛豫过程服从单指数规律,测得的信号串幅度 M_z 将按 $1/T_1$ 的速率呈指数恢复,即

$$M_z = M_o (1 - e^{-\frac{\tau}{T_1}}) \tag{2.29}$$

当被观测的纵向弛豫过程服从多指数规律时,测得的 M_z 将是一个多指数函数的和,并且由该组 M_z 的观测值可以分解出多指数函数的形式及其对观测磁化矢量的贡献。由上可

知,纵向弛豫过程的观测通常耗时较长,因此核磁共振测井多选择横向弛豫为测量对象。

2. MRIL 测井仪器及其原理

MRIL(magnetic resonance imaging logging)仪器是 Numar 公司设计研制的磁共振成像测井仪,从最初的 MRIL-A/B 型发展到 MRIL-C/TP 型,我国主要测井公司大多于 1998 年引进各类 MRIL 仪器。

MRIL 下井仪包括电子线路短节、储能短节及探头等几个部分,MRIL 井下仪器的核心部件是磁体和天线。以 MRIL-C 型仪器为例,采用居中测量,外径为 6in 探头,适用于 7.5~13in 的井眼;外径为 4.5in 探头,适用于 5~7in 的井眼。永久磁铁产生梯度磁场,中心磁场强度为 179G,磁场梯度为 17G/cm;可采用多频操作,中心频率 750kHz,对地层有层析作用;探测体积大,单频操作时的探测区域是一个 406mm(直径)×1mm(厚)×610mm(高)的圆柱体,体积约 1.2L,三频操作时可达 3.6L;探测深度较深,对 8in 井眼可达 4in;可采用双等待时间 T_w 和双回波时间 T_e 测井方式测井,直接识别油气;可方便地挂接其他测井仪。

MRIL 采用"井内磁体—井外建场测量"的基本原理,把一个永久磁铁放在井筒中,在井外地层产生梯度磁场,建立磁共振条件。通过对射频场频率及频带的选择,实现对径向特定距离处柱壳状地层薄片信号的观测,其中柱壳的直径和薄片的厚度分别由射频场的频率与带宽确定。当一个切片观测完毕,其中的质子需要一定时间完成弛豫恢复,此时,利用不同的频率即可对另一薄片进行探测。在梯度磁场条件下,可以对岩石孔隙中流体的扩散特性进行观测,进而提供对稠油与水以及水与气的有效识别。

MRIL 采集到的回波串通过多指数拟合得到横向弛豫时间 T_2 分布。首先,核磁共振测井以氢原子核与外加磁场的相互作用为基础,只对氢原子核产生的磁共振信号进行观测,其他类型的原子核对观测信号没有影响。其次,核磁共振测井对原子核所处的外部环境具有选择性。由于固体与流体中氢原子核的核磁共振弛豫性质有明显差异,核磁共振测井信号直接来自地层孔隙中的流体,提供的观测结果几乎不再受地层矿物类型的困扰。最后,核磁共振测井对地层距井眼的径向距离具有一定的选择性。核磁共振测井的磁体在地层中建立一个梯度磁场,使氢原子核的共振频率与径向距离一一对应,通过改变发射脉冲的调制频率,可以在一定范围内选择径向探测深度,从而避免井眼钻井液及滤饼等不利部位的影响。由于这三个方面的选择性,使得核磁共振测井的响应变得很单纯,它只来自距井眼一定距离的薄片内孔隙流体的氢核。

MRIL 测井仪器可以提供以下三类常规测井仪器无法提供的信息。

(1)流体含量:由于水中氢原子核的密度是已知的,可以把 MRIL 数据直接转换为视含水孔隙度。这种转换不需要知道岩石的矿物成分,同时,也不必担心流体中微量元素(如硼,它影响中子孔隙度测量)的影响。

(2)流体特性:油、气、水具有不同的核磁共振特性,MRIL 测井仪器可以确定不同流体(水、油、气)的存在及含量,同时还可以确定流体的某些特性(如黏度)。它采用特定的脉冲序列(或观测模式),从而提高对不同流体及其赋存状态的探测能力。

(3)孔径和孔隙度:储层岩石孔隙空间中流体的核磁共振响应与自由状态流体的核磁共振响应是不同的。而且,孔径越小,束缚水的视核磁共振特性和自由水之间的差异越大。使用简单的方法就可以从 MRIL 数据中提取足够的孔径信息,从而改进对一些重要的岩石物理特性,如渗透率、毛细管束缚水体积等的估算。

3. 核磁共振的测井模式

核磁共振测井方式包括三种：标准 T_2 测井，双 T_E 测井（移谱法），双 T_W 测井（差谱法）。

(1) 标准 T_2 测井利用恰当的恢复时间 T_R 和回波间隔 T_E 测量自旋回波串，一般要求 $T_R > (3 \sim 5) T_1$。通过对回波串的多指数拟合常规处理，得到 T_2 分布和孔隙度成分；结合岩心分析确定的束缚水 T_2 截止值，可以计算束缚水孔隙体积和自由流体孔隙体积；再根据核磁共振渗透率模型，进一步估算地层渗透率；通过与常规电阻率测井及孔隙度测井资料的综合解释，确定自由流体中烃的孔隙体积。

(2) 双 T_E 测井，又称为移谱法，通过设置足够长的等待时间 [使 $T_R > (3 \sim 5) T_{1h}$，T_{1h} 为轻烃的纵向弛豫时间]，每次测量时使纵向弛豫达到完全恢复，利用两个长短不同的回波间隔，测量两个回波串。水与气或中等黏度的油的扩散系数不一样，使得各自在 T_2 分布上的位置发生变化，由此可以识别油、气、水。所以双 T_E 测井是一种扩散系数加权方法。

(3) 双 T_W 测井，又称为差谱法，主要基于水与烃类的纵向弛豫时间相差很大，水的纵向恢复速率远比烃类快，如果选择不同的等待时间，观测到的回波串中将包含不一样的信号分布。用特定的回波间隔采集回波数据，等待一个比较长的时间 T_{WL}，使水与烃的纵向磁化矢量全部恢复；再采集第二个回波串，等待一个比较短的时间 T_{WS}，使水的纵向磁化矢量完全恢复，而烃的信号只部分恢复。T_{RL} 回波串得到的 T_2 分布中，油、气、水各相都包含在其中，而且完全恢复；T_{RS} 回波串得到的 T_2 分布中，水的信号完全恢复，油、气信号只有很少一部分；两者相减，水的信号被消除，剩下油与气的信号。因此双 T_W 测井利用水与烃之间纵向弛豫时间的差异来识别产层。双 T_W 测井回波间隔 $T_{RL} > (3 \sim 5) T_{1h}$，$T_{RS} > (3 \sim 5) T_{1W}$。

核磁共振测井具有以下特点：

第一，核磁共振测井是对氢原子核产生的共振信号进行观测，对其他大多数原子核来说，探测到的信号都很弱。然而，氢原子核具有相对较大的磁矩，并且岩石孔隙内的水和油中都富含氢原子核。通过调节核磁共振测井仪器的发射频率至氢原子核的共振频率，可使测量信号最强，并被测量出来。

第二，由于固体与流体中氢原子核的磁共振弛豫性质存在明显区别，核磁测井信号直接来自地层孔隙中的流体，提供的观测数据信号几乎不受岩石矿物骨架成分的影响，使得资料的解释与应用不再受到地层矿物模型的影响。核磁共振测井测量的是信号的幅度和衰减（弛豫时间）。核磁共振信号的幅度与测量范围内氢原子核的数量成正比，通过对幅度进行刻度可提供孔隙度测量结果，这种孔隙度测量结果基本不受岩性影响。弛豫时间取决于孔隙的大小。小孔隙使弛豫时间缩短，最短的弛豫时间对应于黏土束缚水和毛细管束缚水；大孔隙（含可产流体）使弛豫时间变长。因此，弛豫时间分布是孔隙大小分布的一种度量。对弛豫时间及其分布进行解释，可以提供渗透率、可动流体孔隙度以及束缚水饱和度等岩石物理参数。

2.2.4　核磁共振测井地质及工程应用

核磁共振测井资料可用于储层划分、孔隙结构分析、流体性质识别等方面。

1. 储层划分

可使用标准 T_2 测井、双 T_W 测井、双 T_E 测井和综合流体分析成果图,划分储层。

物性好的储层,T_2 分布长组分多,可动流体孔隙度大;物性差的储层,T_2 分布长组分少,可动流体孔隙度小;裂缝性储层的 T_2 谱一般比孔隙性储层的 T_2 谱组分长,应用核磁共振测井资料划分裂缝性储层时,应参考声电成像测井等其他资料。对复杂岩性储层,当核磁共振测井计算的孔隙度与中子测井、密度测井、声波测井计算的孔隙度有差别时,应分析原因,优先选用核磁共振测井计算孔隙度。需要注意的是,当井眼尺寸大于核磁共振测井仪器的探测范围时,核磁共振测井资料只能作为储层划分的参考而不能作为储层划分的依据,储层划分应参考其他测井资料、地质资料和试油资料。

L 地区岩性致密,物性较差,孔喉结构差异较大。储层中的流体对测井信号总体贡献较小,造成常规测井资料对储层特征及其流体性质反应不灵敏,使常规测井无法准确评价储层。如图 2.10 所示,L1 井在 3972.625m 处的 T_2 谱孔隙信号属于单峰发育,表明束缚流体含量较大,基本没有可动流体,转化后的毛细管压力曲线进汞饱和度不到 20%,表明孔喉结构较差,大部分空隙都是不连通的。在 L1 井 3942m 处的孔隙信号表明除束缚流体外还有部分可动流体,孔喉结构较好,对照转化的毛细管压力曲线比较平缓,进汞饱和度达到 80%。

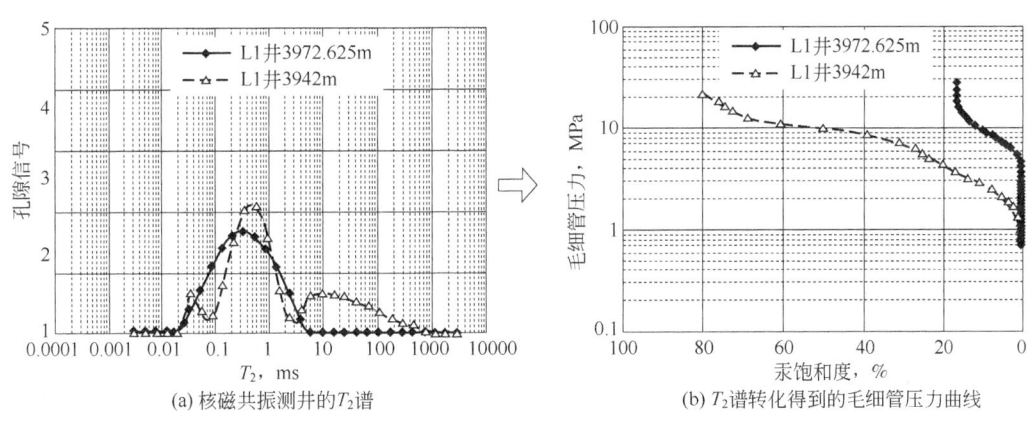

图 2.10 L1 井在 3972.625m 和 3942m 深度处 T_2 谱转化毛细管压力曲线

将 T_2 谱转换得到毛细管压力曲线,进而获得排驱压力、饱和度中值压力、平均孔喉半径这三种参数用来判别储层类别。首先选取研究区内 4 口井,统计不同地质层位对应深度段计算得到的三种参数值,运用 K-均值聚类方法分别聚类,把孔喉结构分为 5 个级别:很好、较好、一般、较差、很差。把不同级别孔喉结构所对应的三种参数分别统计,然后作为贝叶斯判别的判别标准,建立判别函数,对 L5 井进行处理并得到判别参数 LB(其中 LB = 5 代表孔喉结构很好,LB = 4 代表孔喉结构较好,LB = 3 代表孔喉结构一般,LB = 2 代表孔喉结构较差,LB = 1 代表孔喉结构很差)。

由图 2.11 可以看出,L5 井划分的储层段对应的渗透率较大,孔隙度在 5%~10% 之间。在 3940~3943m 储层段,原解释结论为差气层,但在经过压裂后,日产气量为 22060m³。该段根据模型得到的孔喉结构整体很好(LB = 5),判别结果跟压裂后的实测结果有较好的对应关系。

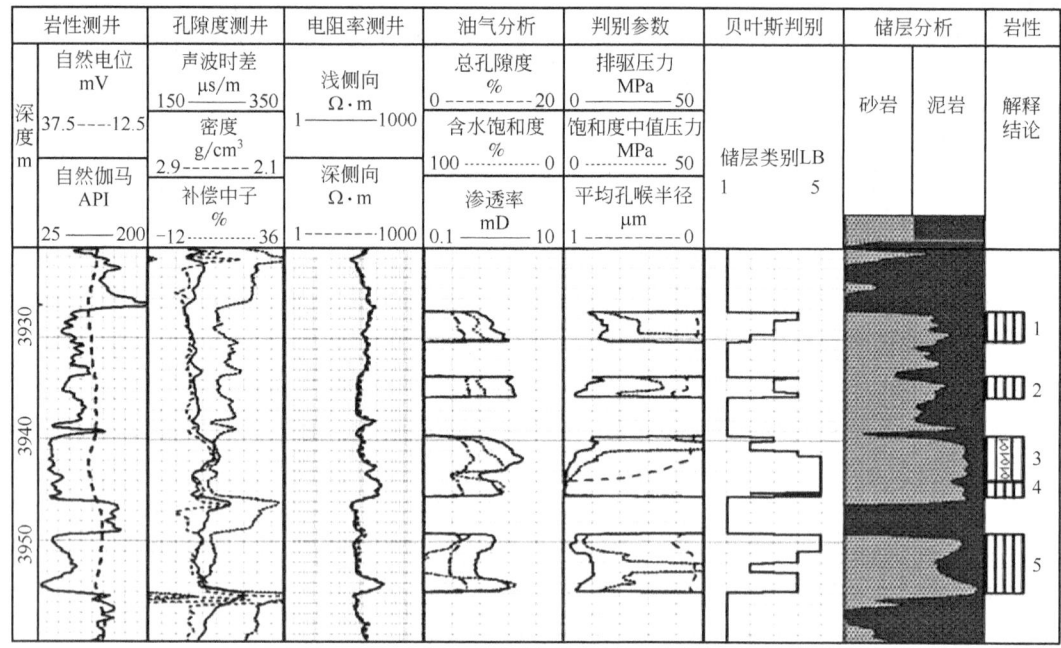

图 2.11 L5 井储层孔喉结构类别分类显示结果

2. 孔隙结构分析

利用 T_2 谱可以定性或定量评价孔隙空间的孔径尺寸,例如可以利用核磁共振测井资料计算区间孔隙度、毛细管压力曲线和孔喉半径等。利用核磁共振测井资料研究孔隙结构时,应考虑不同性质的流体对 T_2 谱的影响。

以鄂尔多斯盆地彭阳地区为例,基于核磁共振实验把岩石的孔隙结构划分为大孔占优(Ⅰ类)、中孔占优(Ⅱ类)、小孔占优(Ⅲ类)三种类型,并计算三类孔隙结构的奇异强度、多重分形维数以及多重分形谱特征。图 2.12 是三类孔隙结构完全含水时核磁共振 T_2 谱特征,从Ⅰ类到Ⅲ类,岩石孔隙结构逐渐变差,孔隙度与孔喉半径逐渐减小。

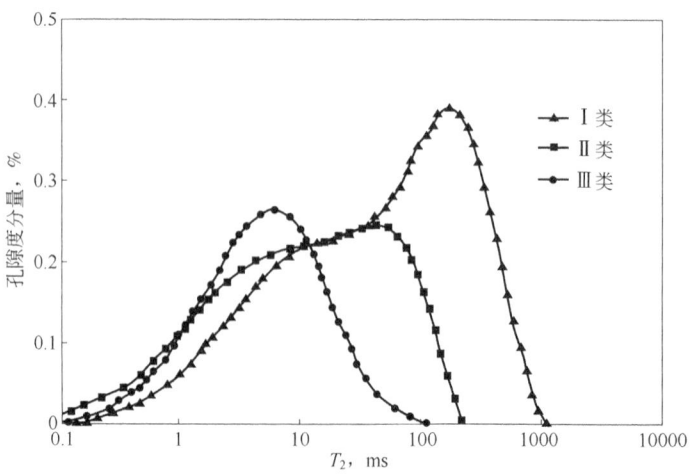

图 2.12 三类孔隙结构的核磁共振 T_2 谱

为了更好地研究孔隙结构，应用多重分形理论将核磁共振测井 T_2 谱进行处理，得出的多重分形参数变化规律与岩心核磁共振 T_2 谱多重分形分析结果一致。图 2.13 第 8 道展示了三类孔隙结构层段，通过核磁共振测井多重分形参数成像图，结合核磁共振 T_2 谱和孔径分析结果可知，多重分形参数越小、多重分形谱宽 $\Delta f(\alpha)$ 越小，代表储层孔隙结构越好，因此可利用核磁共振 T_2 谱进行孔隙结构评价及储层有效性识别。

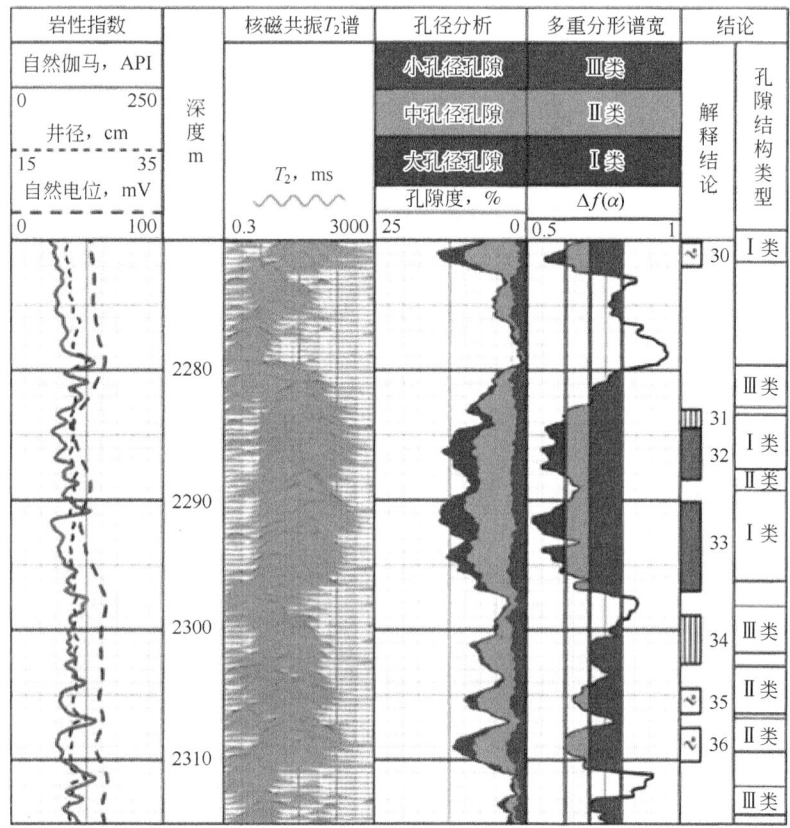

图 2.13　基于多重分形的孔隙结构类型划分结果

3. 流体性质识别

一维核磁共振流体识别方法主要包括差谱法和移谱法等。维核磁共振测井测量孔隙流体的弛豫时间，当孔隙中油、气和水同时存在时，它们的 T_2 谱常常重叠在一起，另外弛豫特征受到储层孔隙结构影响，造成流体识别的多解性。以差谱法为例，水的纵向弛豫时间较短，在短时间内即可恢复全部信号，而油的纵向弛豫时间较长，需要较长时间才能恢复全部信号。利用这一特点，通过长、短两个等待时间的测量，可以区分水层和油层。但是，储层流体的核磁共振弛豫特征受储层孔隙结构的影响较大，当储层存在较大孔隙时，水的纵向弛豫时间会增加，导致短等待时间测量时水层的信号尚不能完全恢复，从而不能与油层区分。图 2.14 为二连盆地乌兰花凹陷 B1 井常规测井及一维核磁共振测井图，图中 39 号层、41 号层核磁共振差谱存在较强的信号（图 2.14 第 6 道），结合常规测井资料综合解释为油水同层，而该层段试油结论为水层，说明该差谱信号是由异常孔隙结构所导致的，并不属于含油特征。

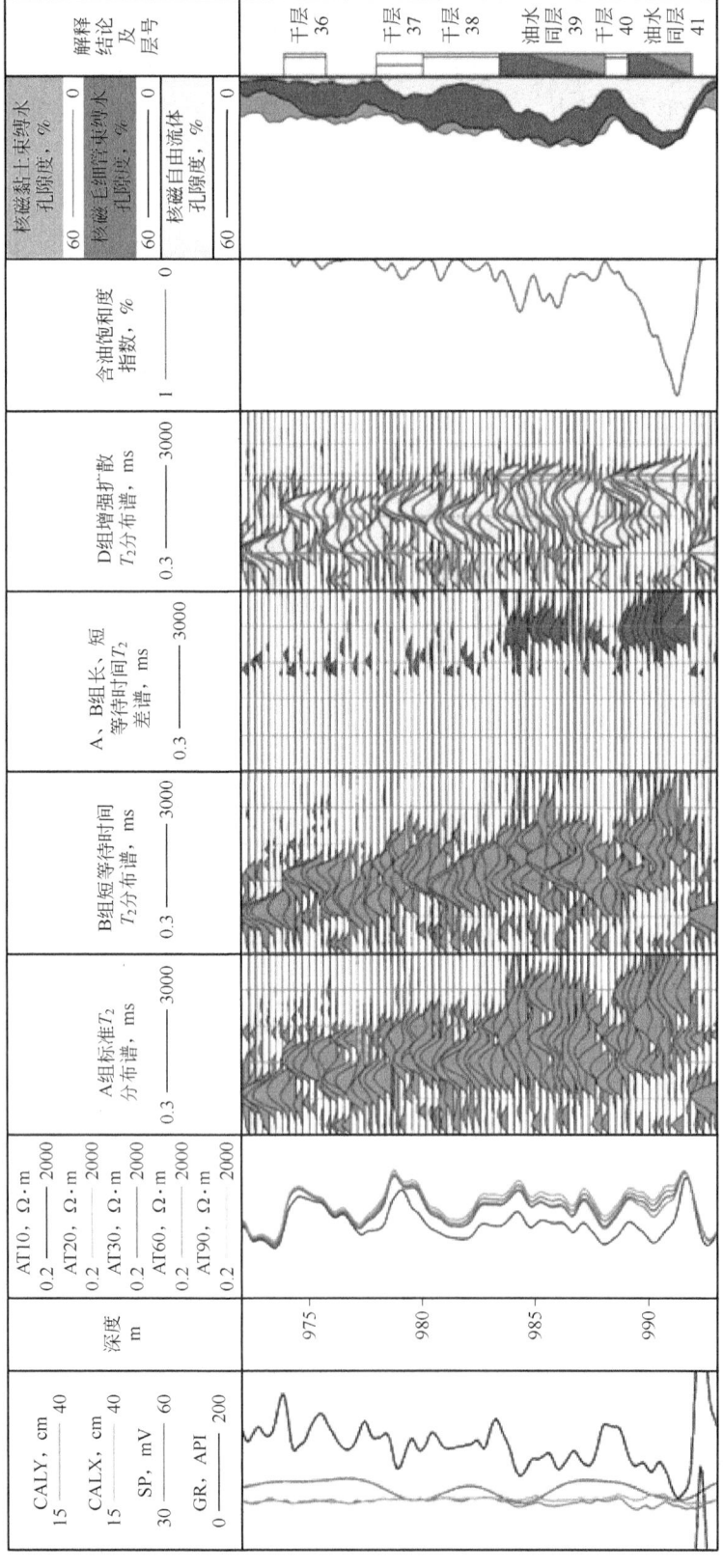

图 2.14 B1 井常规测井及一维核磁共振测井处理解释成果

二维核磁共振流体识别方法主要包括扩散系数—横向弛豫时间法($D—T_2$)、扩散系数—纵向弛豫时间法($D—T_1$)和纵向—横向弛豫时间法($T_1—T_2$)等,这些方法都是通过结合特定的核磁共振测井仪器并选择合适的采集模式和数据处理方法来实现的。

二连盆地乌兰花凹陷 B1 井利用 MRIL-Prime 核磁共振测井仪采集到了 D9TWE3 模式下的测井资料,通过对其进行二维核磁共振处理解释,得到了该井的 $D—T_2$ 二维核磁共振处理解释结果(图 2.15)。结果显示 39 号层和 41 号层以水为主,仅存在少量含油气信息,根据二维核磁共振处理结果只能解释为含油水层,这与试油结论基本一致,证实了二维核磁共振解释结论正确,说明二维核磁共振能有效避免岩性变化造成的影响。因此,基于 $D—T_2$ 的二维核磁共振流体识别方法并同时考虑储层流体的扩散系数和横向弛豫时间特征,降低了测井解释的多解性,为准确识别复杂砂砾岩储层流体性质提供了有效手段。

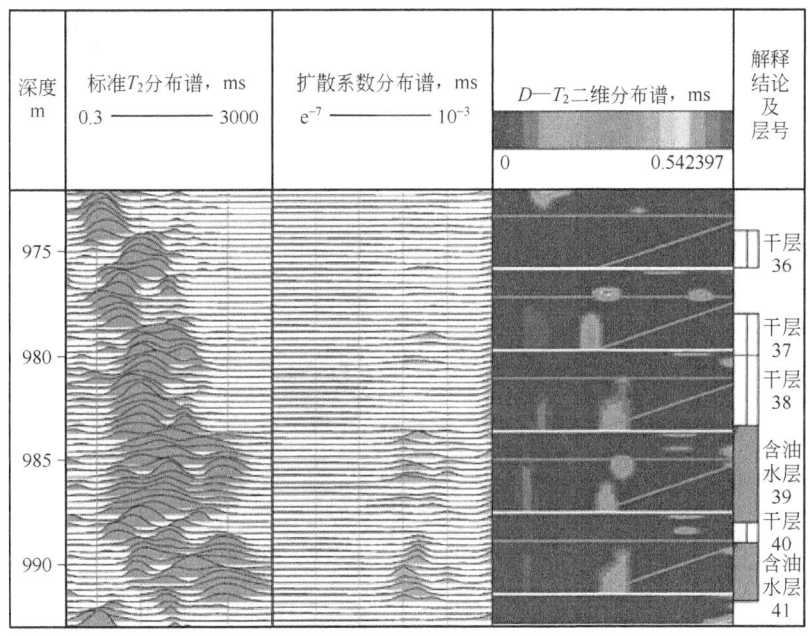

图 2.15　B1 井二维核磁共振测井处理解释成果

钟吉彬等在核磁共振横向弛豫时间 T_2 谱特征分析的基础上,利用信号分析方法分解 T_2 谱,提出了利用 T_2 谱分解法识别流体性质的新方法。由于 T_2 谱在横向弛豫时间轴上满足对数正态分布的特征,采用高斯函数对 T_2 谱进行拟合,可将 T_2 谱分解为 2~5 个独立的分量谱。通过分析原油和地层水自由弛豫响应特征以及岩心油水互驱的动态响应特征,明确了各分量谱的岩石物理意义。T_2 谱可以分解为黏土束缚水分量谱、毛细管束缚流体分量谱、小孔隙流体分量谱和大孔隙流体分量谱。依据目标区原油性质,确定含油储层 T_2 分量谱峰在 T_2 时间轴上的分布范围为 165~500ms,据此可准确识别流体性质,用于识别的低孔隙度、低渗透率储层中的复杂油水层。

图 2.16 展示了 T_2 谱反演结果(第 11 道)和 T_2 谱分解法处理得到 4 个 T_2 分量谱(第 12~15 道)。T_2 分量谱 1 和分量谱 2 在深度域是比较连续的,因为几乎所有地层都存在黏土束缚水和毛细管束缚水,而分量谱 3 和分量谱 4 随着深度变化部分缺失,尤其分量谱 4 缺失较严重,反映出大孔隙不发育。在 T_2 分量谱 2、分量谱 3 和分量谱 4 上添加长 6 段储层原油的谱峰分布线:下限值为 165ms,上限值为 500ms。分量谱峰位于该区间内(图 2.16 第 14 道、第

15道中两条竖线之间),则指示对应的储层段含可动油,峰值越密集,含油越好,反之储层不含油。

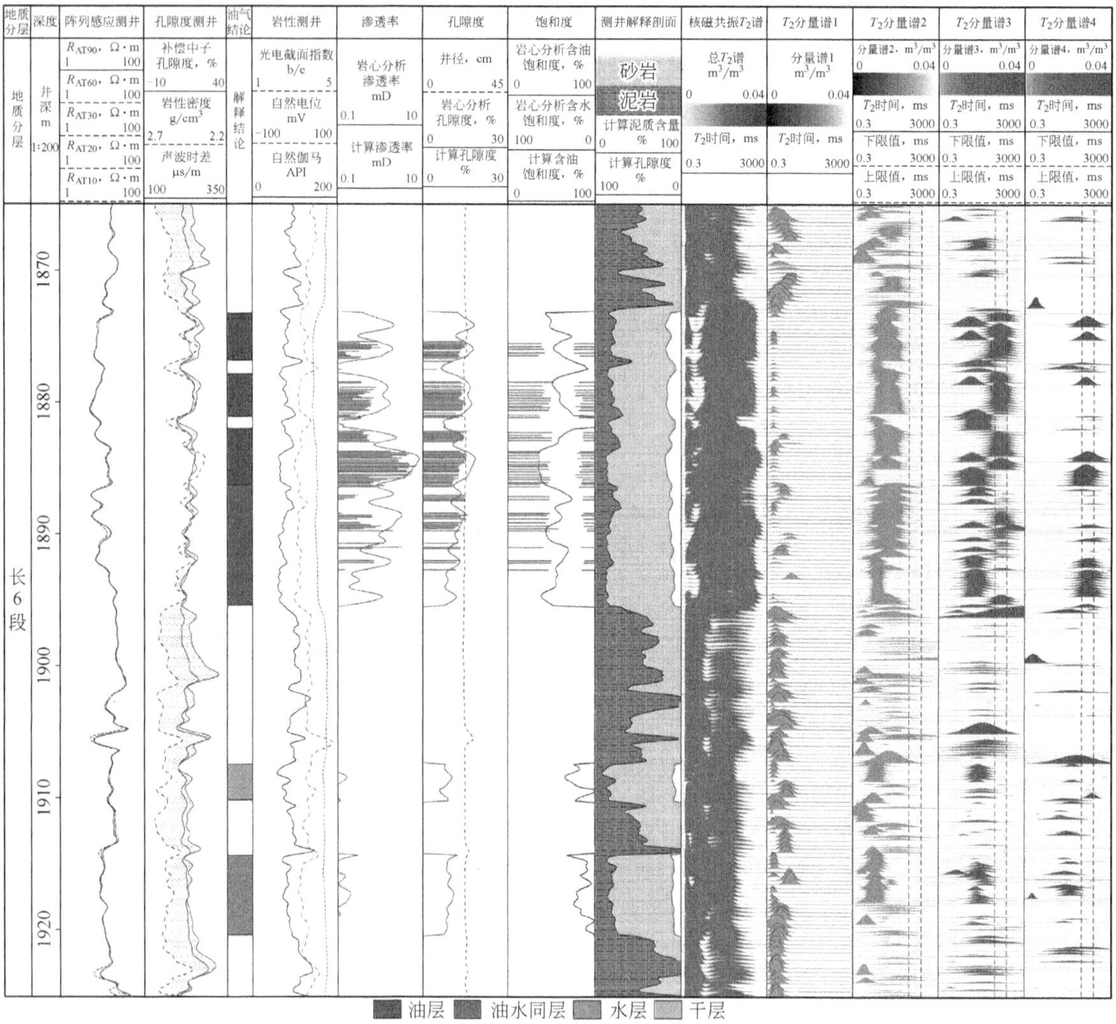

图 2.16　L16 井长 6 段 T_2 谱分解法识别流体性质测井解释成果

储层(深度为 1873~1895m)内部 T_2 分量谱 1 基本不发育,代表储层内泥质含量低,黏土束缚水较少;分量谱 2 整体发育较多,表明储层内部发育较多的微孔隙,且分量谱峰偏离 165~500ms 范围较大(图 2.16 第 13 道),解释为毛细管束缚水。储层顶部解释结论为油层的井段(深度为 1873~1886m),分量谱 3 分布较多,且主要峰值分布于油峰区间内;分量谱 4 虽然较少,但是几乎所有的谱峰都分布在 165~500ms 之间,表明该层段大、小孔隙均被原油充满,含油较好。在该深度范围内的两个钙质夹层(深度为 1877.5m 和 1881.5m)的分量谱 3 和分量谱 4 均偏离了油峰范围,表现为不含油。试油采用水力喷砂压裂工艺,在 1876m 和 1884m 处打开油层,分别加砂 35.0m³,砂比为 20%,排量为 1.6m³/min,压裂液为滑溜水加交联瓜尔胶,试采油管排量为 1.4m³/min,套管排量为 0.2m³/min,获纯工业油流 55.42t/d,试油结论为油层,与解释结论一致。

参考文献

[1] 侯雨庭, 赵海华, 汤宏平, 等. 鄂尔多斯盆地长 7_3 隐蔽型致密砂岩储层测井评价 [J]. 测井技术, 2015, 39(4): 491-495.

[2] 刘曙光, 李铁军. 元素俘获测井(ECS)在辽河太古界潜山地层中的应用 [J]. 内蒙古石油化工, 2011, 1(14): 120-123.

[3] 张淑霞, 邹长春, 彭诚, 等. 松科2井东孔营城组高放射性异常层测井响应特征及成因初探 [J]. 地球物理学报, 2018, 61(11): 4712-4728.

[4] 韩琳, 张建民, 邢艳娟, 等. 元素俘获谱测井(ECS)结合QAPF法识别火成岩岩性 [J]. 测井技术, 2010, 34(1): 47-50.

[5] 廖东良, 陆黄生, 刘江涛, 等. 地球化学元素资料解释及在页岩地层中的应用 [C]. 中国地质学会2015学术年会, 2015.

[6] 张鑫, 郑佳奎, 吴都, 等. 地层元素测井在三塘湖盆地页岩油评价中的应用 [J]. 新疆石油天然气, 2019, 15(3): 22-27.

[7] 王功军, 王冬梅, 陈小波, 等. ECS测井及其在西江油田的应用 [J]. 石油天然气学报, 2011, 33(7): 101-103.

[8] 张永庶, 张审琴, 吴颜雄, 等. 基于成像测井和岩性扫描测井的沉积相研究: 以柴达木盆地黄瓜峁地区为例 [J]. 新疆石油地质, 2019, 40(5): 593-599.

[9] 张锋, 刘军涛, 冀秀文, 等. 地层元素测井技术最新进展及其应用 [J]. 同位素, 2011, 24(S1): 21-28.

[10] 肖立志, 罗嗣慧, 龙志豪. 井场核磁共振技术及其应用的发展历程与展望 [J]. 石油钻探技术, 2023, 51(4): 140-148.

[11] 肖立志, 谢然红. 核磁共振在石油测井与地层油气评价中的应用 [J]. 中国工程科学, 2003, 5(9): 87-94.

[12] 宁从前, 周明顺, 成捷, 等. 二维核磁共振测井在砂砾岩储层流体识别中的应用 [J]. 岩性油气藏, 2021, 33(1): 267-274.

[13] 钟吉彬, 阎荣辉, 张海涛, 等. 核磁共振横向弛豫时间谱分解法识别流体性质 [J]. 石油勘探与开发, 2020, 47(4): 691-702.

[14] 王英伟, 张超谟, 严伟, 等. 核磁共振测井在致密砂岩气层储层分类评价中的应用 [J]. 石油天然气学报, 2012, 34(1): 75-79.

[15] 赵全胜. 核磁共振成像测井技术及应用 [J]. 新疆石油地质, 2008, 29(5): 650-653.

练习题

2.1 钻井地质剖面常见的地层岩性有哪些？分别采用元素俘获能谱测井与常规测井来识别钻井地质剖面的地层岩性，其结果有何差异？哪个分辨率更高？

2.2 岩石的俘获性质主要取决于什么？

2.3　能量不同的伽马射线与物质发生作用主要有哪几种形式？各种效应的特点是什么？

2.4　简述 ECS、GEM、LS 测井仪器的工作原理以及三种测井的异同点。

2.5　ECS 测井一般采集和输出哪些曲线？利用 ECS 测井如何得出地层三种矿物 QFM 的含量？

2.6　简述弛豫机理及不同物质的弛豫特征。

2.7　核磁共振测井的模式有哪几种？

2.8　如何通过核磁共振测井结果进行储层孔隙结构分析？

2.9　第四代孔隙度测井的核磁共振测井技术具有什么独特优势？如何利用 T_2 谱信息计算储层各种孔隙度、孔径大小、渗透率，以及识别稠油轻质油？

第3章

声电成像测井技术及应用

3.1 电阻率系列成像测井技术及应用

电阻率成像测井具有高分辨率、可视化的优势,在地质构造解释、储层分析等地质勘探工作中发挥着极其重要的作用。

3.1.1 电阻率系列成像测井技术进展

电阻率成像测井仪器商业化起步于20世纪80年代,斯伦贝谢公司推出地层微电阻率扫描测井仪器FMS(formation microscanner),揭开了电阻率成像测井技术发展的新篇章。20世纪90年代中期,世界上几大测井公司迅速发展电成像测井技术,有代表性的仪器有斯伦贝谢公司的MAXIS-500成像测井仪器、阿特拉斯公司的ECLIPS-5700成像测井仪和哈里伯顿公司的EXCELL-2000成像测井仪等。从这些电阻率成像测井仪器特性来看,主要形成了两类测井仪器:一类是描述井壁地层电阻率特征的测井仪,如微电阻率扫描测井仪,四臂地层倾角测井仪或六臂地层倾角测井仪;另一类是描述地层径向电阻率特征的测井仪,如阵列感应测井仪、高分辨率感应测井仪、方位侧向电阻率测井仪。

电阻率成像测井在石油勘探与开发、地质构造解释、地层分析等方面应用广泛。目前,常见的电阻率成像测井仪器主要有:

(1)全井眼地层微电阻率成像测井仪(fullbore microscanner imager,FMI)是在地层倾角仪的基础上发展起来的。20世纪50—70年代,陆续发展了倾角测井仪(CDM)、高分辨率倾角测井仪(HDT)和地层学高分辨地层倾角测井仪(SHDT)等。地层微电阻率扫描成像测井(formation microscanner,FMS)是在SHDT同一极板上增加了更多的测量电极,具有较大的方位覆盖率,测量结果以成像图显示。斯伦贝谢公司20世纪90年代中期在FMS测井仪的基础上,在提高井眼覆盖率和分辨率方面做了重大改进,从而推出新一代电阻率成像测井仪FMI。仪器测量结果可用于定量计算裂缝的产状、长度、密度、孔隙度,地层的倾向、倾角,以及孔洞的面孔率和孔洞直径等参数。

(2)阵列感应成像测井仪(array introduction imager tool,AIT)是20世纪90年代由斯伦贝谢公司研制出的测井仪,采用集中工作频率来控制探测深度,可以获得几组具有相同纵向分辨率但探测深度不同的电阻率曲线。早期的双感应测井采用单一的工作频率,只测R分量,测量电阻率动态范围小，低阻探测深度小；且中、深感应线圈系不匹配，探测深度和垂向分辨率不同；对渗透性好的储层，中、深感应的探测范围均超不出侵入带，深感应的电阻率值不能反映原始地层的真电阻率。针对双感应测井存在的不足，80—90年代，斯伦贝谢公司和阿特拉斯等公司相继研制出向量双感应测井仪、阵列感应测井仪和高分辨率感应测井仪等测井仪器，扩大了电阻率测量范围，提高了纵向分辨率。

（3）方位电阻率成像测井仪(azimuth resistivity imager，ARI)及高分辨率方位侧向成像测井技术(HALS)是斯伦贝谢公司20世纪90年代初基于侧向测井技术推出的新一代的侧向测井技术。ARI及HALS可以有效地对薄层、裂缝等地层进行评价，是评价储层饱和度的关键资料。

我国在电成像测井仪器研制上也有很大进展，2000年由我国江汉测井研究所自己研制的微电阻率扫描成像测井仪成功通过井场测试。2003年中国石油研制出的阵列感应成像测井仪是一种阵列化、数字化的新一代成像测井仪器。

油基钻井液微电阻率成像测井技术已取得显著进步，但仍落后于水基钻井液微电阻率成像测井技术，主要问题在于成像质量不高。为提高油基钻井液成像测井质量，国外推出了新型油基钻井液微电阻率成像测井仪器，列入国际石油2015年十大科技进展。其垂直分辨率和水平分辨率分别可达到0.24in和0.13in，测井速度可以达到3600ft/h。仪器配有8个独立的交叉分布的推靠臂，推靠臂上的8个极板装有192个微电极，可提供192条用于成像的测井曲线，在8in井眼中的覆盖率接近100%。新型探头极大地提高了图像分辨率和清晰度，可在油基钻井液环境下有效识别岩相、沉积地质和构造特征，精度和可靠性与岩心分析相当。

2023年，中油测井使用电成像测井技术，通过微电阻率扫描为地热能储层成功完成"造影成像"。这是该技术在地热能开发领域的首次应用，精确测量了该地热井的地下电阻率及裂缝分布，并分析得到地下地质结构和热储层的立体图像，为地热能勘探开发和综合利用提供重要的参考及依据。

3.1.2 电阻率成像仪器及测量原理

1. FMI测井仪器及其原理

FMI是斯伦贝谢公司生产的井眼微电阻率扫描成像仪，仪器有四臂八极板，共192个电极，分辨率为0.2in(5mm)（图3.1）。每个臂包括一个主极板和一个副极板，主极板是主动受力，副极板随主极板活动，并与主极板用弹簧相连，通过弹簧来保持副极板贴井壁，这种设计的好处是极板可与井壁实现最佳接触。每个极板装有两排24个纽扣电极阵列，每排12个，电极横向间距为0.2in。上下两排电极间距为0.3in，上下电极互相错开，同一极板电极的实际横向间距为0.1in。测量时极板被推靠在井壁岩石上，由地面仪器车控制极板体和电极向地层发射同极性的电流，仪器上的金属外壳作为回路电极。极板的电位恒定，极板上发射的电流对小电极的电流起着聚焦作用（图3.2）。在6in、8in、8.5in和12.25in的井眼覆盖率分别为98%、78%、73%、51%。

FMI成像原理是根据地层中不同种类的岩石和流体具有不同的电阻率，测井时，由阵列电极发射的电流被聚焦后垂直进入井壁地层。由于极板电位恒定，回路电极距供电电极较近，电极所发射的电流强度随其贴靠的井壁岩石及井壁条件的不同而变化，主要反映井壁附近地层的微电阻率。

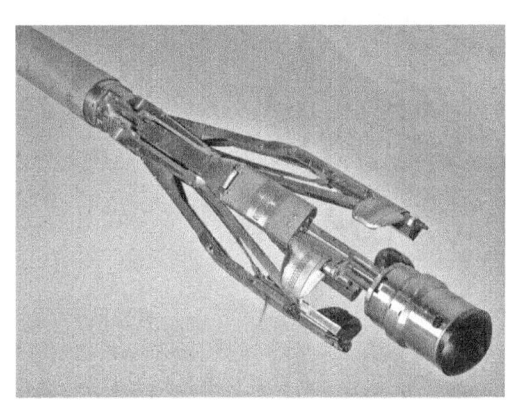 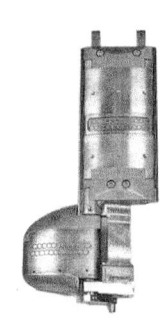 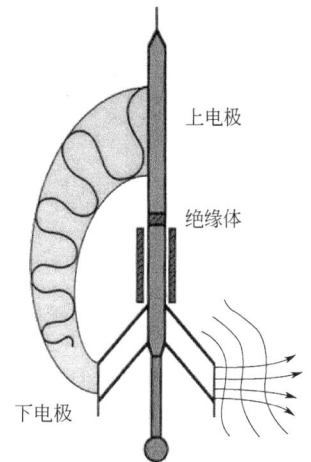

图 3.1　FMI 仪器及电极结构图　　　　　图 3.2　FMI 测量原理图

沿井壁每 0.1in 采一次样便得到了全井段细微的电阻率变化，采样数据经过一系列校正处理，如深度校正、速度校正、平衡等处理，并用灰度或者色度来表示电阻率值的相对高低，这样井壁可以表示为黑白或者彩色图像，色彩的细微变化可提供井壁附近的岩性、物性、层理、裂缝和溶洞等地质信息。

FMI 仪器特点包括：(1) 具有较高分辨率(0.2in)；(2) 具有较高的纵向采样率(0.1in/点)；(3) 薄层识别效果较好；(4) 仪器测量的方位误差为 2°，井斜角误差为 0.2°。

FMI 仪器主要参数包括：最大工作压力为 20000psi(138MPa)，最高工作温度为 175℃，仪器外径为 5in，适用的最小井眼直径为 6in，最大井眼直径为 21in，适用的最大钻井液电阻率为 50Ω·m，当地层电阻率与钻井液电阻率比高于 20000 时成像质量较低。

FMI 仪器可以提供三种测井模式，包括全井眼模式、4 极板模式和倾角模式。全井眼模式使用 8 个极板，测量 192 条微电阻率曲线，在 8.5in 井眼中的覆盖率近 80%，最大测速为 1800ft/h；优点是具有最高的方位覆盖率，在目的层和复杂地层测量时，为了详细了解地层特征可以采用该模块。4 极板模式只用 4 个主极板，测量 96 条电阻率曲线，在 8.5in 井眼中的覆盖率为 40%，最大测速为 3600ft/h；缺点是方位覆盖率较低，主要用于非目的层或简单地层的测量。倾角模式测量 8 条微电阻率曲线，最大测速为 5400ft/h，仅用于构造分析，在只需要了解构造的地层中使用。

2. ARI 测井仪器及其原理

ARI 为方位电阻率成像仪，是在双侧向的屏蔽电极 A2 中部增加一个方位电极阵列，以测量井周围 12 个方位的定向电阻率值，同时保留了双侧向测量(图 3.3)。ARI 采用硬件聚焦、有源测量方式，改善了仪器的纵向分辨率，实现了电阻率的三维测量。定向方位电极成 30°辐射，纵向分辨率为 6~8in，探测深度为 30in，采样间距为 0.5in。

在双侧向电阻率测量中，来自 A_2 电极的电流被用来聚焦深侧向电流，同时，A_2 电极还作为浅侧向电流的回路电极。安装在 A_2 电极中的较小的方位电极阵列对深浅侧向的测量没有干扰影响。侧向测井仪同时以两个频率工作，其中深侧向的工作频率为 35Hz，浅侧向的工作频率为 280Hz，测量方法与常规双侧向测井相同。

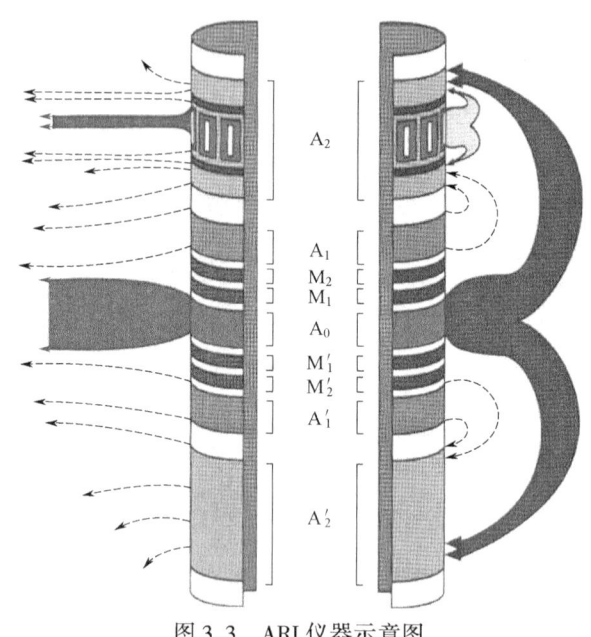

图 3.3 ARI 仪器示意图

在方位电阻率测量中,深探测的方位电阻率测量工作频率为 35Hz,电流从 12 个方位供电电极流向地面,这些电流在顶部由 A_2 电极上部发出的电流聚焦,在底部由 A_2 电极下部发出的电流及 A_0、A_1、A_1' 和 A_2' 电极发出的电流聚焦,每一个方位电极电流都被动的由其相邻方位电极发出的电流聚焦。

方位电阻率测量对仪器偏心和井眼不规则的反应很灵敏,为了对这些影响加以校正,在方位电阻率测量的同时进行一个辅助测量,辅助测量的 12 条电阻率用于对方位电阻率进行井眼和仪器偏心校正。

标准 ARI 测井可提供以下资料:

(1) 12 条方位电阻率曲线(RR01~RR12),用来了解井周 12 个方向上的电阻率变化情况;

(2) 1 条高分辨电阻率(LLhr),由 12 条方位电阻率曲线平均产生,其垂直分辨率为 20cm,径向探测深度近似于深双侧向;

(3) 2 条深浅双侧向(LLD、LLS);

(4) 1 条"格罗宁根"效应校正后的深侧向(LLG)曲线;

(5) 12 条方位电极与井壁间隙曲线(electrical standoff 1~12),用作井眼影响校正;

(6) 静态成像图,可在全井段对比各层段地质事件的电阻率高低;

(7) 动态成像图,突出每个地质事件,如裂缝、溶洞、层界面等的形态特征。

3. 电成像测井资料处理流程

电成像测井资料数据预处理主要包括以下流程:

(1) 将电成像测井资料深度与其他测井资料进行深度匹配处理;

(2) 进行加速度校正,校正仪器测井速度不均匀而产生的图像错位;

(3) 将电扣深度对齐及重排,消除因仪器设计导致的电扣深度错位;

(4) 对极板间和极板内的数据进行均衡处理,改善图像效果;

(5)进行自动增益校正，确保测量值能正确反映地层电阻率信息；

(6)剔除数据异常电扣，应用插值法进行失效电扣校正；

(7)将电成像测井电导率值经过常规测井浅电阻率曲线刻度。

其中前三步为深度及速度校正，是井眼微电阻率成像资料处理的重要组成部分。深度校正是消除由于不同排的纽扣电极在极板上的垂直位置不同而使电极响应存在的深度差；速度校正是要恢复采样数据对应的真实深度，消除仪器非匀速运动引起的曲线畸变。

图像生成处理流程包括用有限色标表征图像提高对比度，通过色度标定，将测量值按一定关系刻度为像素的色彩等级进行图像增强，实现图像的无缝拼接融合，消除动态图像的"色标台阶"现象。在处理井段内采用统一刻度处理图像生成静态图像，应用滑动窗口处理技术进行图像加强处理生成动态图像。其中静态加强的窗长为整个井段或目的层段，按色标占相等频数的原则进行色标标定，这样可以反映井段电导率的整体变化，易于进行地层对比；动态加强是针对小段深度，对滑动窗口进行一次色标标定，能突出电导率的局部变化特征。

3.1.3 地质及工程应用

FMI 电阻率成像测井有七大地质及工程应用，包括岩性解释、井旁构造分析、层理识别与沉积相分析、裂缝识别与计算、孔洞分析与计算、地应力方向评价和薄层识别。

1. 岩性解释

结合常规测井资料，通过电成像图像可以定性分析岩石结构、特殊矿物等岩性特征。经岩心标定的图像可反映岩性变化，直径大于 5mm 的非导电矿物和岩屑颗粒在电成像静态图像上为亮色斑点，导电矿物如黄铁矿等为暗色斑点。

由电成像图像计算出的分选系数可反映岩石颗粒的分选性，分为分选好、分选中等、分选差三个等级。电阻率频率谱越宽，则分选系数越大，分选越差，储层非均质性越强；电阻率频率谱越窄，则分选系数越小，分选越好，储层非均质性越弱。

2. 井旁构造分析

井旁构造分析包括构造倾角、不整合面和断层分析。构造倾角分析是通过统计层界面产状变化或泥岩层倾角来分析区域构造倾角。不整合面包含平行不整合面和角度不整合面两种类型，平行不整合面应结合区域地质资料进行解释，角度不整合面由于上下地层岩性突变，在电成像图像上显示产状差异较大。断层分析综合应用地震、地质资料，通过图像显示的地层破碎、错动，确定过井断层的断点位置和断层产状，断层上、下盘地层倾角呈现规律变化。

3. 岩石构造解释与沉积相分析

岩石构造解释包括层理、块状构造、流纹构造、冲刷面、缝合面、结核等多种构造类型。

层理是在一定沉积条件下，岩石沿垂直方向变化所产生的层状构造。层理一般发育在陆源碎屑岩中，电成像图像上表现为一组或多组正弦或余弦形态(图 3.4)，主要有以下几种类型：

(1)韵律层理在电成像图像上显示为明暗相间的条纹，反映了岩石沉积环境、沉积速率的变化。

(2)递变层理在电成像图像上显示为颜色由砂体底部至顶部逐渐变化,反映粒度大小的图像斑块也呈逐渐变化。

(3)水平层理在电成像图像上显示为暗色水平条纹。主要分布在泥岩、粉砂质泥岩中,层理细、纹层薄且稳定,纹层呈直线状,并且平行于层面,是由细粒沉积物的垂直加积产生的,常出现在深水及稳定水体环境。

(4)平行层理在电成像图像上显示为颜色较亮的平行条纹。平行层理分布在砂岩中,层理平行而且较粗、纹层较厚且有变化,反映较强的水动力条件。

(5)交错层理在电成像图像上显示为弯曲条纹,分为板状、楔状和槽状交错层理三种基本类型。板状交错层理地层倾角矢量为蓝模式或红模式,楔状交错层理地层倾角矢量为蓝模式、红模式组合,槽状交错层理地层倾角矢量变化大,为杂乱模式。

(6)包卷层理在电成像图像上显示为弯曲条纹,地层倾角矢量变化大,为杂乱模式。

块状构造的电成像图像颜色均一,地层倾角显示为矢量较少的杂乱模式或无矢量。流纹构造在电成像图像上显示为明暗相间条纹交替,具有一定的方向性。冲刷面是由于岩石受到冲刷作用而产生的不规则面,一般发育在砂体底部,在电成像图像上显示为一条正弦或余弦曲线。缝合线在电成像图像和声成像图像上表现为不规则或锯齿状线条,常见于碳酸盐岩中,一般显示为暗色,当被高阻物质充填时,显示为亮色。结核是与围岩显著不同的矿物集合体,电成像图像上呈高电阻率亮色或低电阻率暗色,呈球状或团块状。

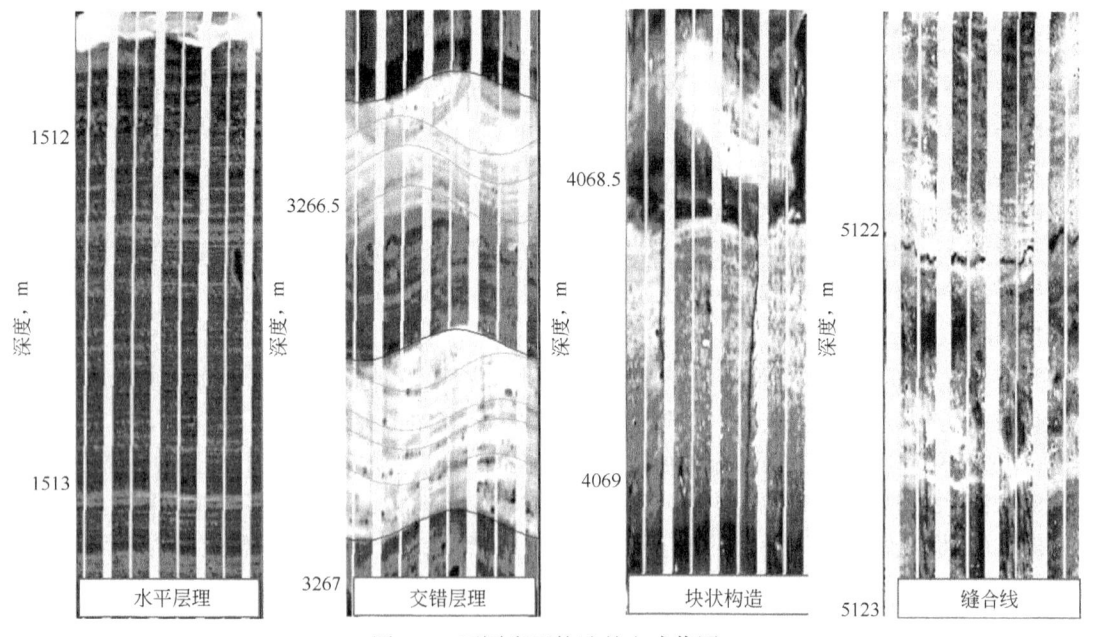

图 3.4 不同岩石构造的电成像图

将取心、岩屑录井等地质资料逐一与电成像测井图对比分析,在电成像图像上找出能够反映沉积环境的岩石结构、构造特征,总结出不同沉积微相的电成像图特征。应用常规测井曲线划分出尺度较大的沉积韵律,将每一个沉积微相按不同的沉积韵律组合分析。

以火山岩岩相识别为例,依据岩石结构、构造特征、裂缝发育及溶蚀孔洞、气孔等特征确定火山岩亚相,一般可将火成岩分为爆发相、溢流相、火山沉积相和次火山岩相,电成像图像特征如下:

（1）爆发相岩性为火山碎屑岩，包括角砾岩和凝灰岩（图 3.5），电成像图像上具有明显的角砾特征或者凝灰特征。

（2）溢流相岩性为熔岩，包括玄武岩、安山岩、流纹岩等，电成像图像显示为块状构造或流纹构造，顶部和底部一般气孔和杏仁构造发育，中部裂缝发育。

（3）火山沉积相为沉火山碎屑岩（如沉凝灰岩），电成像图像显示为水平层理、平行层理发育，属于火山爆发相向沉积岩的过渡相。

（4）次火山岩相是侵入岩体，常规测井曲线和电成像图像上显示与围岩呈突变接触，在接触带会发生隐爆作用而形成隐爆角砾岩，本身岩体电成像特征为块状构造或斑状结构。

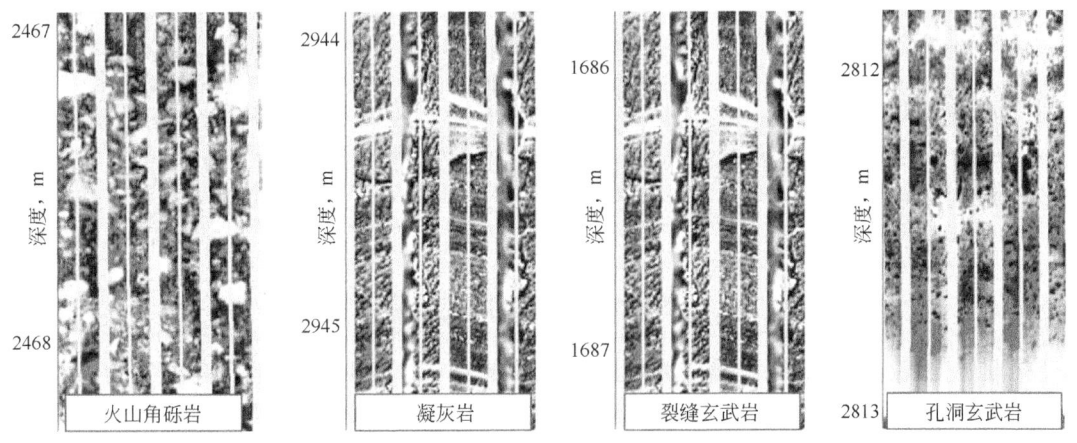

图 3.5　火山岩相电成像图

4. 裂缝识别与评价

裂缝性储层是勘探的重点之一，裂缝不仅是重要的储集空间，还是重要的流体渗流通道。由于在水基钻井液钻井过程中，裂缝中充填有导电的钻井液，因而电阻率比基质电阻率要低得多，可以根据电阻率异常识别裂缝。FMI 图像是一种类似于岩心照片的定向伪岩心图像，它是井壁缝洞的直接成像结果，在识别裂缝和溶孔方面具有得天独厚的优势，是确定井壁上缝洞发育情况和定量计算缝洞参数的理想工具。

根据裂缝的形成原因，井壁上的裂缝分为天然裂缝和诱导裂缝。天然裂缝主要包括开启裂缝、半闭合裂缝、闭合裂缝或高导缝、高阻缝；诱导裂缝包括水力压裂缝和应力释放缝等。如图 3.6 所示，可以根据电成像图像特点定性识别裂缝类型。

天然裂缝的形成是多期构造运动的结果，又受地下水溶蚀和沉淀作用的改造，所以天然裂缝面不规则，缝宽变化大。开启裂缝在 FMI 图像上显示为具有一定连续性的暗色弯曲线条，需结合常规测井资料剔除泥质条带，通常显示为低阻缝。闭合裂缝由于充填有高阻矿物（如方解石、石英等），电阻率较高，在 FMI 图像上显示为亮色弯曲线条。

诱导裂缝排列整齐，规律性强；而天然裂缝常为多期构造运动形成，又遭地下水的溶蚀与沉淀作用的改造，因而分布极不规则。钻井压裂缝是由于钻井液重力和地应力不平衡形成的诱导裂缝。在 FMI 图像上显示为暗色线条，显示特征为以 180°或接近 180°呈对称分布在井壁上的裂缝，裂缝面两侧伴有羽状微缝，裂缝在径向上延伸不远，开度和纵向延伸较大，裂缝走向即最大水平主应力方向。应力释放缝是由于地应力释放而产生的一组接近平行的高角度裂缝，在成像图像上显示裂缝排列整齐，产状相近，规律性强。钻具振动裂缝十分微小

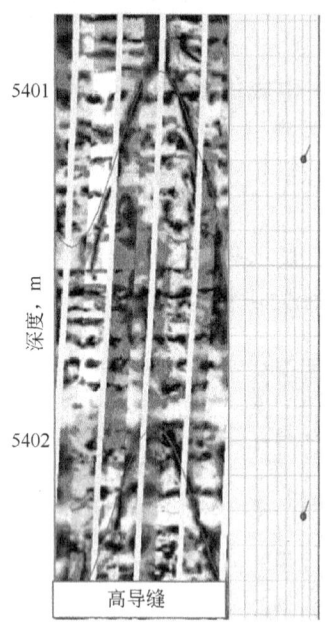 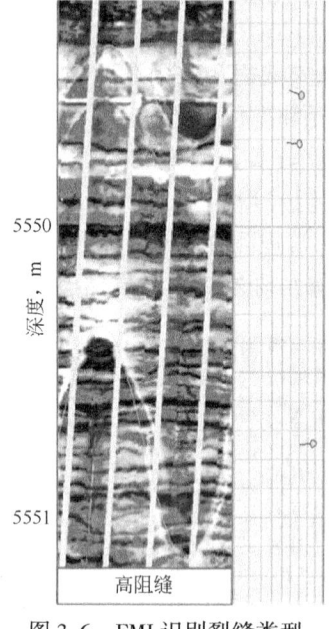 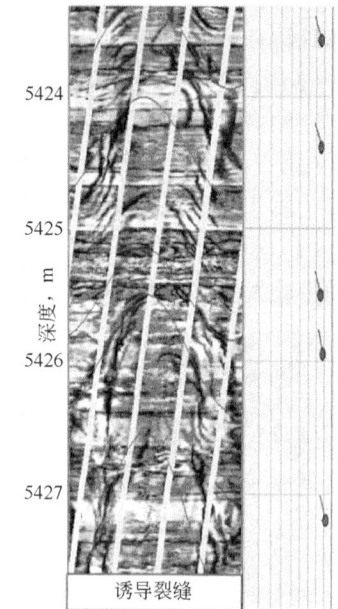

图 3.6 FMI 识别裂缝类型

且径向延伸很浅,这种裂缝虽然在微电阻率成像测井(如 FMI)图像上有高电导的异常,但在径向探测深度较大的方位电阻率成像测井(如 ARI)图像上却没有明显异常。

依据裂缝参数计算结果,对裂缝进行定量评价,包括倾角、倾向、宽度、长度、裂缝视孔隙度和裂缝线密度等裂缝参数。

(1)裂缝倾向即裂缝倾斜方向,裂缝倾角即纹层界面与水平面之间的夹角,可用正弦线波谷位置的横坐标表示计算裂缝倾角,方法见式(3.1)。

$$\alpha = \arctan\left(\frac{T}{C}\right) \tag{3.1}$$

式中,α 为裂缝倾角,(°);T 为正弦线波峰与波谷之间垂向上的距离,cm;C 为钻孔直径,cm。

(2)应用电导率异常面积和侵入带电阻率计算裂缝宽度,方法见式(3.2)。

$$W = aAR_{mf}^b R_{xo}^{1-b} \tag{3.2}$$

式中,W 为裂缝宽度,mm;a 和 b 为与仪器有关的常数,Schlumberger 软件该项参数的取值分别为 $0.0048\mu m^{-1}$ 和 0.86;A 为裂缝引起的异常电流面积,$\mu A \cdot mm/V$;R_{mf} 为钻井液滤液电阻率,$\Omega \cdot m$;R_{xo} 为冲洗带电阻率,$\Omega \cdot m$。

(3)裂缝长度计算,方法见式(3.3)。

$$F_L = \frac{1}{2\pi RLS_c} \sum_{i=1}^{n} L_i \tag{3.3}$$

式中,F_L 为单位面积井壁上裂缝长度之和,m/m^2;R 为井眼半径,m;L 为统计窗长,m;S_c 为井眼覆盖率,%;L_i 为第 i 条裂缝的长度,m。

(4)裂缝密度计算,方法见式(3.4)。

$$F_{dn} = \frac{Sum}{L} \tag{3.4}$$

式中，F_{dn} 为单位长度井壁上的裂缝条数，条/m；Sum 为统计窗长内裂缝总条数，条；L 为统计窗长，m。

（5）裂缝线密度计算，方法见式（3.5）。

$$F_d = \frac{1}{S_{win}S_c} \sum_{i=1}^{n} L_i \quad (3.5)$$

式中，F_d 为统计井段内裂缝线密度，m/m^2；S_{win} 为滑动窗口面积，m^2。

（6）裂缝视孔隙度计算，方法见式（3.6）。

$$\phi_{fr} = \frac{1}{2\pi RLS_c} \sum_{i=1}^{n} L_i W_i \quad (3.6)$$

式中，ϕ_{fr} 为裂缝视孔隙度，小数；W_i 为电成像图上第 i 条裂缝的平均宽度，m。

5. 孔洞分析与计算

孔洞在声成像图像上表现为不规则的暗色斑块。采用一个较短的深度滑动窗口，统计窗口内所有孔洞，通常勾画低阻孔洞，评价孔洞面孔率、孔洞密度等孔洞参数。

（1）孔洞密度计算公式为

$$\frac{H_{num}}{S_{win}} = \frac{\sum Contour}{\pi \times Bit \times win} \quad (3.7)$$

式中，H_{num} 为孔洞个数，个；S_{win} 为滑动窗口面积，m^2；Contour 为滑动窗口内孔洞个数，个；Bit 为钻头直径，m；win 为滑动窗口长度，m。

（2）孔洞面孔率计算公式为

$$\begin{cases} HPOR = \dfrac{S_H}{S_{win}} \times 100 = \dfrac{\sum S_{Contour}}{\pi \times Bit \times win} \times 100 \\ S_{Contour} = \sum P_t \times R_{Hor} \times R_{Ver} \end{cases} \quad (3.8)$$

式中，HPOR 为面孔率，%；S_H 为孔洞面积，m^2；$S_{Contour}$ 为滑动窗口内单个孔洞面积，m^2；P_t 为单个电扣覆盖面积，m^2；R_{Hor} 为横向分辨率，%；R_{Ver} 为纵向分辨率，%。

6. 地应力方向评价

井壁崩落一般形成椭圆井眼，它具有方向性，在一定层段电成像图像上呈 180°对称分布暗色条带，椭圆井眼长轴方向即为最小水平主应力方向。以图 3.7 为例，该井井壁崩落方位（即椭圆井眼长轴方向）为近北北东—南南西方向，代表了井旁最小水平地应力方向。

根据地应力释放缝判断地应力方向，统计诱导裂缝的走向，诱导裂缝的平均走向主方位即为最大水平地应力方向。如图 3.8 所示，诱导裂缝呈两排间隔 180°的羽状排列，不连续，且均倾向北西—南东向，因此最大水平地应力方向为北东—南西向。

7. 薄层识别

在油田的开发过程中，有效识别薄储层（有效厚度通常小于 0.5m）对提高收率有重要意义。微电阻率成像测井提供的纵向分辨率要比常规测井的分辨率高出 30～40 倍，能够识别出 5mm（0.2in）的薄层。图 3.9 为某井的电成像图，在 3198m 深度附近，在暗色泥岩的电成像图像中夹有薄层的浅色砂岩电成像图像，储层厚度虽不足 2m，但试油获日产 22t 的油流。

ARI 测井在地质及工程上的应用包括井眼校正、非均质地层识别、薄层解释、储层有效性评价和地层倾角估算等。

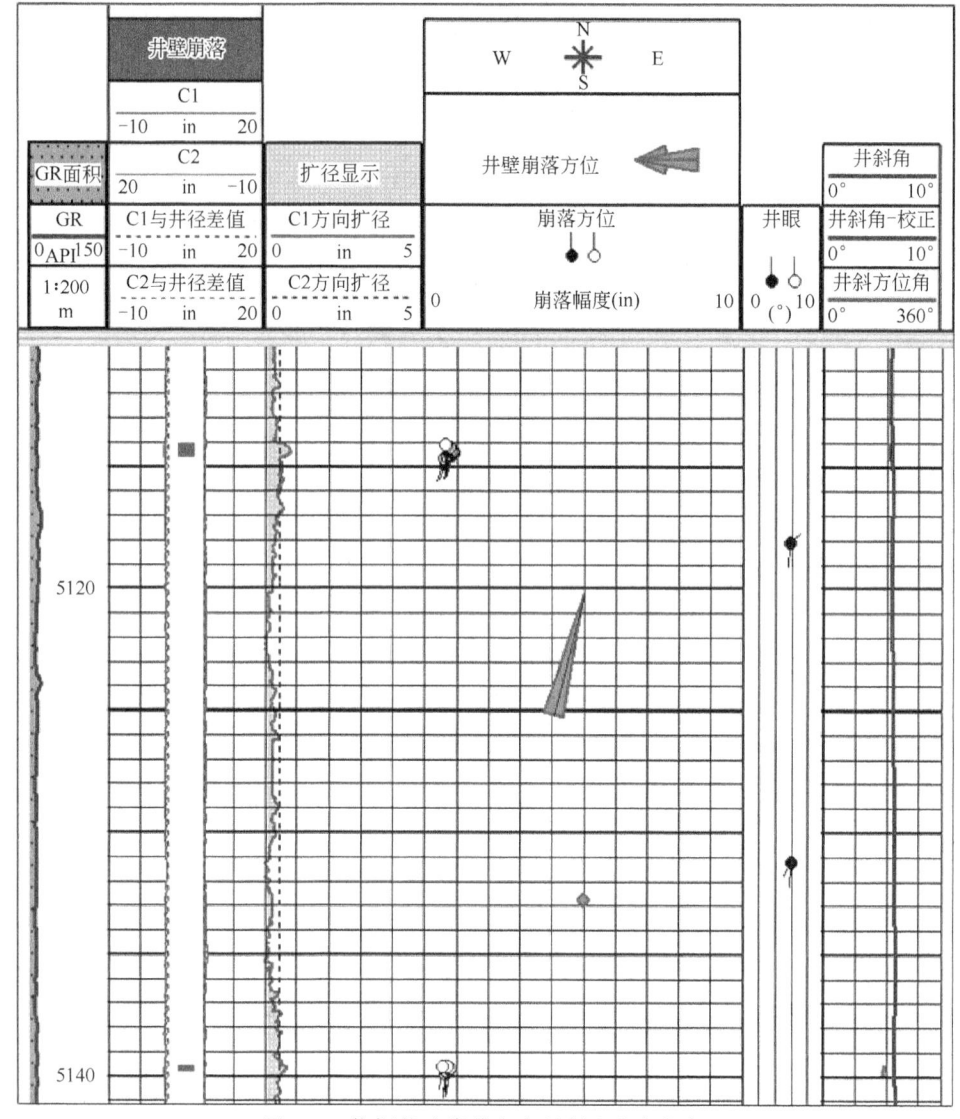

图 3.7 依据井壁崩落方向判断地应力方向

(1)井眼校正：辅助测量结果可用于对方位电阻率进行仪器偏心和井眼形状及尺寸变化影响的校正，所施加的校正是辅助测量值、钻井液电阻率以及地层电阻率的函数。

(2)非均质地层识别：ARI 成像图反映了井周不同方位的地层电阻率变化情况，可以识别非均质地层，进而识别裂缝、溶洞等不同类型储层。在均质地层中，ARI 测井特征表现为 12 条方位电阻率曲线在同一深度点变化一致，且差异很小，在成像图上呈现出良好的连续性。相反，在非均质地层则表现为 12 条方位电阻率曲线在同一深度点差异甚大，彼此相互交错，在成像图上则呈现出各种直观的地质特征。

(3)薄层解释：ARI 分辨率较深、浅双侧向测井提高了 3~4 倍，而探测深度与双侧向测井接近，对于薄层，其解释精度提高很多。

(4)储层有效性评价：ARI 可得到 12 条方位电阻率曲线(RR01~RR12)，井眼四周的地层被显示成方位电阻率成像图，同时还可得到不同径向探测深度的电阻率曲线，与 FMI 结合研究裂缝的径向延伸程度，在评价缝洞性储层等方面具有较高的价值。

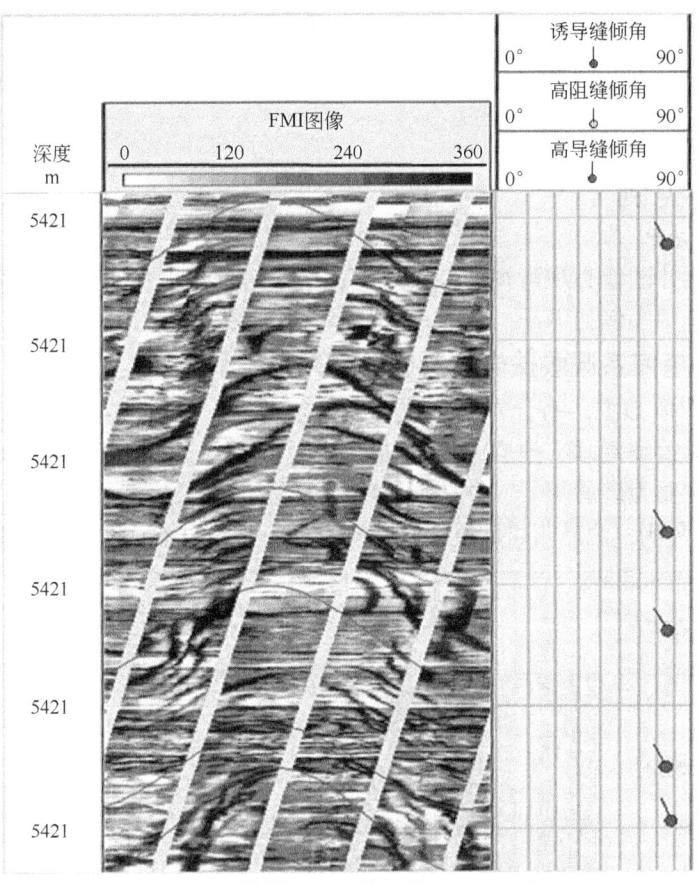

图 3.8 依据诱导裂缝判断地应力方向

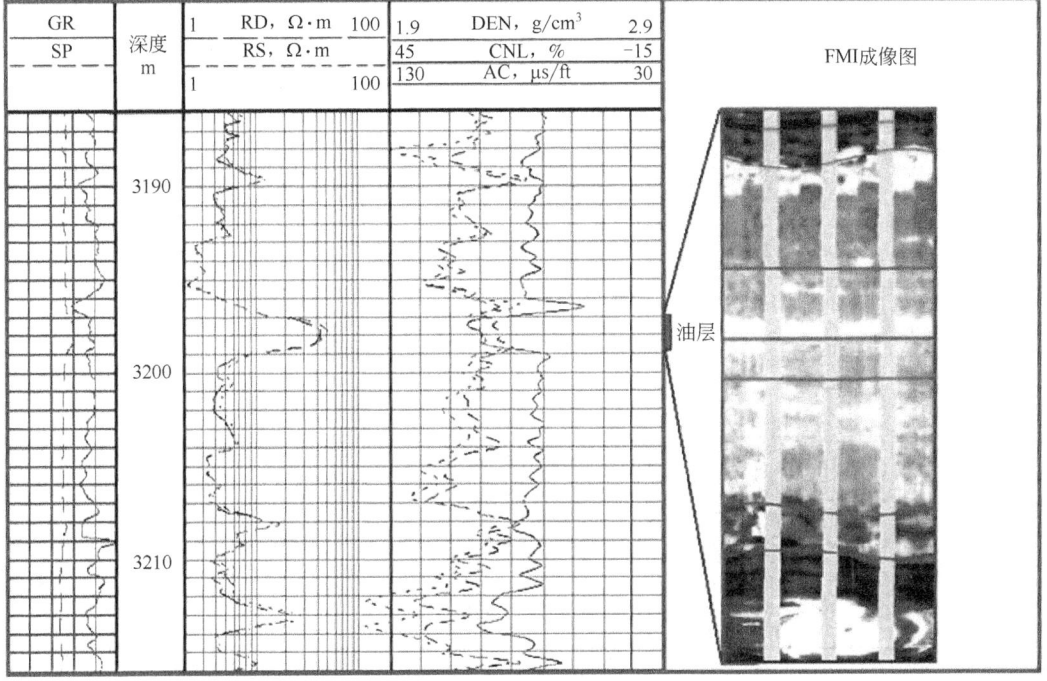

图 3.9 FMI 用于薄层识别

(5)估算地层倾角：ARI 与 FMI 一样可提取地层倾角信息，其处理精度不如倾角测井所获得的结果，但 ARI 有很深的探测深度，可以反映较深地层的特性，因此它主要反映了构造倾角。

3.1.4 现场实例

电阻率成像测井图像直观可视、分辨率高、地质信息量大，在油田勘探开发过程中应用广泛，部分现场应用实例如下。

1. 塔河油田奥陶系碳酸盐岩储层成像测井地质解释

以 FMI 测井图像为主，结合岩心、常规测井资料，对塔河油田 8 口探井奥陶系碳酸盐岩储层的重点层段精细刻画，建立 FMI 测井地质解释模型，并推广到未取心井段，识别出奥陶系储层岩性主要为砂屑灰岩、砂屑泥晶灰岩、泥晶灰岩和灰质白云岩。

以图 3.10(a)为例，泥晶灰岩储层致密、孔隙空间小，自然伽马较低；图 3.10(b)纹层状

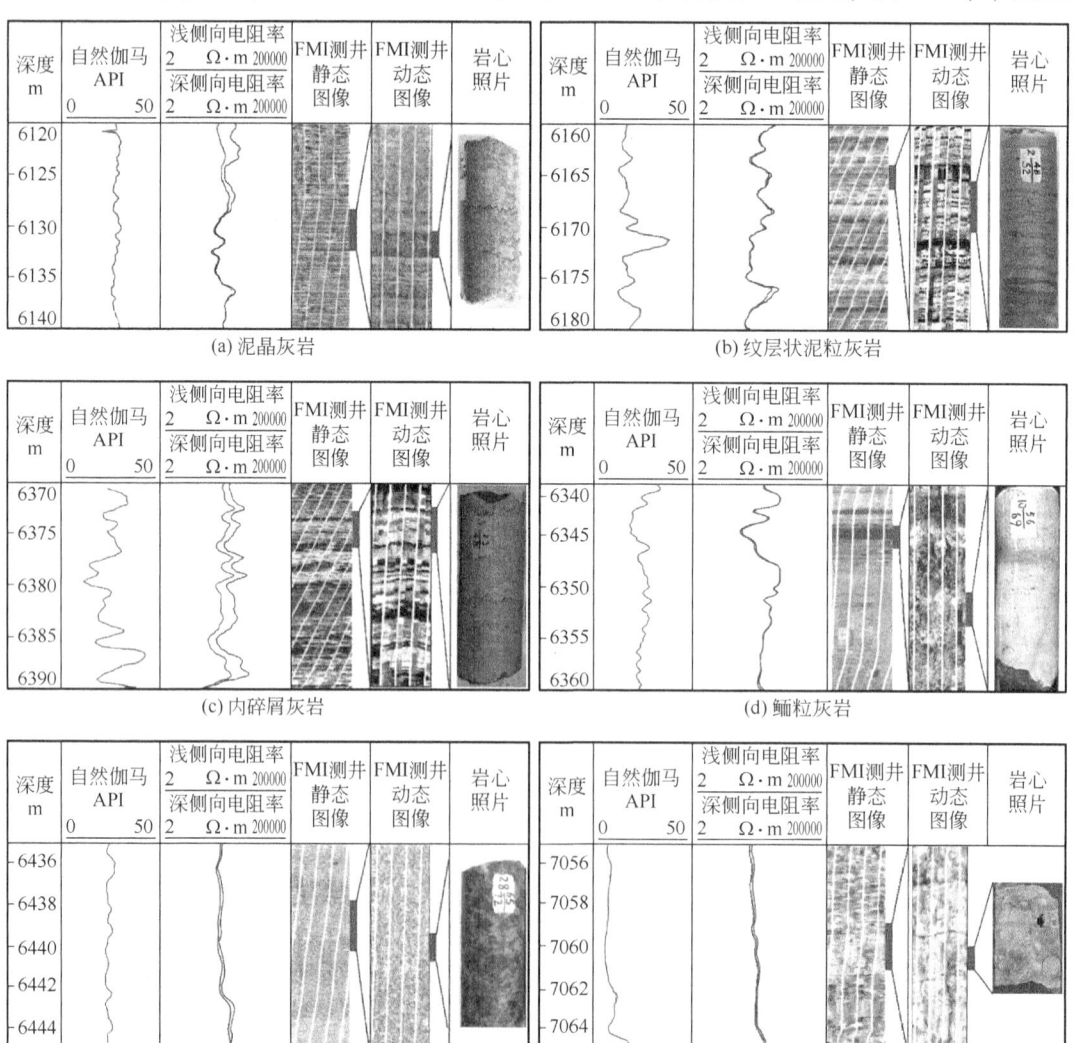

图 3.10 塔河油田奥陶系储层 FMI 测井岩性解释模型

泥粒灰岩FMI测井图像表现为黄褐色条带状，明、暗相间的规则条带指示高阻亮层与低阻暗层的反复交替，暗黑条纹为不同期次层间缝隙及其发育时所黏结的泥屑；图3.10(c)内碎屑灰岩FMI测井图像呈明显的高阻块状模式夹杂黑色斑点，整体高亮度，溶蚀孔洞发育且呈顺层分布，自然伽马较高；图3.10(d)鲕粒灰岩测井图像也呈高阻块状夹黑色斑点，自然伽马低；图3.10(e)白云质泥晶灰岩FMI测井图像呈高阻块状，均匀分布有细密的阻亮色斑点，自然伽马低，双侧向电阻率高；图3.10(f)角砾状细粉晶白云岩测井图像上呈高阻块状，浅色棱角状高阻碎屑和不规则深色充填物相混杂，即轻微角砾化现象，有黑色斑点，自然伽马低。

储集空间类型主要分为孔、洞和缝三类。

(1) 溶蚀孔：溶蚀孔常分两种形态，一种是顺层分布，另一种呈不规则分散状。顺层溶蚀孔在FMI测井图像上接近于层状分布，呈黑色斑点状，孔径较大的溶蚀孔往往表现为黑色斑块，不受岩石组构限制。部分井段溶蚀孔孔径较小，呈分散状分布。

(2) 溶洞：溶洞多出现在下奥陶统的石灰岩中，FMI测井图像上呈不规则暗色大片分布，呈块状、片状或条带分布状，延伸较短，无定向性。

(3) 裂缝：雁列状诱导裂缝走向一般与最大主应力平行，无填充，在双侧向电阻率测井曲线上，雁列状诱导裂缝的浅侧向电阻率高于深侧向电阻率；水平天然缝近于水平，呈低幅度正弦或余弦状高导暗色条纹；高角度天然裂缝则呈高幅度正弦或余弦状高导暗色条纹，二者几乎切割整个井眼。

以S88井为例，结合常规测井曲线和岩心、录井资料，利用FMI测井图像，对储层特征进行分析(图3.11)。

该井段岩性以石灰岩为主，FMI测井图像分析表明，储层主要集中在5630~5706m井段溶洞发育和影响带，其上部为巨大的溶洞，下部为崩塌角砾白云岩充填溶洞，临近底部的地层中可见一些天然裂缝。5706~5940m井段为块状石灰岩，裂缝、孔洞极少，相对其他井段比较致密，可能为局部盖层。在5940~6095m井段有裂缝零星分布，但主要发育溶洞，为潜在储层。

2. 鸭儿峡油田储层裂缝有效性评价

酒泉盆地鸭儿峡油田柳北地区白垩系储层中，裂缝对油井的产能影响较为明显，裂缝有效性敏感参数包括裂缝宽度、裂缝密度、地层倾角和裂缝倾角角度差等。在统计研究区裂缝参数与储层品质关系的基础上，构建了裂缝开启度f_1和裂缝发育度f_2两个参数进行裂缝性储层分类。其中，裂缝开启度为地层倾角与裂缝倾角角度差与水动力宽度的乘积，裂缝发育度为裂缝线密度与裂缝发育厚度的乘积。基于已完钻井试油结论及对应的裂缝参数，建立三类储层的量化标准：一类储层$f_1>0.5$、$f_2>2$、$f_1>-0.179f_2+2.648$，二类储层$f_1>0.2$、$f_2>1$、$f_1>-0.167f_2+1.367$，三类储层$f_1<0.2$、$f_2<1$、$f_1<-0.167f_2+1.367$。

如图3.12所示，LB3井电成像图显示，在第一试油段5007~5083m和第二试油段4784~4798m处均发育有大量裂缝；而试油结果显示，第一段产水量为0.2m³/d，第二段初产油量为34.8m³/d，含水10%，试油结论为油层。LB3井第二试油段裂缝开启度和裂缝发育度分别大于2和15，证明裂缝发育且为有效裂缝，归为一类储层；第一试油段裂缝开启度约为0.1，证明该处裂缝为无效裂缝，结论与试油相符。

3. 基于FMI图像深度学习识别砂砾岩体沉积微相

以东营凹陷北带Y920区块沙四上亚段砂砾岩体为例，将岩心刻度FMI图像，总结各沉积微相的FMI图像特征，分析不同沉积微相与岩性、物性、含油性的关系，利用灰度共生矩阵图像处理手段提取不同沉积微相FMI图像的对比度、相关度、角二阶矩、同质性4种

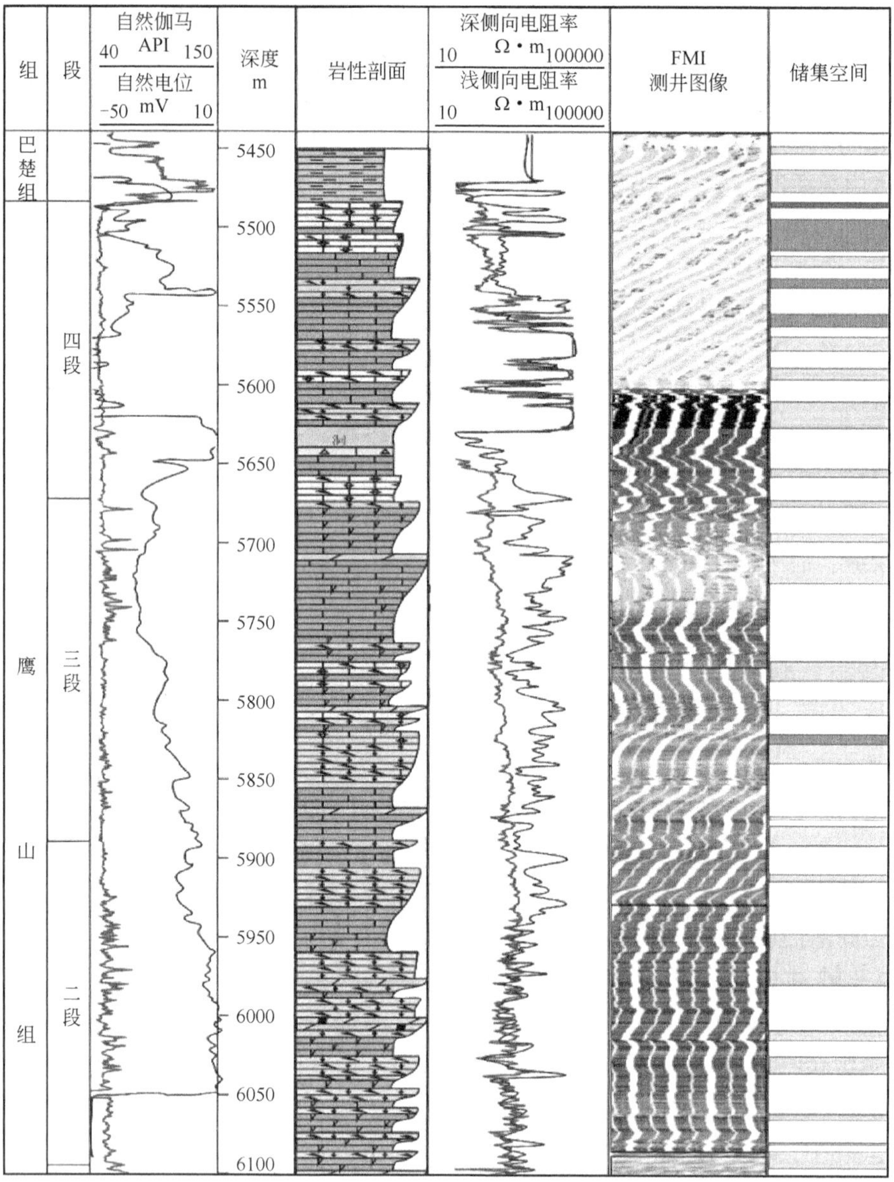

图 3.11　S88 井储集空间综合柱状剖面

纹理参数,将 4 种纹理参数与取心段不同沉积微相 FMI 图像分别作为 K 最近邻分类算法(KNN)和卷积神经网络(CNN)的学习样本,训练机器学习和深度学习网络来开展沉积微相的分类和识别。

Y920 区块的 YX1 井砂砾岩体主要划分为扇根主水道、扇中辫状水道、扇中辫状水道间、扇端泥四种沉积微相类型。

以扇根主水道为例,由于为混杂块状堆积形成,砾石几乎无分选,磨圆度差,杂乱分布,岩心观察砾径最大为 280mm,一般为 5~50mm,主要由相对粗的碎屑颗粒或砾石组成。该微相多数砂砾岩呈块状,不同粒度的砾石均有出现,包括细砾岩、中砾岩、粗砾岩、巨砾岩。如图 3.13(a)所示,静态 FMI 图像中粗砾岩呈大型不规则亮色块状,岩性成分以花岗片麻岩砾石为主,块状轮廓外的暗色之间为粒间充填的基质。如图 3.13(b)所示,中砾岩为亮色块状,其磨圆性较粗砾岩稍好,大于 5mm 的细砾岩为亮色斑点状。

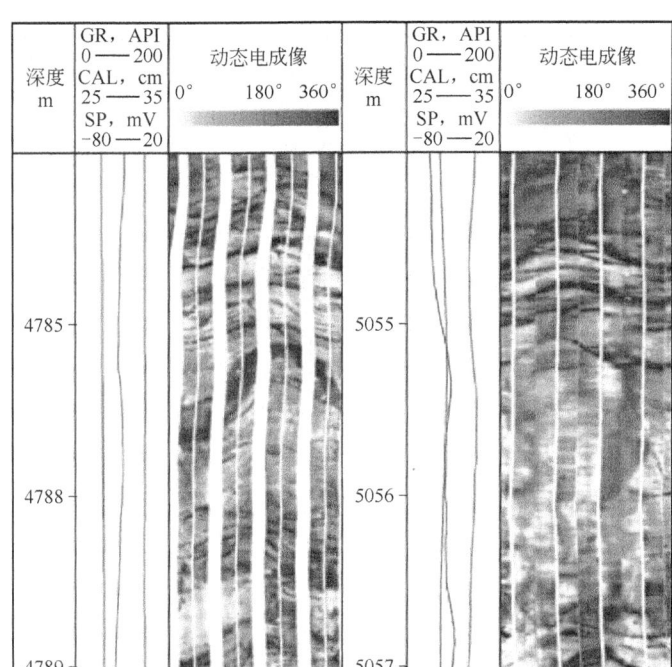

图 3.12　LB3 井电成像评价裂缝有效性

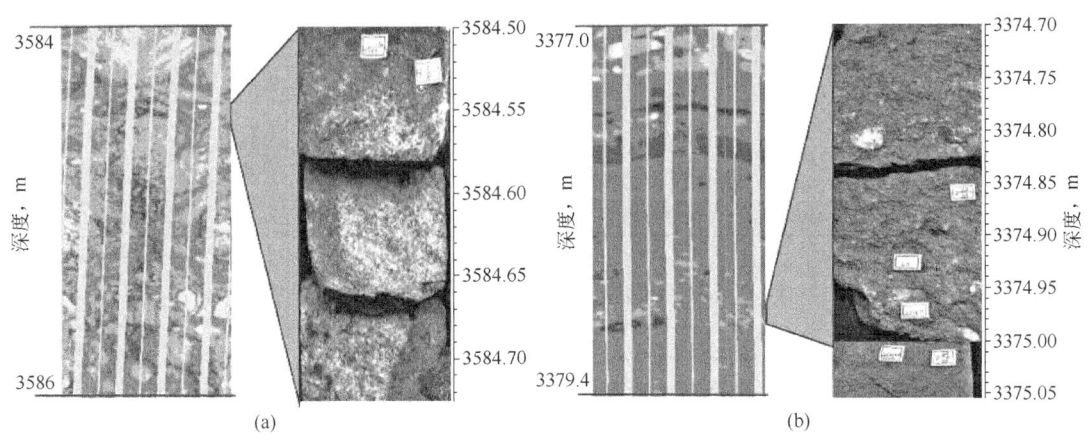

图 3.13　YX1 井不同沉积微相中发育的岩性刻度 FMI 图像

以不同沉积微相的 FMI 静态图像特征建立智能学习模型,提高识别砂砾岩体沉积微相的准确率与效率。将不同沉积微相的 FMI 图像作为数据源,采用灰度共生矩阵方法提取图像中的复杂纹理参数,并选择能够有效划分不同沉积微相的最优纹理参数,以最优纹理参数作为分类算法学习样本,训练分类模型对未知井段沉积微相进行分类和识别。同时,对 FMI 图像进行深度学习,以不同沉积微相的 FMI 图像作为训练样本数据集,构建深度学习网络模型进行沉积微相识别。

图 3.14 展示了 KNN 和 CNN 两种算法在 YX2 井沉积微相识别中的应用效果。FMI 图像

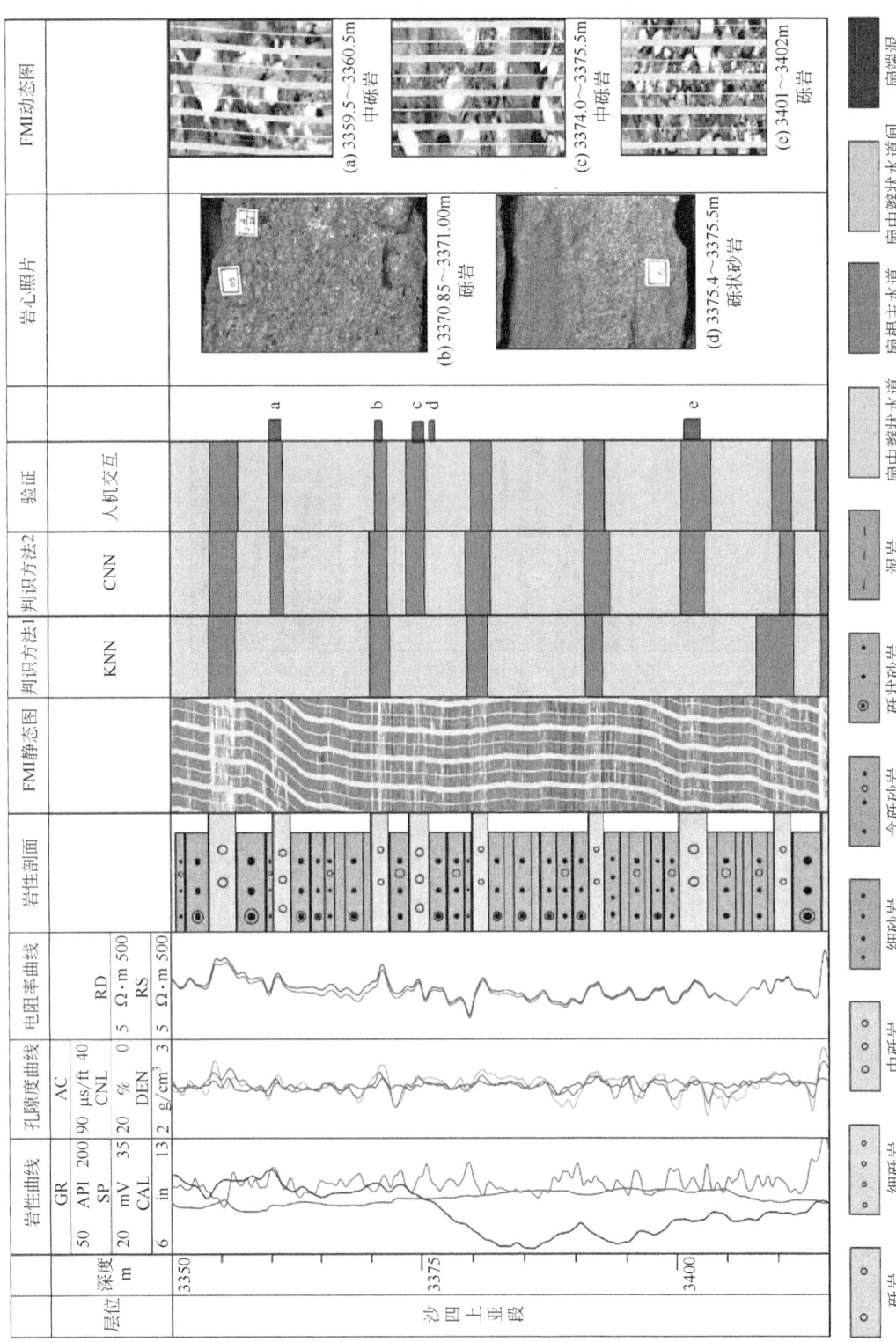

图 3.14　YX2 井 3350~3403m 砂砾岩体地层沉积微相判识结果

中颜色、岩石结构特征信息对扇根主水道、扇中辫状水道、扇中辫状水道间、扇端泥这四种沉积微相区别较明显，通过静态、动态 FMI 图像结合部分取心照片（含岩心分析测试资料）、测井曲线、录井剖面等资料，以人工分析方式可以准确地划分与判识不同的沉积微相类型。

将人工分析判识沉积微相为验证对象，以静态 FMI 图像纹理参数为样本的 KNN 分类算法在应对扇中辫状水道和扇根主水道的判识结果仍存在少量误差（图 3.14，b 段），而 CNN 深度学习模型在沉积微相判识上表现更好，其原因主要是 CNN 通过卷积核提取静态 FMI 图像的基础特征，得到多层复杂特征。

3.2 偶极横波成像测井技术及应用

声波测井作为地球物理测井的重要分支，以地下岩石的声学物理特性研究为理论基础，在矿产资源及石油工业的勘探中发挥着重要作用。在井筒内通过测井方式获取的地层纵波、横波信息是油气勘探开发过程中的储层识别、储层物性参数计算、地层各向异性分析、地层岩石力学性能研究、裂缝有效性识别、储层压裂评价、地震叠前反演、合成地震记录等工程领域进行定量数据运算或定性评价的必要参数。

3.2.1 声波成像测井技术进展

声波测井是根据声波的物理传播特性测量井下岩层的声波传播速度（时差）或幅度衰减等规律，据此判断地层的岩性、估算孔隙度以及岩石的弹性力学性质的测井方法。声波测井方法于 20 世纪 50 年代初在国外开始出现，早期的声波测井方法与地震勘探得原理类似，主要记录声波传播速度。

测井技术发展中，先后出现了用于检查水泥胶结质量的声幅测井；测量井剖面声波纵波时差的声速测井；能够得到井壁上孔洞、裂缝分布情况直观图像的井下声波电视测井，以及在此基础上发展起来的井周声波扫描成像测井。20 世纪 70 年代末出现长源距声波全波列测井，实现了对滑行纵波、滑行横波、伪瑞利波和斯通利波等在时间轴上的分离，从而实现了对声波全波列的数字化记录。

单极子声源的声波测井仪，仅能在快速地层中产生转换横波，在慢速地层不产生转换横波，而斯通利波反演横波则会受到井眼条件、地层密度等多种因素的影响，可靠性较差，并且斯通利波的提取也十分困难。使用单极子声源很难获得准确的横波信息，为此提出了偶极子横波测井的方法。

国外测井公司陆续向市场推出了各自的偶极声波测井仪器，其中主要有斯伦贝谢公司的偶极声波成像仪 DSI（dipole shear imager），声波全波列扫描仪 SS（sonic scanner）；阿特拉斯的多极子阵列声波测井仪 MAC（multipole array acoustic log）、正交偶极子阵列声波测井仪 XMAC、XMAC Ⅱ（20 世纪 90 年代末）；哈里伯顿公司的低频偶极横波测井仪 LFD（low-frequency dipole sonic）和正偶极子阵列声波测井仪 WST（wave sonic tool）。

随着全球油气勘探逐渐向深层领域开展，高温、高压等井况环境更加恶劣，以及为提高油气开采效率，大斜度井、水平井也越来越多，因此对测井仪器性能指标及适用能力提出了更高的要求。国外测井公司据此对自身的偶极声波测井仪器进行了改造升级，以满足油气勘探市场的需求，其中针对大斜度井、水平井、小井眼等复杂井况的有威德福公司的 CXD (compact cross-dipole sonic, 2010)。CXD 特点是仪器更紧凑，适用性更强。其仪器外径为 2.25in(57mm)，相比常规偶极声波仪，CXD 仪器的顶部增加了一个记忆模块，独立于电缆测井模块之外，可独立进行数据的存储和输送，因此 CXD 可进行电缆模式测井和无电缆模式(钢丝吊拉、钻杆内传输、连续油管内传输等)测井，能够在小井眼井、大斜度井和水平井等井况下进行交叉偶极声波测井。

针对高温、高压极端井眼环境的有贝克休斯公司的 XMAC F1 和哈里伯顿公司的高温高压偶极声波系统 Hostile WaveSonic。XMAC F1 与 Hostile WaveSonic 的主要特点是能在高温、高压等极端环境条件下获取高品质的横波资料。首先是仪器本身强度更高，并耐高温、高压，其中 XMAC F1 极限耐压为 207MPa，极限耐温为 232.2℃，Hostile WaveSonic 极限耐压为 207MPa，极限耐温为 260℃；其次是更优异的低频率偶极测井模式(低至 500Hz)，可获得更高品质的横波信息。

国内对声波测井仪器也进行了深入研究，2006 年中国石油集团测井有限公司研制开发的新一代声波测井设备多极子阵列声波测井仪 MPAL(multipole acoustic array logging tool)，包含波形处理软件模块、各向异性分析模块以及岩石力学性质分析模块，在华北油田、胜利油田、大庆油田及吉林油田多口井中进行了试验测井，仪器工作良好，可在各种地层中获取地层的纵横波以及各向异性信息。2009 年中海油服推出了 EXDT 正交偶极阵列声波测井仪，在陆地及海上平台均取得了合格的声波资料，实现了偶极声波测井仪的国产化。2017 年中油测井为自主研发的 61 支多极子阵列声波成像测井仪升级了远探测功能，使这一国家战略性创新产品在复杂油气藏识别及储层评价上如虎添翼，不仅"看"得更广，而且测得更快、更准。2023 年中油测井采用穿电缆连续油管方式成功完成新疆油田某井远探测偶极子声波测井资料采集和压裂前径向剖面等成果的测井处理解释，相较于传统技术，在提高测井时效、优化工序、节省占井时间、取全取准测井资料方面优势明显。

3.2.2 偶极横波成像测井仪器及工作原理

1. DSI 测井仪

偶极横波成像测井仪(DSI)具有八个阵列接收器，一个单极发射器和两个偶极发射器(图 3.15)。接收器阵列对传播波场进行空间采样，并进行全波列分析。

DSI 测井仪是通过用同一声源产生两个不对称的声场，测量该声场对岩石激发出接近于横波的波(挠曲波)的声波测井方法。偶极横波成像测井能提供更准确的横波信息，尤其是在慢速的地层中，如疏松砂岩、裂缝发育的泥岩储层中可直接测量横波信息，而单极子声源的长源距声波全波列测井或阵列声波测井是测量不到横波信息的。

DSI 测井仪使用了具有方向性的发射器和接收器。偶极发射器使井眼一侧的压力增加，而使另一侧的压力减小，使井壁出现小的扰动，这样就在地层中直接激发出纵波和横波。这些挠曲波的传播与井眼同轴，而其质子振动方向与井轴垂直，与发射器的发射方向一致。DSI 测井仪的一个新功能是低频发射功能，其发射频率低于 1000Hz，在这种工作模式下，信噪比最大可提高 20dB，因此在大井眼井段和声速非常慢的地层中也可得到很好的测量结果。

DSI 仪器的工作模式包括以下 5 种：

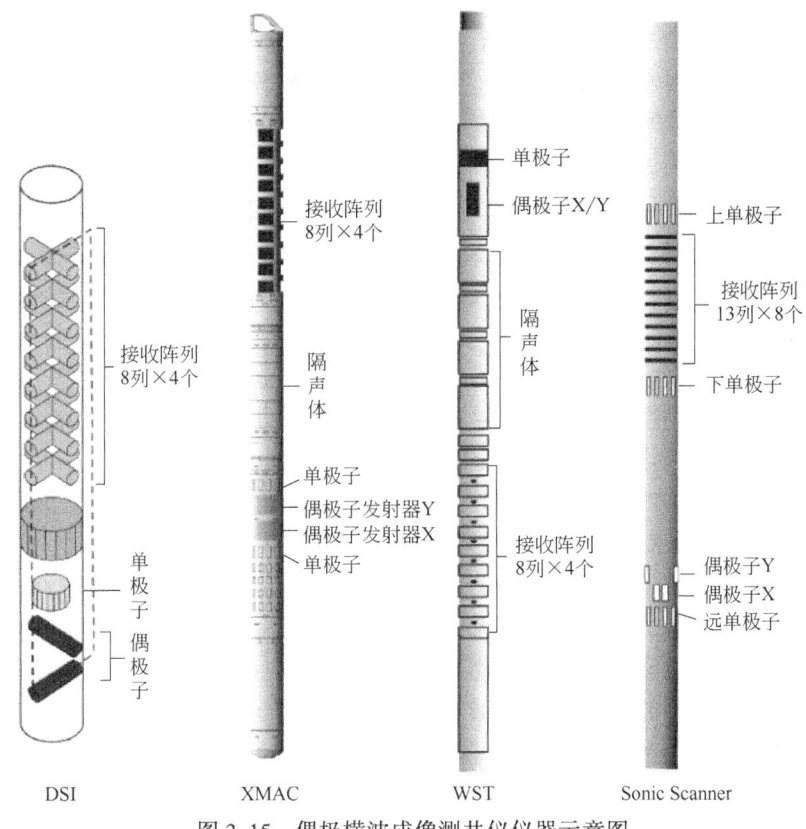

图 3.15 偶极横波成像测井仪仪器示意图

(1)上偶极和下偶极模式：来自任一个偶极发射器的 8 列偶极波形，从发射时刻起开始采样，每个样的采集时间为 40μs，每个波形采 512 个样，提供横波时差的测量结果 DT1 和 DT2。

(2)交叉偶极模式：对两个交叉偶极发射器来说，总共采集 32 列标准的波形。

(3)斯通利波模式：共采集 8 列波形，每列波形都是从低频脉冲激发单极换能器的时刻开始采集，每个样的采集时间为 40μs，每列波形采 512 个样，提供斯通利波时差的测量结果 DTST。

(4)纵横波模式：共采集 8 列波形，每列波形都是从高频脉冲激发单极换能器的时刻开始采集，每个样的采集时间为 10μs，每列波形采 512 个样，提供单极横波时差的测量结果 DT4P 和 DT4S。

(5)首波检测模式：采集由高频脉冲驱动单极发射器所获得的与阈值交叉的数据，共有 8 组数据，提供单极纵波时差的测量结果 DT5。

在实际测井中，通常选择一种偶极模式、纵横波模式和斯通利波模式，从而获得纵波、横波和斯通利波的测量结果。交叉偶极模式采集的正交极化资料可用于井眼地层的各向异性研究。

2. MAC-XMAC 测井仪

多极子阵列声波测井仪器(MAC)将单极子阵列和偶极子阵列进行有效组合，两个阵列的配置是完全独立的。仪器共有四个发射器，其中 T1、T2 为单极子发射器，为圆柱状，单极子发射器可看作是点声源或柱状声源，可向井周发射声波，声脉冲由井内流体折射进入地层时，使井壁周围产生轻微膨胀。X、Y 为偶极子发射器，为片状，可顺向排列或交叉排列，两个偶极发射器发射不对称的能量。偶极子声源可看作是两个相距很近、强度相同、相位相反的点声源的组合。当偶极子声源在井内振动时，在井壁附近产生挠曲波，偶极子横波测井实际上是通过对挠曲波的测量来计算地层横波的速度。

单极子、偶极子接收器各有 8 个，相间排列。单极子接收器为圆柱状，接收由单极子发射器发射的发散声波能量；偶极子接收器为片状，接收由两个偶极发射器发射的不对称能量。其中，单极子接收阵列由 8 个圆环柱状压电陶瓷器件组成；偶极接收阵列也由 8 个双压电晶片传感器组成。

仪器在发射声系与接收声系之间还提供了刚性的声波隔离器，可以在整个频率范围内提供有效的隔离，同时其刚性设计使该仪器能在大斜度井和水平井中进行测井。

交叉偶极子声波测井仪（XMAC）主要由两套呈 90°的偶极发射—接收系统组成（图 3.15）。一套指向直角坐标系的 x 轴，一套指向直角坐标系的 y 轴。所测的四种数据分别是两种同向接收阵列 XX 和 YY；两种交叉向接收阵列 XY 和 YX（其中第一个字母表示振源的振动方向，第二个字母表示接收器的接收方向）。首先，利用偶极发射器振动方向和地层快横波偏振方向的夹角、四种偶极声波阵列数据计算得到两个快、慢主波。然后，把阵列中所有接收器的快、慢主波进行相关对比来压制噪声。这样就构建一个计算快、慢主波之间残差、求取地层各向异性的目标函数，最后，在寻找目标函数全局最小值的过程中，同时确定地层的各向异性的大小和方位。两个偶极发射器 X、Y 是正交的，与此相对应两组正交的接收器分别定义为 X 接收器和 Y 接收器。X 发射器到 X 接收器、Y 发射器到 Y 接收器所产生的信号为线性的，X 发射器到 Y 接收器、Y 发射器到 X 接收器所产生的信号为交叉信号。这种测量方式有六种工作循环，每个工作循环间隔为 $50\mu s$。

3. WST 测井仪

正偶极子阵列声波测井仪（WST）为发射组合在上、接收阵列在下，因此 WST 可以测到井底附近地层段。WST 波列接收有 1 个全方位单极子发射器、同深度平面正交设计的 2 个偶极子发射器（XX、YY），8 组接收阵列上每一组均有 4 个正交排列的接收器，均可独立接收。仪器工作时，可同时在一个深度点接收 4×8 个单极子波列，4×8 个 XX 偶极波列，4×8 个 YY 偶极波列，共计 96 条波形。

单极测量方式：单极发射器由 1 个柱状的压电晶体组成，发射出中心频率为 5kHz、带宽为 1~12kHz 的单极声波发射信号。该频率比传统的单极全波发射器的频率低 2~3 倍。由于低频声波的穿透能力强，探测深度深，信号衰减小，所以测量信号强且受井眼环境影响较小。同时，斯通利波在低频时能量较强，也利于斯通利波的测量。利用单极声源可以从全波采集数据中导出折射波至，即压缩波速度、折射横波速度及相关性质、斯通利波速度及相关参数等。

偶极测量方式：偶极子发射器由金属支撑板和压电板组成，通电后，压电板弯曲，产生压缩波，在地层中激发产生挠曲波。2 个偶极声源是由分布在同一深度上的 4 个正交排列的弯曲棒组成，弯曲棒在 X—X 和 Y—Y 方向上产生定向的弯曲波。偶极测量方式的目的包括在软地层得到横波资料以及进行正交偶极模式测量用于地层的各向异性分析。该仪器采用的声源的突出优点是其声源的激励机制和与之相关的控制电路。这种偶极声源脉冲的频率、幅度、激发波信号及持续时间均可通过地面系统进行程序控制。不同地层的谐振频率不同，为激励地层以最好的挠曲波振动模式谐动,地面系统可选择最佳的工作频率以适应于更广泛的地层范围,如软地层需要较低的偶极工作频率,而硬地层则需要较高的偶极工作频率。该仪器偶极发射器的中心频率通常在 1.5kHz,带宽为 0.5~4kHz。偶极发射器的同深度排列改善了测井数据在各向异性分析方面的应用。

接收器阵列由排列成 8 个共面环的 32 个接收器组成。每个环上有 4 个分别与偶极发射器 X、Y 同向排列的彼此间隔为 90°的接收器。接收器的频率响应范围为 0.5kHz 到 15~20kHz,甚至更大。该接收器最大特点是接收器间具有匹配的频率响应。仪器在整体装配时,用已知的刻度声源响应,在多种频率下对所有接收器的响应进行了匹配,使接收器间频率响应在整个频率范围内匹配。接收器间频率响应的匹配是横波各向异性分析所必须的。

4. Sonic Scanner 测井仪

声波全波列扫描仪(Sonic Scanner,SS)在 6ft 接收器阵列上有 13 个轴向接收点,每个接收点有 8 个周向分布的接收器,总计 104 个传感器。在接收器阵列的两端各有一个单极发射器,另一个单极发射器和两个正交定向偶极发射器位于仪器下部较远处,三个单极发射器能够获取长源距和短源距数据进行不同探测深度的井眼补偿。两个正交的偶极发射器能产生弯曲波,用于描述慢地层和各向异性地层的横波慢度。Sonic Scanner 测井仪的三个单极发射器都能产生更强的压力脉冲。这些发射器能产生纵波和横波、低频率斯通利波以及进行固井评价所需的高频能量。两个偶极发射器都是一种振动装置,由电磁电动机组成,其中电磁电动机安装在悬挂仪器上的一个圆筒上,这种结构可以产生一个高压偶极信号,而不会引起仪器外壳的颤动。

Sonic Scanner 测井仪输出结果包括纵横波时差、全波列和水泥胶结质量波形,最大测井速度可达 1097m/h(3600ft/h),纵向分辨率为 15.24cm(6in),在测量过程中可与其他仪器组合。仪器最高工作温度为 177℃,最大工作压力为 138MPa,仪器外径为 9.21cm(3.625in),适用的最小井眼尺寸为 12.07cm(4.75in),最大井眼尺寸为 55.88cm(22in)。

5. MPAL 测井仪

多极子阵列声波测井仪(multipole acoustic array logging tool,MPAL)是中国石油集团测井有限公司研制开发的新一代声波测井设备,包含波形处理软件模块、各向异性分析模块以及岩石力学性质分析模块。该仪器的声系由 1 个单极子发射换能器、1 个四极子发射换能器和 2 个相互正交的偶极子声波换能器及 8 个多极子接收站组成,每一个接收站具有单极子、正交偶极子和四极子声波的接收功能。通过对 32 路接收信号的采集和处理可获得地层评价的各种声波信息。仪器总长 8.3m,质量为 320kg,它由发射电路短节、发射换能器短节、隔声体短节、接收换能器短节和接收控制采集电子线路短节等五部分组成。

6. 随钻声波测井仪

随钻声波测井作为随钻测井中的关键技术,可以于钻进过程中进行实时地层异常压力预警、流体性质判别、地质导向等工作,以缩短钻完井周期,节约成本,广泛应用于海上平台钻井过程。仪器模式由最早的单极子模式逐渐发展到偶极子模式,再到现今的多极子模式。随钻声波仪器置于钻铤内部,沿着钻铤传播的钻铤模式仪器直达波会对地层信号造成极大的干扰,因此需要通过大量的数值模拟以及实验测试对隔声体进行设计,使其自身结构强度能适应钻进过程中的各种恶劣条件,同时尽可能地衰减钻铤直达波,以获取准确的地层波信息。

国外随钻声波测井仪器主要经历了从随钻单极声波测井仪、随钻四极子横波测井仪(斯伦贝谢公司的 Sonic Scope、贝克休斯公司的 APX 及哈里伯顿公司的 XBAT)到随钻方位声波测井仪(威德福公司的 Cross-Wave)的发展过程,可在快、慢地层中获取连续稳定、准确可靠的纵波、横波、斯通利波,提供实时孔隙压力、气体参数、岩石力学参数、井壁稳定性等多种信息,进而用于地质导向评价、裂缝评价分析、完井设计优化等工作。仪器工作模式以 Sonicscope 475 为例,其采用高频单极子模式采集快速地层的纵波、横波,四极子模式获取慢速地层横波,低频单极子模式获取斯通利波。

3.2.3 偶极横波成像测井数据处理

1. 声成像资料处理流程

声成像资料处理包括数据解编及质量检查、数据预处理、回波时间图像生成、回波幅度图像生成、人机交互处理、成果图输出和资料处理成果检验。其中,声成像资料数据预处理包括以下流程:

(1)将声成像测井资料深度与其他测井资料进行深度匹配处理。
(2)加速度校正:校正仪器测井速度不均匀而产生的图像错位。
(3)声成像深度与方位曲线重采样:当方位曲线、深度曲线与加速度校正后输出深度曲线纵向采样间隔不同时,应对声成像数据进行重采样;重采样不进行深度移动与方位旋转,确保方位曲线、深度曲线及声成像数据间的纵向匹配。
(4)读取不同的井径值,结合方位曲线,进行声波幅度图像的居中校正。
(5)当声成像和电成像组合测量时,读取声成像和电成像两者相对角度,并进行声成像方位校正,确保声成像和电成像图像方位一致。

声成像测井资料处理成果检验,要根据在宏观上是否符合地区地应力和裂缝发育规律,在微观上缝洞发育是否与岩心显示一致,与其他相关资料是否有矛盾。

2. 纵波、横波和斯通利波时差提取

声波全波波形包含着丰富的信息,其主要成分有纵波、横波、伪瑞利波和斯通利波。如图 3.16 所示,纵波波至时间最早,横波波至时间处于纵波和斯通利波之间,斯通利波的波至时间最晚,夹杂在伪瑞利波之中。

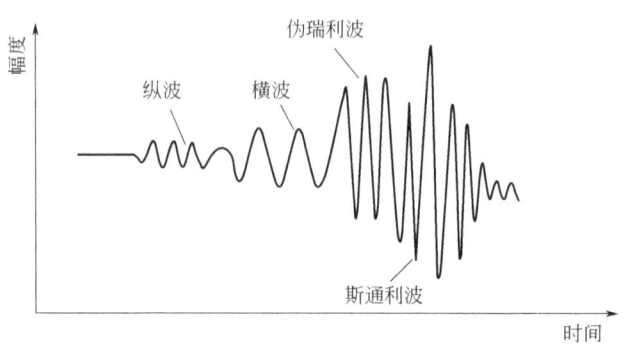

图 3.16 全波列波形示意图

从阵列声波测井资料中提取纵波、横波和斯通利波的慢度及能量信息等是其资料应用的前提。偶极横波成像测井测量数据的解编与处理流程如图 3.17 所示。

声波测井数据通常采用时域方法来处理。时域方法一般有两种：一种是基于波形相似法或 n 次方根法的阵列波形相干叠加法，即 STC 法；另一种是以线性预测理论为基础的波形匹配法或波形反演法。

STC 法使用二维网格(一维为时间，另一维为慢度)搜索法，通过选取合理的时窗长度、确定正确的首波波至时间和慢度搜索范围，求得 8 个接收器收到由同一发射源在某时刻发出的波信号的相关系数，最大相关系数对应的慢度即为该深度地层的纵波、横波或斯通利波慢度。

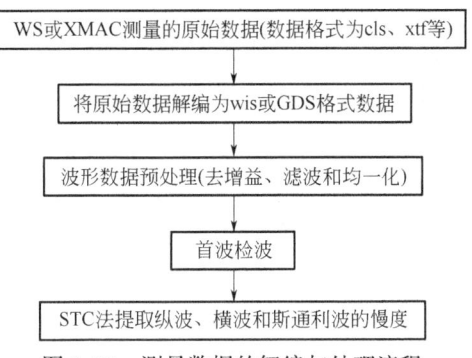

图 3.17 测量数据的解编与处理流程

1) 首波检波

对纵波初至波拾取可采用振幅比值法或短长时窗能量比法。

(1) 振幅比值法找初至波。

由于在纵波到达之前，接收到的噪声信息不规则，其幅度比纵波幅度要小得多，并且在噪声信号内部或者纵波信号内部，它们振幅变化不大。而在纵波波至点前后的振幅，即噪声与纵波之间振幅变化很大，可以通过后峰与前峰值的极大值来检测离散波形的纵波波至点。当纵波幅度与噪声相差大时，这种方法精度高，当纵波幅度与噪声相差小，即在弱波至情形时，往往效果不是很理想。

(2) 用短长时窗能量比法找初至波。

此方法是采用短窗能量与长窗能量比值法来检测初至纵波。通过对全波(图 3.18)中噪声、纵波、横波和斯通利波的频率与振幅特性分析，可以看出噪声、纵波、横波和斯通利波在频率、相位、幅度以及波速上有如下差异：一般情况下噪声频率最大，但幅度很小。纵波在有效信号中，波速最快，频率最大，振幅最小，且首波相位与横波首波相位相反。横波波速低于纵波而大于斯通利波，波至时间一般为纵波波至时间的 1.4~2.4 倍，振幅受地层影响大(硬地层中，横波振幅大于纵波振幅；软地层中，由于能量的衰减，横波振幅会变小)，其频率比纵波频率小。斯通利波是一种井筒波(导波)，波速低于纵波和横波，且低于钻井液波速度，振幅受井眼环境的影响大(在规则井眼中，其振幅大于纵波和横波；在扩径井眼中，其幅度将变小且与扩径程度有关)，其频率比纵波频率小。

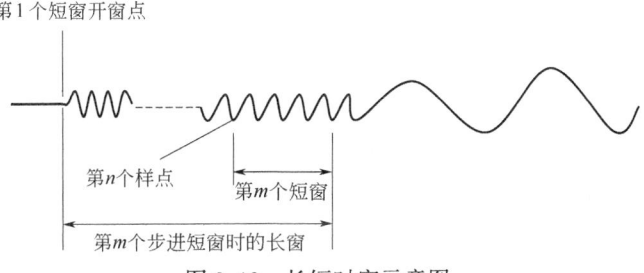

图 3.18 长短时窗示意图

2）多个波形相关系数的计算

偶极横波成像测井仪器有 8 个接收探头,源距分别为 z_0, z_1, $\cdots$, z_7。因接收探头为等间距排列,间距为 Δz(例如 0.5ft 或 6in),则第 m 个接收探头的源距可写成

$$z_m = z_0 + (m-1)\Delta z \quad (1 \leq m \leq 8) \tag{3.9}$$

若各接收探头对应的接收到的全波波形信号分别为 $f_1(t)$, $f_2(t)$, $\cdots$, $f_8(t)$。对于离散的时间序列,则波形上任一点 i 的时刻为

$$t_i = t_0 + (i-1)\Delta T \quad (1 \leq i \leq N) \tag{3.10}$$

式中,ΔT 为时间采样间隔,μs;N 为采样点数;t_i 为波形记录开始时间,μs。

波形相似法的表达式为

$$R^2(s,\tau) = \frac{\int_0^{T_w} \left\{ \sum_{m=1}^{M} f_m[t + S(m-1)\Delta z + \tau] \right\}^2 dt}{M \sum_{m=1}^{M} \int_0^{T_w} \{f_m[t + S(m-1)\Delta z + \tau]\}^2 dt} \tag{3.11}$$

式中,T_w 为时窗长度,μs;S 为慢度,μs/ft;τ 为时窗在第一道波形上的开窗位置,μs;R 为相关系数,R 的取值范围为 $0 \leq R \leq 1$,$R=0$ 表示波形间无任何关系,$R=1$ 表示波形形态完全相同。

n 次方根法的表达式为

$$R(s,T) = \frac{\int_T^{T+T_w} \left| \sum_{m=1}^{M} |f_m[t+s(m-1)\Delta z]|^{1/n} \operatorname{sgn}\{f_m[t+s(m-1)\Delta z]\} \right|^n dt}{\int_T^{T+T_w} \left| \sum_{m=1}^{M} |f_m[t+s(m-1)\Delta z]|^{1/n} \right|^n dt} \tag{3.12}$$

数学上,波形相似法是叠加后的波形的归一化能量,有明显的物理意义,而 n 次方根法则是纯粹数学运算。两种方法都具有 $0 \leq R \leq 1$ 的性质。波形相似法比 n 次方根法要快些,原因是 n 次方根法需要求 n 次方根再进行幂方运算。n 次方根法的优点在于通过提高幂指数 n,可以改进相关函数峰值［式(3.12)］的尖锐度。因为取波形的 n 次方根相对于波形其他部分来说保留了波形的峰值及谷值部分的振幅,对改变了(即峰值及谷值部分相对尖锐)的阵列波形进行相关叠加,得到的相关函数峰值会更加尖锐,因此慢度计算的分辨率得到加强。通常数据处理中,n 值为 4。

3）声波时差提取参数设置和处理技巧

从偶极横波成像测井全波波形提取纵波、横波和斯通利波时差时,首先需选取适当的时窗长度 T_w,在全波波形上移动窗长,并在合理的时差范围内移动 S,当 S 与纵波、横波和斯通利波的时差接近时,相关系数 R 最大,这时相关系数最大值对应的 S 即为该成分波的慢度值,即获得纵波、横波和斯通利波时差。可见时窗长度 T_w 和慢度搜索范围的选取是提取三种波的关键,时窗长度一般取对应波形的 3 个波周期。处理技巧方面,长井段处理前,先选取一小段(10m)处理,提取纵波时差搜索范围设为 40~100μs/ft、横波时差在 70~160μs/ft 和斯通利波时差在 160~280μs/ft 之间。处理结束后结合波至时间曲线和相关系数矩阵图,调整处理参数,进行全井段处理。

图 3.19 展示了纵波、横波和斯通利波时差提取结果,纵横波慢度(时差)反映了地层的抗压、抗剪等力学特性,准确提取纵横波慢度,为杨氏模量、体积模量、剪切模量和压缩系

数及泊松比等岩石力学参数计算与气层识别,提供了重要参数。

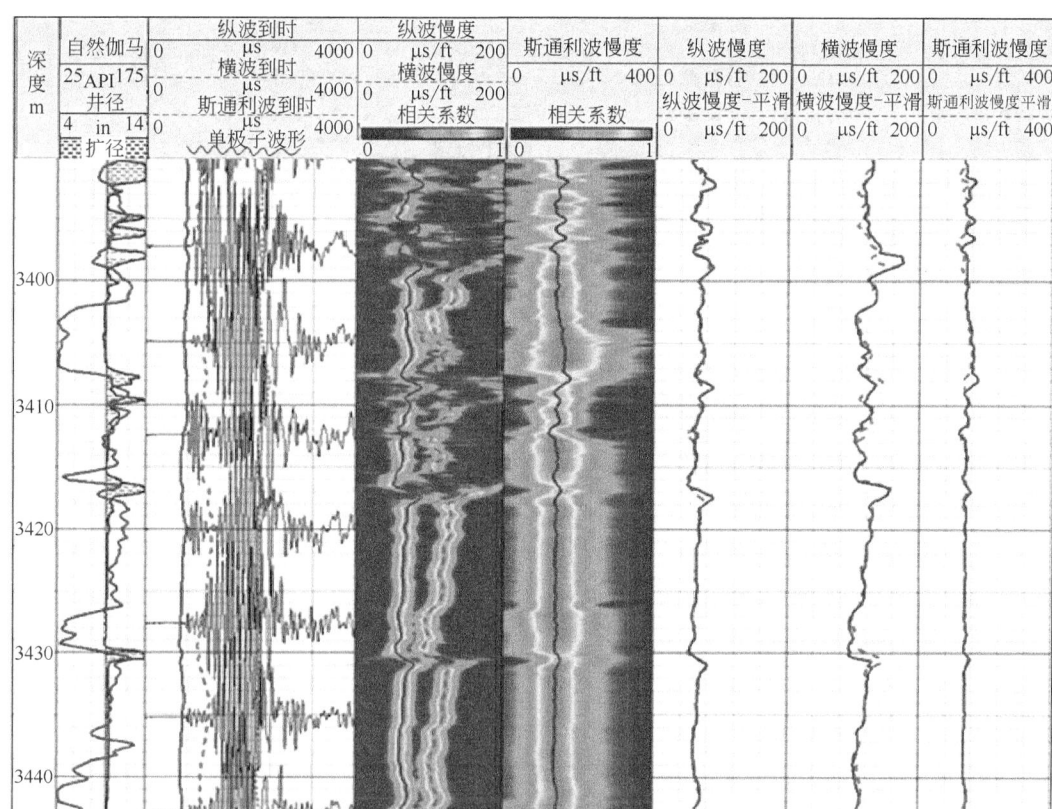

图 3.19　S97 井偶极声波测井资料中提取的三波慢度成果图(砂岩)

3. 测井曲线的井眼影响校正

井径的变化通常影响声波在井内的传播,扩径严重或者井壁很不规则时,会造成计算的慢度值明显偏大。对于这种情况,通过处理两种数据组合得到不同的慢度值,再进行平均,即可补偿井径不规则造成的影响。

如图 3.20 所示,对一个有 8 个接收器的阵列,图 3.20(a)表示子阵列组合是按声源的相继排列的位置形成的,称为共源组合,这种组合的数据称为接收器阵列。与此对应,如图 3.20(b)所示,也可以进行共接收器组合,从共接收器组合得到的声波阵列称为声源阵列。

图 3.21 表明为什么接收器阵列与声源阵列结果的平均可以用来补偿井径变换造成的影响。该图利用一个 8 个接收器阵列的例子,图的上半部分显示井径扩大的部分,测井仪器从该扩径部分的下面向上移动。当接收器进入扩径部分时,这些接收器上的波到时将会滞后,原因是波在井中流体内的传播距离加长(假设井中流体的声波速度小于地层的声波速度),其结果是由此计算的慢度(图中实线的斜率)值增大。相反,从相继声源位置组合得到的声源阵列将造成慢度估计值的下降。同样是流体造成的时间滞后将使声源阵列中波的偏移斜率变陡,结果使计算的慢度值变小。很显然,井径变小将造成接收器阵列的慢度值变小,而使声源阵列的慢度值变大,因此,二者的平均可以抵消或者减少井径变化对慢度计算的影响。

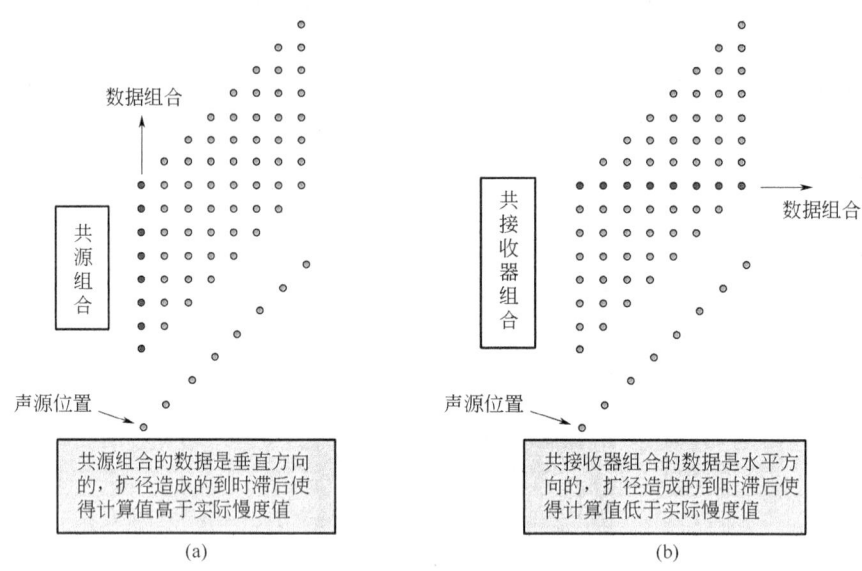

图 3.20 共源子阵列和共接收器子阵列的示意图

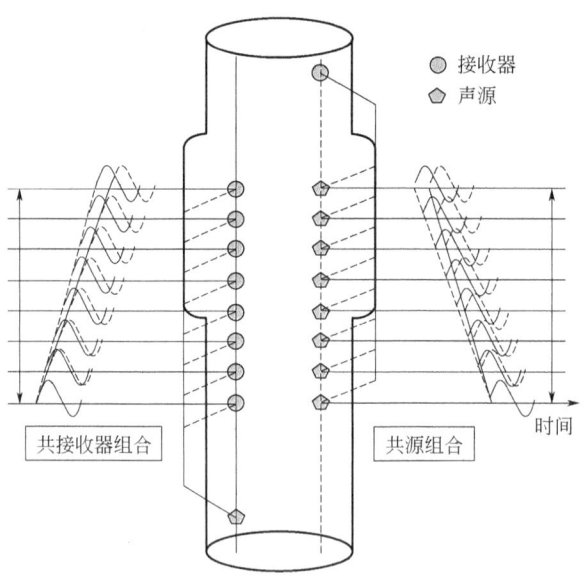

图 3.21 扩径造成的声波到时滞后示意图

图 3.22 给出了一个由井径变化造成的慢度变化及其校正的实例。图中用 STC 方法分别计算了共源组合和共接收器组合的时差，将二者平均后得到校正后时差。可以看出，在井径变化段，共源组合和共接收器组合得到的纵波慢度差别很大，因此，可以通过将这两条慢度曲线进行平均处理而得到一条经过井径补偿的慢度曲线。

4. 三波时差提取的质量控制分析

从阵列波形数据得到时差曲线后，要提供可靠的数据处理结果的质量监控方法。第一种监控方法是将由时差积分得到波的走时与实际波形进行对比，若两者波形趋势一致，说明已得到的时差曲线是正确的。

第二种质量监控方法是检验所得到的时差值与相干函数的极值所对应的时差值之间是否

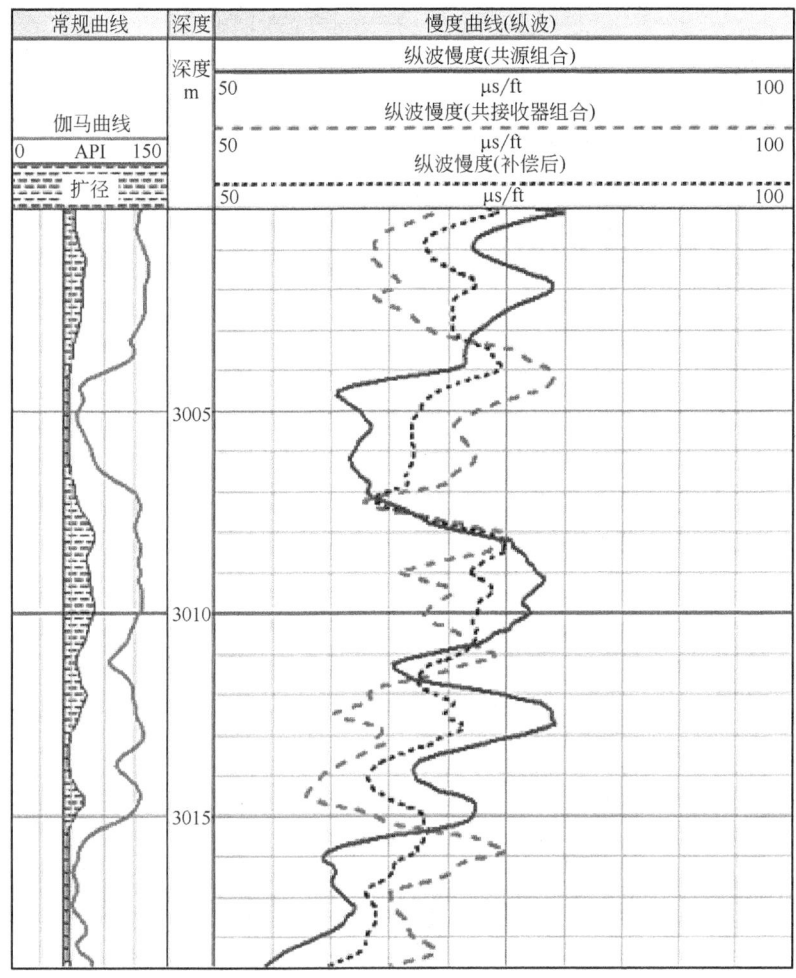

图 3.22 某井扩径校正示意图

重合。时差计算中的错误，通常出现在时差变化很大的区域或数据质量不好的地层，因此需要将二维的相关函数简化为一维变量的函数。相对于每个时差值获取整个时间范围内相关函数的极大值，就获得了一维的相干函数，即相关系数矩阵图（图3.23）。将计算得到的时差值与该相关图绘在一起，通常用变密度图给出，时差值与相关图上的峰值有偏差的地方就是时差提取有误的地方，需要进行校正。纵横波慢度反映了地层的抗压、抗剪等力学特性，因此准确提取纵横波慢度，为三模量和泊松比等岩石力学参数计算与地层各向异性分析提供重要参数。

5. 基于频散分析的偶极子横波时差提取方法

上面介绍的时间域内的阵列处理方法，如阵列波形相似方法和波形反演方法，都假设了所用声波没有频散（即声波处理窗口内波的传播速度不变）。事实上声波特别是偶极子声波，很多都是频散波列，利用波形相似方法得到的相关函数实际上是功率谱函数在频域上的加权平均后的能量。为了从偶极横波资料中得到地层实际的横波时差值，需要在提取时进行频散分析。

1）频散分析方法原理

利用井壁处的边界条件，可以将井内波动与井外地层中的波动连接起来。井壁处的边界

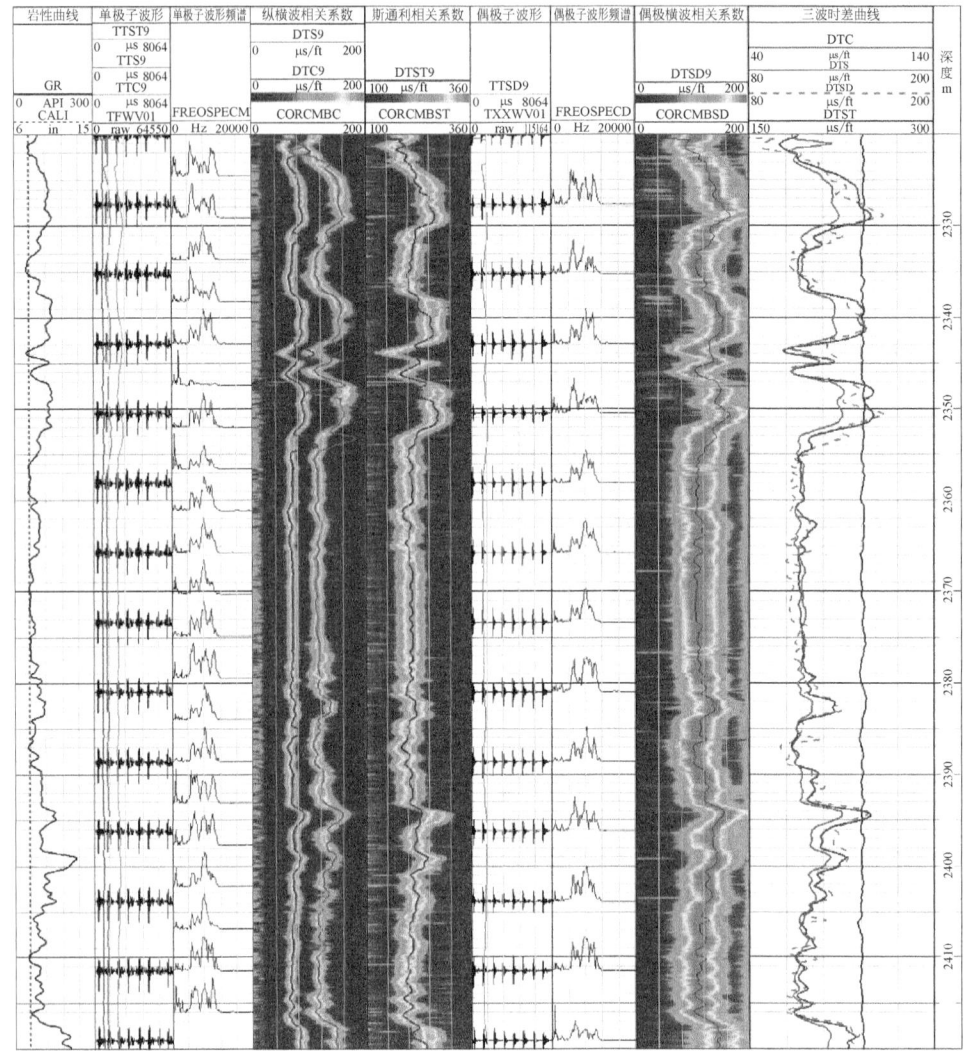

图 3.23 L375 井三波时差提取相关系数矩阵图

条件是径向位移和径向正应力连续,切向应力为零,如下式:

$$\begin{cases} u = u_f \\ \sigma_{rr} = \sigma_{rrf}, (r = R) \\ \sigma_{rz} = 0 \\ \sigma_{r\theta} = 0 \end{cases} \quad (3.13)$$

式中,u 和 u_f 分别为井壁外侧固体和内侧流体的径向位移;σ_{rr} 和 σ_{rrf} 分别为井壁外侧固体和内侧流体的法向应力;σ_{rz} 和 $\sigma_{r\theta}$ 为切向应力分量;R 是井的半径。利用上述边界条件,可以得到下面的矩阵方程:

$$\begin{bmatrix} M_{11} & M_{12} & M_{13} & M_{14} \\ M_{21} & M_{22} & M_{23} & M_{24} \\ M_{31} & M_{32} & M_{33} & M_{34} \\ M_{41} & M_{42} & M_{43} & M_{44} \end{bmatrix} \begin{bmatrix} A'_n \\ B_n \\ D_n \\ F_n \end{bmatrix} = \begin{bmatrix} u_f^d \\ \sigma_{rrf}^d \\ 0 \\ 0 \end{bmatrix} \quad (3.14)$$

则 A 可表示为

$$A(k,\omega) = \frac{u_\text{f}^\text{d} \det\boldsymbol{M}^{11} - \sigma_{rrf}^\text{d} \det\boldsymbol{M}^{21}}{\det\boldsymbol{M}} \tag{3.15}$$

式中，u_f^d 和 σ_{rrf}^d 分别为边界条件 $r=R$ 时的径向位移和径向正应力；A_n、B_n、D_n、F_n 分别为矩阵 $\boldsymbol{M}$ 的系数；det 表示矩阵 $\boldsymbol{M}$ 的行列式；矩阵 $\boldsymbol{M}^{ij}$ 是矩阵 $\boldsymbol{M}$ 的余矩阵，是把矩阵 $\boldsymbol{M}$ 去掉第 i 行、第 j 列得到的。式(3.14)中的极点由下式确定：

$$D(k,\omega) = \det\boldsymbol{M}(k,\omega) = 0 \tag{3.16}$$

式(3.16)称为周期方程，或者频散方程。给定频率 ω，该方程是相对于 k 的非线性方程，需用数值解。常用的牛顿—拉夫森(Newton-Raphson)数值解法如下：

(1) 选择一个初始频率 ω_s，并假定该频率下的波速 v_I 已知，因此，$k_\text{I} = \omega_s / v_\text{I}$。例如，计算偶极子挠曲波的频散曲线时，可以选择该振型的截止频率为初始频率，而初始波速可以选择横波波速 β。

(2) 如果 ω 处的解已知，将频率递增 $\Delta\omega$，利用线性外推得到 $k(\omega+\Delta\omega) = k(\omega) + \Delta\omega \dfrac{\text{d}k}{\text{d}\omega} = k(\omega) - \Delta\omega \left(\dfrac{\partial D}{\partial \omega}\right) \bigg/ \left(\dfrac{\partial D}{\partial k}\right)$，式中 D 相对于 ω 和 k 的偏微分可以用数值微商法(如有限差分)得到。

(3) 上面外推得到的结果可以作为方程的某一求根方法(如牛顿—拉夫森方法)的初始值，然后循环迭代，求出方程的根。

(4) 频率递增 $\Delta\omega$，重复第二步、第三步，直到找到整个频率范围内的全部 k 的根为止。

由于偶极子声波测井通常使用非频散方法处理，这样获得的慢度值实际上是慢度频散曲线在频域的加权平均值。挠曲波的频散曲线 $S(\omega)$ 与地层的横波慢度有关，因此可写成 $S(\omega, S_\text{s})$。从测井资料中获得井径、地层密度、纵波慢度等其他参数后，得到频散曲线 $S(\omega, S_\text{s})$ 和非频散方法获得的慢度值 S^* 之间的关系式为

$$S^* = \frac{\int_0^{+\infty} S(\omega, S_\text{s}) \omega^2 A^2(\omega) \text{d}\omega}{\int_0^{+\infty} \omega^2 A^2(\omega) \text{d}\omega} \tag{3.17}$$

如果没有频散 $[S(\omega, S_\text{s}) = S_\text{s}]$，那么 S^* 应该是所要求的横波慢度 S_s。对于挠曲波来说，慢度 $S(\omega, S_\text{s})$ 随频率增加，因此 S^* 永远大于 S_s。二者之差称为由偶极子横波测井所得慢度值的频散效应。该频散效应可以用方程(3.17)来校正，步骤如下：

① 处理阵列偶极子声波数据得到 S^*；

② 计算声波频谱 $A(\omega)$。在 $A(\omega)$ 的频率范围内对 $\omega^2 A^2(\omega)$ 积分，计算方程(3.17)中的分母；

③ 取一个横波慢度值 S_s(例如，作为初始值，可以取 $S_\text{s} = S^*$)，计算频散曲线 $S(\omega, S_\text{s})$；

④ 对 $S(\omega, S_\text{s})$ 加权 $\omega^2 A^2(\omega)$，然后在 $A(\omega)$ 的频率范围内积分。将此积分值用第二步中得到的分母去除，然后令其与 S^* 相等；

⑤ 重复第三步、第四步，一直到式(3.17)成立，然后输出 S_s，此值即可视为地层的横

波慢度。

2) 利用频散分析方法提取偶极横波时差结果

图 3.24 显示对于有频散的偶极子横波,不做频散校正的 STC 方法提取横波时差(虚线),高于 DSTC 校正求得的地层实际横波时差值(实线)。

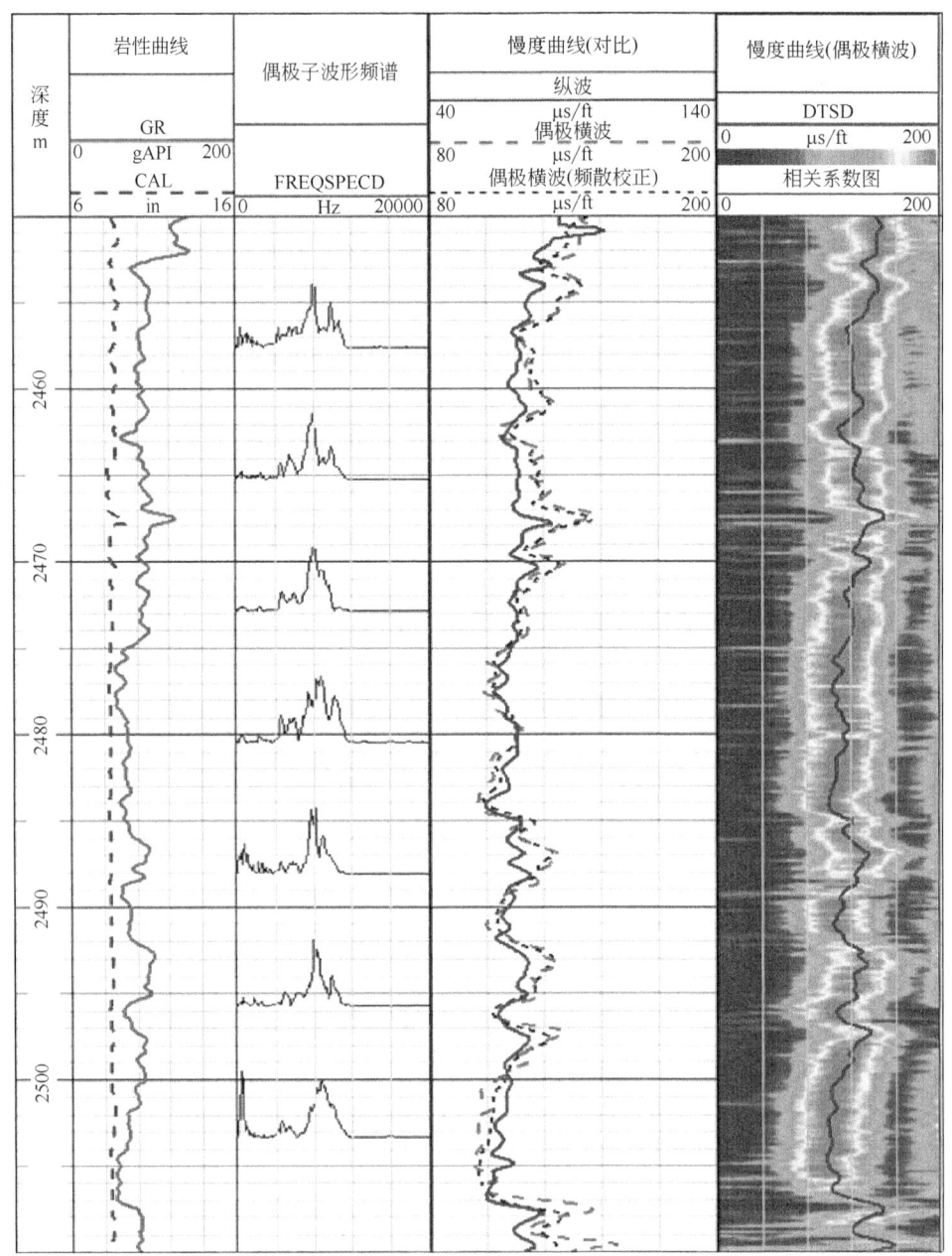

图 3.24 L375 井(2450~2510m)频散校正提取的声波结果

6. 斯通利波波场分离方法

斯通利波是评价储层渗透性及裂缝的有效手段之一。与核磁测井相比,斯通利波测速快,同时斯通利波既能探测地层骨架渗透率又能探测裂缝渗透率,而核磁渗透率主要反映地层骨架的渗透性，大大低估了裂缝的渗透性。斯通利波在渗透性（或裂缝性）地层传播时会被衰减和反射，同时还发生频散，这些变化与地层的弹性、渗透率、裂缝等有关。

斯通利波是一种沿井壁传播的、在井壁与测井仪之间环状空间中的流体（钻井液）中产生的低频散导波，其速度略低于井中流体波速（一般为流体声速 v_f 的 0.89~0.96 倍）。井眼斯通利波受很多因素控制，如测量系统、地层弹性形变及流体迁移特性。由于斯通利波是一种井眼流体导波，因此对井眼流体和测井仪器（仪器尺寸和硬度）很敏感。同时它对地层的弹性也很敏感，尤其是剪切刚度。除此之外，当地层具有渗透性时，井眼和地层之间的流体交换会改变斯通利波的传播特性，如降低斯通利波速度（增加斯通利波慢度），并且引起斯通利波的衰减和频移。

在渗透性地层中，地层渗透率越大，孔隙度越大、地层流体的黏性越小且可压缩性越大，在井壁附近地层中的流体受迫流动就越明显，斯通利波衰减也就越显著。虽然总衰减还包括了流体和岩层黏弹性造成的固有衰减，但是对于低频斯通利波而言，渗透性对其衰减的影响要大得多，所以可以通过斯通利波衰减来分析地层渗透性。另外，斯通利波相速度与地层渗透性也有关系，地层渗透率增大，相速度降低，频散增加；斯通利波频率越低，相速度和地层渗透率关系越密切。因为相速度在渗透带和其围岩中不同，所以斯通利波在渗透率突变界面将产生反射现象，反射波幅度决定于渗透率变化。与井壁相交的裂缝可以看作是特殊的渗透性异常带，具有渗透性突变界面，其宽度以及内部填充物的渗透性决定了反射斯通利波的幅度。反之可通过反射斯通利波的相对能量或者反射系数分析裂缝。

在完整的声波全波列中，首波一般是纵波，其次是横波，再后则是由伪瑞利波、斯通利波及一些多次反射波等组成的后续波。与纵波、横波一样，斯通利波中也携带着大量地层信息。在全波列声波测井的变密度记录图上常会出现由地层裂缝引起的反射斯通利波形成的V形波纹（图 3.25，图 3.26）。由于后续波中各种波之间存在相互叠加和干扰，需要进行斯通利波波场分离，分离出直达波、上行反射波和下行反射波。

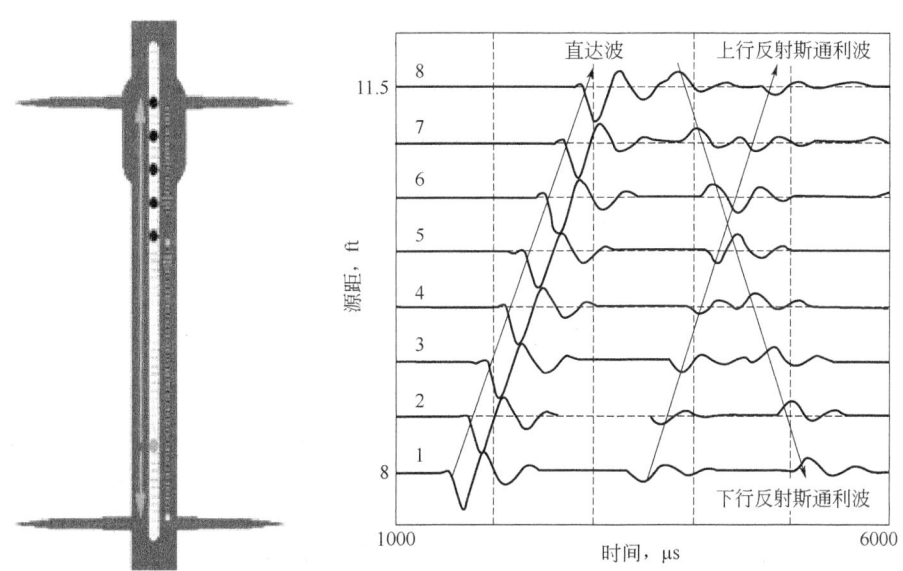

图 3.25　裂缝性地层的理论斯通利波测井图（同源接收阵列）

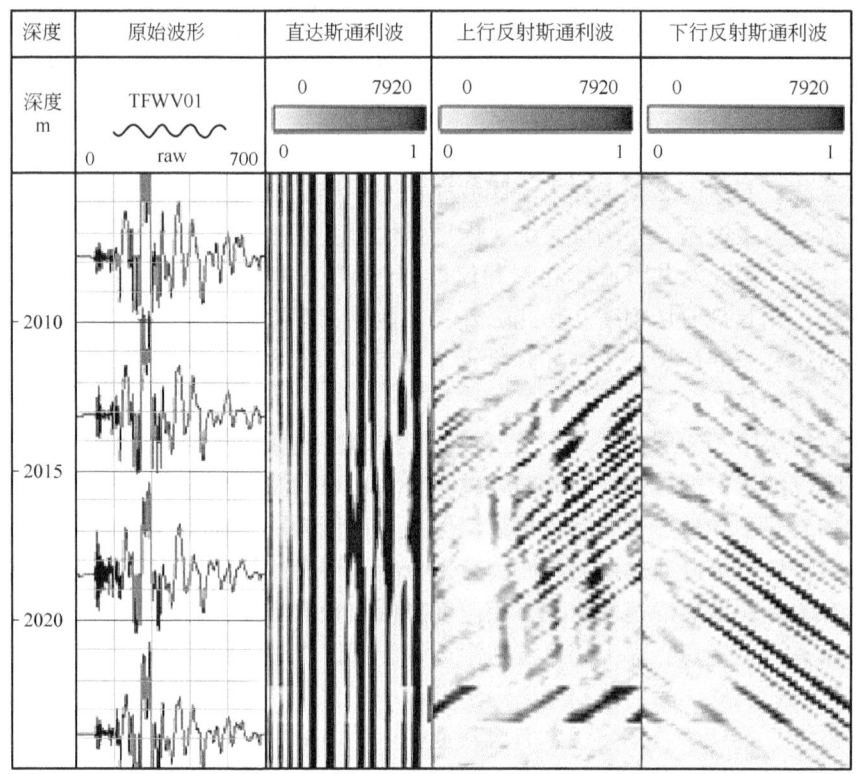

图 3.26 实测斯通利波变密度图

在综合分析现有方法基础上,总结了一条波场分离路线。首先应用频率域滤波技术对单极声波全波测井资料进行处理,提取斯通利波信息;然后采用中值滤波方法分离直达斯通利波与反射斯通利波;再采用 $F—K$ 滤波来分离反射斯通利波波形,获取上行反射斯通利波和下行反射斯通利波。

1) 斯通利波波形提取

斯通利波较其他模式波具有频率最低的特征。为了对斯通利波进行准确分析,必须将斯通利波从全波列中分离出来。可以利用低通滤波器来滤除声波全波列记录中频率较高的纵波、横波和伪瑞利波,从而得到所需的低频斯通利波波形。以 WAVESONIC 和 XMAC 两种全波列测井系列为例,斯通利波能量主要集中在低频段(图 3.27),且斯通利波处于伪瑞利波的频段之中,若声源中心频率选得较高,伪瑞利波能量增大,而斯通利波能量降低,从而降低了斯通利波的信噪比。因此,声源中心频率选得低一点,有利于斯通利波信息的提取。实测波形频谱分析图以 2~2.5kHz 作为低通滤波器的上限频率,纵波、横波和后续波中的高频成分波均被滤掉,而低频斯通利波(直达波和反射波)被完整保留。

2) 直达波与反射斯通利波分离

经低通滤波后的斯通利波中包括直达波和反射波两部分。为了更好地研究斯通利波特性与地层渗透性之间的关系,需对直达斯通利波和反射斯通利波进行分离,消除后续计算中直达波与反射波的相互干扰。

在测井仪器提升过程中,接收器与地层裂缝之间的距离不断发生变化,反射斯通利波的到达时间将随之变化,因此在波形记录剖面上其同相轴呈现为"V"形;而直达斯通利波则几乎在同一时刻到达,其同相轴呈现为一条近似垂直线。根据这一特点,采用中值滤波的方

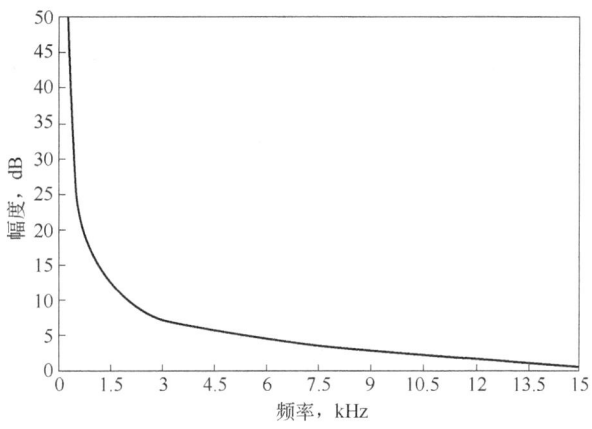

图 3.27 斯通利波频域响应曲线

法分离直达斯通利波和反射斯通利波。具体实现过程为：

(1) 根据实际的波形—深度剖面，选择合适的中值滤波跨度参数 $N(N=9\sim15)$；

(2) 以某一深度点为中心，读取 N 条相邻深度点的波形记录，构成一组序列；

(3) 在每个时间采样点上，对 N 条波形的振幅进行排序，并以排序后的中间幅度值作为输出，得到的就是当前深度点的中值滤波结果；

(4) 改变深度点，读取下一组波形，并进行同样的处理，直到全部深度点处理完成。

经过中值滤波处理后，可获得直达斯通利波，而反射斯通利波被滤除。将中值滤波前后的波形相减，就可得到反射斯通利波。

3) 上行反射斯通利波和下行反射斯通利波的分离

依据上行反射斯通利波和下行反射斯通利波具有不同的视速度，可将二者分离开。随着深度变化，由于上行反射斯通利波和下行反射斯通利波到达时间的变化规律不同，其视速度将分别表现为"正速度"和"负速度"。采用频率—波数域滤波等方法来分离这两种速度符号相反的波，从而达到波场分离的目的。

频率—波数域滤波是通过对反射斯通利波资料进行二维傅里叶变换，将波形从深度—时间域变换到频率—波数域。变换公式为

$$G(k,f) = \int_{-\infty}^{+\infty}\int_{-\infty}^{+\infty} g(z,t)\mathrm{e}^{-\mathrm{i}(2\pi kz+2\pi ft)}\mathrm{d}z\mathrm{d}t \tag{3.18}$$

式中，$g(z,t)$ 为时间域的波形信号，是深度 z 和时间 t 的二元函数；$G(k,f)$ 为 $g(z,t)$ 的二维频谱，是波数 k 和频率 f 的函数。

在频率—波数域中，由于上行反射斯通利波与下行反射斯通利波对应的视速度符号相反，处于不同的区域，因而对需要滤除的部分进行衰减，使其能量被压制，而其他波则不受影响，然后进行二维傅里叶反变换，使之回到深度—时间域，即可得到所需要的结果。

频率—波数域滤波分离上行、下行反射斯通利波的步骤如下：首先对反射斯通利波资料作二维傅里叶变换，将深度—时间域的数据变换到频率—波数域；其次对给出的频率—波数域数据作滤波处理，负半平面的数据乘以衰减系数达到衰减上行反射斯通利波，而正半平面的下行反射斯通利波保持不变，对滤波后数据作二维傅里叶反变换，变回到深度—时间域，从而获得下行反射斯通利波；最后对第一步给出的数据做滤波处理，正半平面的数据乘以衰减系数达到衰减下行反射斯通利波，上行反射斯通利波保持不变，对滤波后数据做二维傅里

叶反变换，变回到深度—时间域，从而得到上行反射斯通利波。

图 3.28 给出了 Z16 井利用频率—波数滤波方法分离的上行反射斯通利波和下行反射斯通利波，上行反射斯通利波与下行反射斯通利波已经从反射斯通利波中分离开，表明该方法的适用性和正确性。

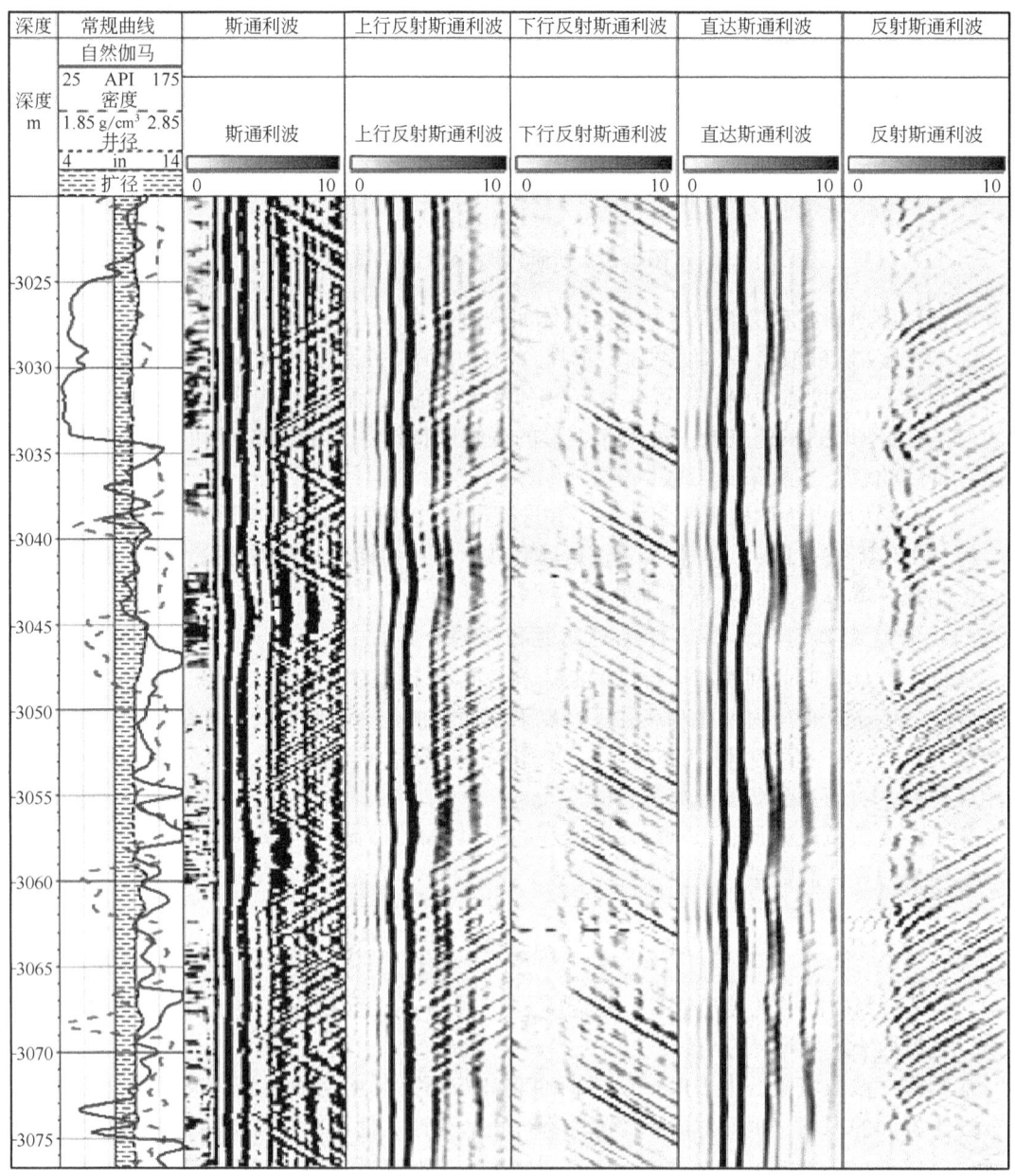

图 3.28　Z16 井上行反射斯通利波和下行反射斯通利波分离成果图

3.2.4　各向异性地层的岩石力学参数计算

岩石各向异性是指其某种物理性质随空间方向不同表现出差异的性质，通常以水平方向和垂直方向的物理性质变化来衡量。造成岩石各向异性的因素很多，如岩性的变化、孔隙结构的方向性以及某种物质定向排列和分布、弱结构面等都将引起各向异性等。地层岩石力学各向异性指的是在水平方向和垂直方向、最大水平主应力方向与最小水平主应力方向等方位上的岩石力学性质及其表征参数有明显的差异。

1. 各向异性刚度系数的测试分析

从全直径岩心中按照与其对称轴呈平行、垂直及45°这三个方向钻取柱塞样品，进行声学参数测量（图3.29），并计算其各向异性刚度系数，进而计算杨氏模量、泊松比、纵波和横波各向异性系数等参数。TIV各向异性地层是具有垂向对称轴的横向各向同性地层，其刚度矩阵参数 $C_{11}=C_{22}$，$C_{44}=C_{55}$，$C_{21}=C_{12}$，$C_{31}=C_{13}=C_{32}=C_{23}$，从而将刚度参数矩阵简化。

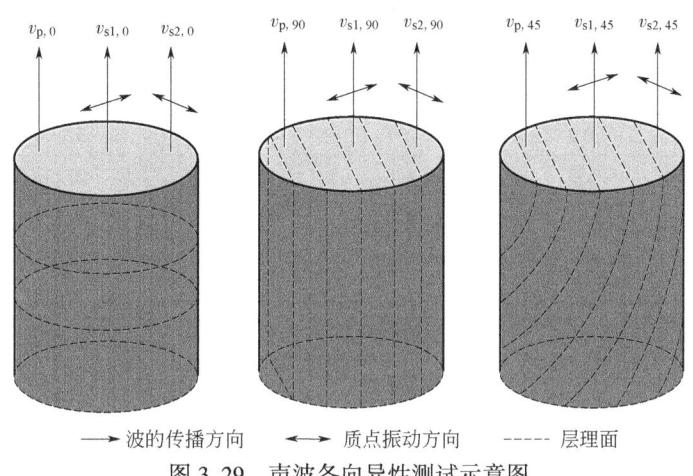

图 3.29 声波各向异性测试示意图

5个独立的刚度系数表达式为

$$\begin{cases} C_{11}=\rho v_{p,90}^2 \\ C_{33}=\rho v_{p,0}^2 \\ C_{44}=\rho v_{s1,90}^2 \\ C_{66}=\rho v_{s2,90}^2 \\ C_{13}=-C_{44}+\sqrt{(C_{11}+C_{44}-2\rho v_{p,45}^2)(C_{33}+C_{44}-2\rho v_{p,45}^2)} \end{cases} \quad (3.19)$$

式中，ρ 为岩石密度，g/cm³；v 为传播速度，km/s；C_{11} 为横向传播的纵波刚度，GPa；C_{33} 为沿井轴传播的纵波刚度，GPa；C_{44} 和 C_{55} 为沿井轴纵向传播的横波刚度，GPa；C_{66} 为横向传播的横波刚度，GPa。

纵波各向异性系数公式为

$$\varepsilon=\frac{C_{11}-C_{33}}{2C_{33}} \quad (3.20)$$

横波各向异性系数公式为

$$\gamma=\frac{C_{66}-C_{44}}{2C_{44}} \quad (3.21)$$

表3.1为5块岩样的纵横波速测量及刚度系数结果，从数据可以看出，$C_{11}>C_{33}>C_{66}>C_{44}$，这与实际物理意义相符。$C_{11}$ 表征水平方向正应力与相同方向正应变之间的相关性；C_{33} 表征垂直方向正应力与相同方向正应变之间的相关性；C_{44} 表征垂直方向剪应力与相同

方向剪应变之间的相关性；C_{66} 表征水平方向剪应力与相同方向剪应变之间的相关性。

表 3.1　岩样的纵横波波速测量及刚度系数与各向异性系数计算

参数	岩样编号				
	1-23-20	1-23-55	8-11-38	8-13-58	6-17-56
密度，g/cm^3	2.418	2.427	2.409	2.417	2.657
$v_{p,90}$，km/s	3.864	3.810	3.872	3.639	4.811
$v_{p,0}$，km/s	2.854	3.326	3.205	3.403	4.119
$v_{p,45}$，km/s	2.306	2.475	2.395	2.425	3.012
$v_{s2,90}$，km/s	2.363	2.502	2.424	2.426	3.097
$v_{s1,90}$，km/s	1.679	2.388	2.052	2.314	2.820
C_{11}，GPa	36.102	35.231	36.117	32.007	61.498
C_{22}，GPa	36.102	35.231	36.117	32.007	61.498
C_{33}，GPa	19.695	26.848	24.745	27.990	45.079
C_{44}，GPa	6.816	13.840	10.144	12.942	21.130
C_{55}，GPa	6.816	13.840	10.144	12.942	21.130
C_{66}，GPa	13.502	15.193	14.155	14.225	25.484
C_{12}，GPa	9.099	4.845	7.807	3.556	10.529
C_{13}，GPa	5.731	0.714	1.479	1.432	3.760
ε	0.417	0.156	0.230	0.071	0.182
γ	0.490	0.049	0.198	0.050	0.103

2. 地层岩石力学各向异性分类

用来描述地层岩石对称性常见类型有三个，即各向同性、横向各向同性、正交各向异性。研究最广泛的是横向各向同性（transverse isotropy，TI）介质，按照对称轴与地面的关系，可将 TI 介质分为 VTI、HTI 和 TTI 三种类型。如图 3.30 所示，由水平层理（或裂缝）等所引起的各向异性介质，具有水平方向各向同性和垂直方向各向异性的特点，称为具有垂直对称轴的横向各向同性（TIV）介质。由垂向裂缝（或层理）引起的各向异性介质，垂向层理面上各向同性，垂直于层理面方向上显示各向异性，称为具有水平对称轴的横向各向同性（TIH）介质。若对称轴倾斜则为 TTI 介质。若三个方向的性质均不同，则称为正交各向异性（ORT）。

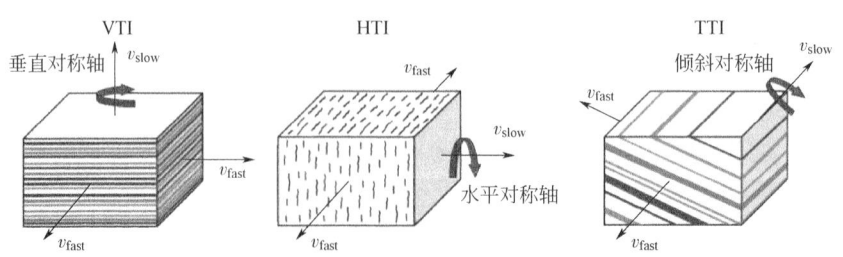

图 3.30　常见的 VTI、HTI 和 TTI 各向异性岩石模型示意图

根据三维各向异性岩石力学中的刚度系数（属于剪切模量）的大小，来判断地层岩石的各向异性类型。

根据刚度系数 C_{44}、C_{55} 和 C_{66} 的大小，可判断地层的各向异性类型。其规则为：

(1) 各向同性地层：$C_{44} = C_{55} = C_{66}$。
(2) TIV 各向异性地层：$C_{44} = C_{55} < C_{66}$。
(3) TIH 各向异性地层：$C_{55} = C_{66} < C_{44}$。
(4) ORT 各向异性地层，目前还不能求解。但可根据 $(C_{44}+C_{55})/2$ 平均值近似判断。若 $(C_{44}+C_{55})/2 < C_{66}$，则近似 TIV 各向异性地层；若 $(C_{44}+C_{55})/2 > C_{66}$，则近似 TIH 各向异性地层。

这些刚度系数（单位为 GPa）实际上就是岩石的纵向剪切模量、横向剪切模量，可以根据岩石体积密度值与各向异性对称轴（相当井轴）相关的不同方向传播的纵波波速、横波波速的乘积来计算，如图 3.31 所示。

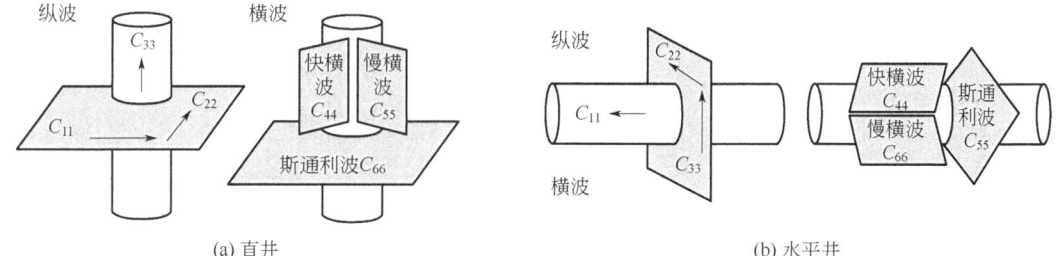

(a) 直井　　　　　　　　　　　　　　(b) 水平井

图 3.31　沿与各向异性对称轴平行、垂直的纵横波传播及刚度系数的空间分布

3. 基于刚度系数的各向异性杨氏模量和泊松比计算

由水平层理（或裂缝）等所引起的各岩石内任意一点处的应力—应变关系可以表示为

$$\sigma_{ij} = C_{ijkl}\varepsilon_{kl} \tag{3.22}$$

用张量的形式可以表示为

$$\begin{bmatrix} \sigma_{xx} \\ \sigma_{yy} \\ \sigma_{zz} \\ \tau_{yz} \\ \tau_{xz} \\ \tau_{xy} \end{bmatrix} = \begin{bmatrix} C_{11} & C_{12} & C_{13} & C_{14} & C_{15} & C_{16} \\ C_{21} & C_{22} & C_{23} & C_{24} & C_{25} & C_{26} \\ C_{31} & C_{32} & C_{33} & C_{34} & C_{35} & C_{36} \\ C_{41} & C_{42} & C_{43} & C_{44} & C_{45} & C_{46} \\ C_{51} & C_{52} & C_{53} & C_{54} & C_{55} & C_{56} \\ C_{61} & C_{62} & C_{63} & C_{64} & C_{65} & C_{66} \end{bmatrix} \begin{bmatrix} \varepsilon_{xx} \\ \varepsilon_{yy} \\ \varepsilon_{zz} \\ \varepsilon_{yz} \\ \varepsilon_{xz} \\ \varepsilon_{xy} \end{bmatrix} \tag{3.23}$$

式中，[C] 为刚度矩阵。可以看出，如果是完全各向异性岩石，其刚度矩阵由 36 个弹性常数所组成，根据弹性应变能原理，刚度 [C] 矩阵是一个对称矩阵，则 36 个弹性常数中，只有 21 个弹性常数为独立项。

同理可得，岩石内任意一点处的应变—应力关系，可以表示为

$$\begin{bmatrix} \varepsilon_{xx} \\ \varepsilon_{yy} \\ \varepsilon_{zz} \\ \varepsilon_{yz} \\ \varepsilon_{xz} \\ \varepsilon_{xy} \end{bmatrix} = \begin{bmatrix} S_{11} & S_{12} & S_{13} & S_{14} & S_{15} & S_{16} \\ S_{21} & S_{22} & S_{23} & S_{24} & S_{25} & S_{26} \\ S_{31} & S_{32} & S_{33} & S_{34} & S_{35} & S_{36} \\ S_{41} & S_{42} & S_{43} & S_{44} & S_{45} & S_{46} \\ S_{51} & S_{52} & S_{53} & S_{54} & S_{55} & S_{56} \\ S_{61} & S_{62} & S_{63} & S_{64} & S_{65} & S_{66} \end{bmatrix} \begin{bmatrix} \sigma_{xx} \\ \sigma_{yy} \\ \sigma_{zz} \\ \tau_{yz} \\ \tau_{xz} \\ \tau_{xy} \end{bmatrix} \tag{3.24}$$

式中，[S] 为柔度矩阵，也是一个对称矩阵，具有 21 个独立的弹性常数。

当岩石中存在一个弹性对称面时，假设 z 轴垂直于对称面，则有

$$\begin{bmatrix} \varepsilon_{xx} \\ \varepsilon_{yy} \\ \varepsilon_{zz} \\ \varepsilon_{yz} \\ \varepsilon_{xz} \\ \varepsilon_{xy} \end{bmatrix} = \begin{bmatrix} S_{11} & S_{12} & S_{13} & 0 & 0 & S_{16} \\ S_{21} & S_{22} & S_{23} & 0 & 0 & S_{26} \\ S_{31} & S_{32} & S_{33} & 0 & 0 & S_{36} \\ 0 & 0 & 0 & S_{44} & S_{45} & 0 \\ 0 & 0 & 0 & S_{54} & S_{55} & 0 \\ S_{61} & S_{62} & S_{63} & 0 & 0 & S_{66} \end{bmatrix} \begin{bmatrix} \sigma_{xx} \\ \sigma_{yy} \\ \sigma_{zz} \\ \tau_{yz} \\ \tau_{xz} \\ \tau_{xy} \end{bmatrix} \quad (3.25)$$

由式(3.25)可以看出,独立的弹性常数项由 21 项,减少为 13 项。

对于正交各向异性体(ORT),其胡克定律可以表示为

$$\begin{bmatrix} \varepsilon_{xx} \\ \varepsilon_{yy} \\ \varepsilon_{zz} \\ \varepsilon_{yz} \\ \varepsilon_{xz} \\ \varepsilon_{xy} \end{bmatrix} = \begin{bmatrix} S_{11} & S_{12} & S_{13} & 0 & 0 & 0 \\ S_{21} & S_{22} & S_{23} & 0 & 0 & 0 \\ S_{31} & S_{32} & S_{33} & 0 & 0 & 0 \\ 0 & 0 & 0 & S_{44} & 0 & 0 \\ 0 & 0 & 0 & 0 & S_{55} & 0 \\ 0 & 0 & 0 & 0 & 0 & S_{66} \end{bmatrix} \begin{bmatrix} \sigma_{xx} \\ \sigma_{yy} \\ \sigma_{zz} \\ \tau_{yz} \\ \tau_{xz} \\ \tau_{xy} \end{bmatrix} \quad (3.26)$$

从式(3.26)可以发现,独立的弹性常数项由 13 项,减少为 9 项。

对于横观各向同性岩石,其存在一个弹性对称轴,假设弹性对称轴为 z 轴,在垂直于弹性对称轴的平面内各个力学参数都相同,其胡克定律可以表示为

$$\begin{bmatrix} \varepsilon_{xx} \\ \varepsilon_{yy} \\ \varepsilon_{zz} \\ \varepsilon_{yz} \\ \varepsilon_{xz} \\ \varepsilon_{xy} \end{bmatrix} = \begin{bmatrix} S_{11} & S_{12} & S_{13} & 0 & 0 & 0 \\ S_{21} & S_{22} & S_{23} & 0 & 0 & 0 \\ S_{31} & S_{32} & S_{33} & 0 & 0 & 0 \\ 0 & 0 & 0 & S_{44} & 0 & 0 \\ 0 & 0 & 0 & 0 & S_{55} & 0 \\ 0 & 0 & 0 & 0 & 0 & S_{66} \end{bmatrix} \begin{bmatrix} \sigma_{xx} \\ \sigma_{yy} \\ \sigma_{zz} \\ \tau_{yz} \\ \tau_{xz} \\ \tau_{xy} \end{bmatrix} \quad (3.27)$$

并且有

$$S_{11} - S_{12} - 0.5 S_{66} = 0 \quad (3.28)$$

由式(3.27)和式(3.28)可以看出,独立的弹性常数项变为 5 个。

将柔度矩阵用弹性模量和泊松比表示,则可得

$$\begin{bmatrix} \varepsilon_{xx} \\ \varepsilon_{yy} \\ \varepsilon_{zz} \\ \varepsilon_{yz} \\ \varepsilon_{xz} \\ \varepsilon_{xy} \end{bmatrix} = \begin{bmatrix} \dfrac{1}{E_h} & -\dfrac{\nu_h}{E_h} & -\dfrac{\nu_v}{E_v} & 0 & 0 & 0 \\ -\dfrac{\nu_h}{E_h} & \dfrac{1}{E_h} & -\dfrac{\nu_v}{E_v} & 0 & 0 & 0 \\ -\dfrac{\nu_v}{E_v} & -\dfrac{\nu_v}{E_v} & \dfrac{1}{E_v} & 0 & 0 & 0 \\ 0 & 0 & 0 & \dfrac{1}{G_v} & 0 & 0 \\ 0 & 0 & 0 & 0 & \dfrac{1}{G_v} & 0 \\ 0 & 0 & 0 & 0 & 0 & \dfrac{2(1+\nu_h)}{E_h} \end{bmatrix} \begin{bmatrix} \sigma_{xx} \\ \sigma_{yy} \\ \sigma_{zz} \\ \tau_{yz} \\ \tau_{xz} \\ \tau_{xy} \end{bmatrix} \quad (3.29)$$

其中

$$\frac{1}{G_v} = \frac{1}{E_h} + \frac{1}{E_v} + 2\frac{\nu_v}{E_v} \tag{3.30}$$

式中，E_h 为水平方向的弹性模量，GPa；E_v 为垂直方向上的弹性模量，GPa；ν_h 为施加水平应力时水平应变的泊松比；ν_v 为施加垂直应力时水平应变的泊松比；G_v 为垂直平面的剪切模量，GPa。通过对刚度矩阵进行求解，可得到如下关系式：

$$E_v = C_{33} - 2\frac{C_{13}^2}{C_{11} + C_{12}} \tag{3.31}$$

$$E_h = \frac{C_{11}^2 C_{33} - C_{12}^2 C_{33} - 2C_{11}C_{13}^2 + 2C_{12}C_{13}^2}{C_{11}C_{33} - C_{13}^2} \tag{3.32}$$

$$\nu_v = \frac{C_{13}}{C_{11} + C_{12}}; \nu_h = \frac{C_{12}C_{33} - C_{13}^2}{C_{11}C_{33} - C_{13}^2} \tag{3.33}$$

刚度矩阵中的弹性参数可以用不同方向的声波速度（km/s）及体积密度来计算，所需的声波数据包括：平行于层理面的纵波速度 v_{ph}，垂直于层理面的纵波速度 v_{pv}，平行于层理面的横波速度 v_{sh}，垂直于层理面的横波速度 v_{sv}，与地层层理面呈 45° 的纵波速度 v_{45p} 或横波速度 v_{45s}，岩石体积密度 ρ，g/cm³，则计算的刚度模量 C 的单位为 GPa。

在已知上述参数后，便可求得刚度矩阵中的各个弹性参数为

$$C_{11} = \rho v_{ph}^2 \quad C_{33} = \rho v_{pv}^2 \quad C_{44} = \rho v_{sv}^2 \quad C_{66} = \rho v_{sh}^2 \tag{3.34}$$

$$C_{13} = -C_{44} + \sqrt{(C_{11} + C_{44} - 2\rho v_{45p}^2)(C_{33} + C_{44} - 2\rho v_{45p}^2)} \tag{3.35}$$

$$C_{12} = C_{11} - 2C_{66} \tag{3.36}$$

当缺少与地层层理面呈 45° 的纵波速度 v_{45p} 或横波速度 v_{45s} 数据时，通过其他与层理面呈任意角度的纵波 $v_{\theta p}$ 或横波速度 $v_{\theta s}$ 来计算 C_{13}，其表达式为

$$C_{13} = -C_{44} + \frac{\sqrt{(\sin^2\theta C_{11} + \cos^2\theta C_{44} - \rho v_{\theta p}^2)(\cos^2\theta C_{33} + \sin^2\theta C_{44} - \rho v_{\theta p}^2)}}{\sin\theta\cos\theta} \tag{3.37}$$

或

$$C_{13} = -C_{44} + \frac{\sqrt{(\sin^2\theta C_{11} + \cos^2\theta C_{44} - \rho v_{\theta s}^2)(\cos^2\theta C_{33} + \sin^2\theta C_{44} - \rho v_{\theta s}^2)}}{\sin\theta\cos\theta} \tag{3.38}$$

从阵列声波测井资料或不同角度岩心声波实验资料中，获取各个方向上的纵横波时差（或波速）数据，结合测井密度或岩心密度数据，代入上述公式，便可以求得各向异性地层的弹性参数。该方法对阵列声波测井或取心要求较高，需要获得不同传播方向（角度）的声波速度参数。

3.2.5 地质及工程应用

偶极横波成像测井资料应用包括气层识别、裂缝识别、地层渗透率估算、地层各向异性评价和岩石力学性质分析。

1. 气层识别

由于纵波在气层的慢度增加，横波慢度（时差）却变化极小，因此可以利用纵横波速度比（v_p/v_s）在气层变小，即泊松比变小的特点进行气层的识别。偶极横波成像测井资料评价

气层的优势表现在：提供了丰富的地层声波传播速度信息，反映地层骨架和流体；提供了丰富的储层声学信息，包括：v_p、v_s 等运动学参数；弹性力学参数，如泊松比、压缩系数、杨氏模量等；频谱信息，如主频、带宽等。优点是避开了地层电阻率大小和放射性差异的影响。

2. 地层各向异性及裂缝评价

对于偶极横波成像测井波形信号，裂缝会导致波形速度的各向异性，根据裂缝发育类型的不同，纵波、横波的衰减程度也将会有所不同。通过偶极横波成像测井分析各向异性对识别裂缝、评价有效性有很大帮助。

偶极横波成像测井在裂缝倾角识别中具有优势，偶极横波成像测井测量的纵波、横波在裂缝处传播时，会有不同程度的衰减。当裂缝为水平或者垂直时，裂缝对横波幅度的衰减大于对纵波幅度的衰减；而当裂缝为中高角度时，裂缝对纵波幅度的衰减大于对横波幅度的衰减。可以通过以上规律，来识别裂缝倾角。

偶极横波成像测井可用于压裂效果评价。如图 3.32 所示，可将压裂前后的横波各向异性变化进行对比分析，进而确定压裂缝高度，达到评价压裂效果的目的。一般情况下，如果套管井中横波各向异性相比裸眼井由无到有或者明显增强，表示储层被成功压裂产生裂缝，此时通过上下各向异性分布的深度范围分析压裂缝高度，反之则可能指示储层改造失败。

3. 岩石力学性质分析

常用的岩石力学参数主要包括泊松比 ν、杨氏模量 E、剪切模量 G、体积模量 K_b、体积压缩系数 C_b 等，利用纵横波时差和密度等测井曲线计算这些参数的公式见表 3.2。对于岩石弹性力学参数的计算，前提是要从 DSI、XAMC、WS 等测井资料中准确地提取岩石纵波时差和横波时差。

3.2.6 现场实例

1. 偶极横波成像测井识别气层方法研究

1）利用纵波、横波速度比识别气层

当岩石中饱和密度大的石油时，对纵波、横波时差的影响小；而当岩石中饱和天然气时，纵波横波速度比有明显变小的趋势。因此，通过由偶极声波成像测井资料获得的纵波横波速度比与水层岩石纵波横波速度比进行比较，可直观指示油气层。

2）利用纵波慢度差识别气层

可以根据纵波慢度差 DTC-DTC0 的大小来识别气层。根据现有的岩石物理实验数据，可得出工区不同含气饱和度下的地层横波—纵波时差的转换关系式，例如三种含气饱和度 S_g（0%、20%、80%）下的横波—纵波时差转换公式如下：

$$\begin{aligned} \text{DTC0} &= 124.39\ln(\text{DTS}) - 528.75 \\ \text{DTC20} &= 164.85\ln(\text{DTS}) - 763.92 \\ \text{DTC80} &= 203.74\ln(\text{DTS}) - 944.04 \end{aligned} \quad (3.39)$$

以 DTC0 为水层纵波时差基准值，根据纵波慢度的差异大小可半定量识别气层。当地层含气时，其纵波时差 DTC>DTC0。随含气饱和度 S_g 的增大，慢度差增大，其差值一般大于 15μs/m，多大于 25μs/m。

第 3 章 声电成像测井技术及应用

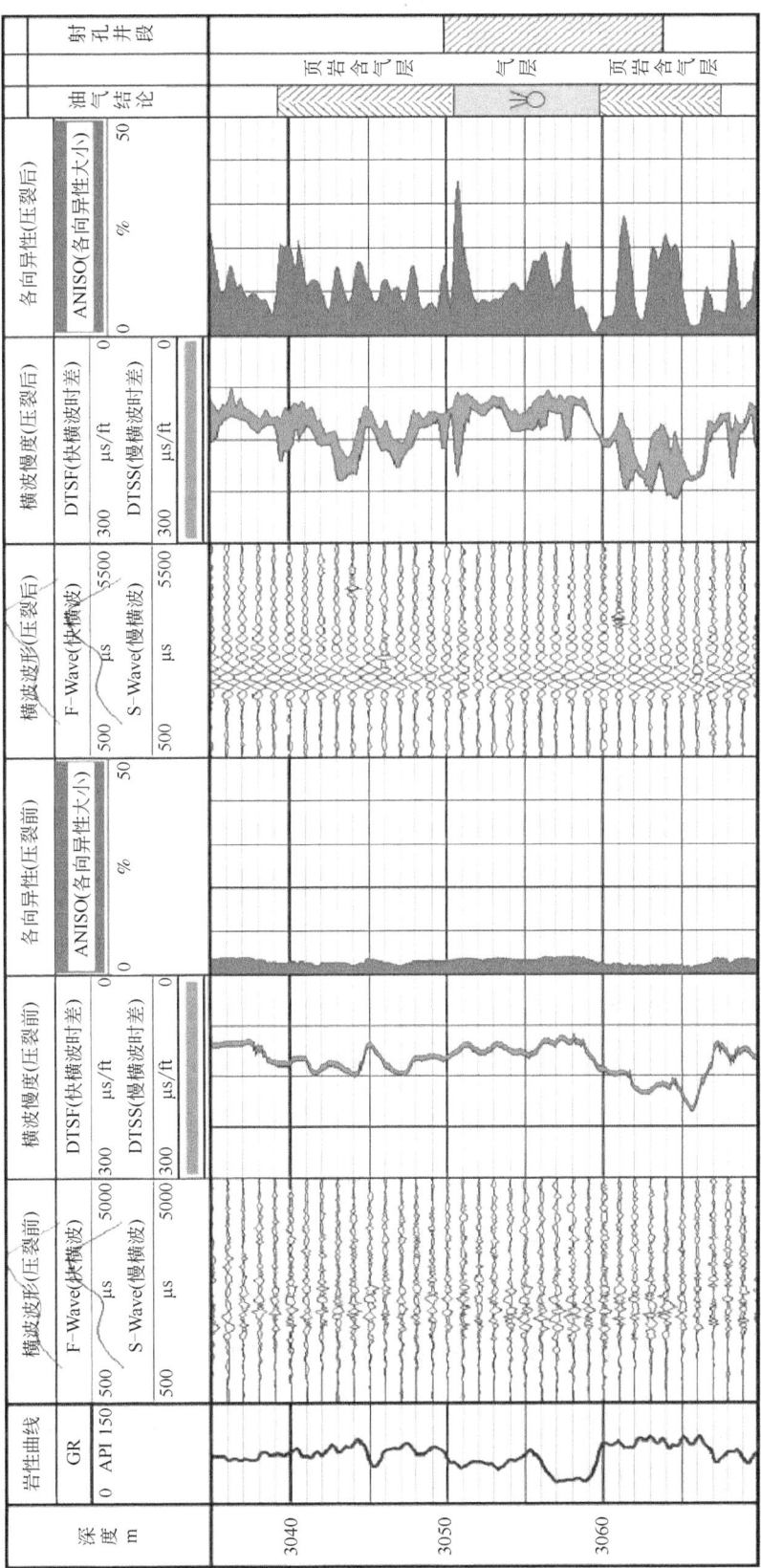

图 3.32 川西 X 井横波各向异性分析评价储层压裂效果图

表 3.2 主要岩石力学参数计算公式

	动态弹性系数		计算公式
基础参数	泊松比 ν	纵向应变与横向应变之比	$\nu = \dfrac{0.5\Delta t_s^2 - \Delta t_c^2}{\Delta t_s^2 - \Delta t_c^2}$
三模量	杨氏模量 E	应力与法向应变之比	$E = \dfrac{\rho_b \beta}{\Delta t_s^2} \dfrac{3\Delta t_s^2 - 4\Delta t_c^2}{\Delta t_s^2 - \Delta t_c^2} = 2G(1+\nu)$
	剪切模量 G	应力与切向应变之比	$G = \dfrac{\rho_b \beta}{\Delta t_s^2} = \dfrac{E}{2(1+\nu)}$
	体积模量 K_b	流体静压力与体积应变之比	$K_b = \rho_b \left(\dfrac{1}{\Delta t_c^2} - \dfrac{4}{3\Delta t_s^2} \right) \beta = \dfrac{E}{3(1-2\nu)}$
三强度	单轴抗压强度 S_c	与泥质含量 V_{sh} 和杨氏模量 E 的关系	砂岩: $S_c = 0.0045E(1-v_{sh}) + 0.008EV_{sh}$ 碳酸盐岩: $S_c = 0.0026E(1-v_{sh}) + 0.008EV_{sh}$
	抗剪强度 S_s	与单轴抗压强度 C_o 和体积模量的关系	$S_s = \dfrac{3.326 \times C_o \times K_b}{10^5}$
	抗张(拉)强度 σ_t	与抗压强度、抗剪强度的关系	$\sigma_t = 0.000375E(1-0.78V_{sh})$ $\sigma_t = \sigma_s/5$
其他参数	体积压缩系数 C_b	岩石体积变化与流体静压力之比	$C_b = 1/K_b$
	骨架压缩系数 C_{ma}	骨架体积变化与流体静压力之比	$C_{ma} = \dfrac{1}{\rho_{ma}\left(\dfrac{1}{\Delta t_{mac}^2} - \dfrac{4}{3\Delta t_{max}^2}\right) \times \beta}$
	流体压缩系数 C_f	用岩石体积模型计算	$C_f = 1/\phi \times [C_b - (1-\phi-V_{sh})C_{ma} - V_{sh}C_{sh}]$
	Biot 弹性系数 α	α 随岩石固结程度降低而增大	$\alpha = 1 - C_b/C_{ma}$
	出砂指数 B_s 出砂指数 R_{sand}	B_s、R_{sand} 值越大,地层稳定性越好。$B_s \leq 1.5 \times 10^4$ MPa 或 $R_{sand} \leq 3.95 \times 10^7$ MPa^2 时出砂	$B_s = K_b + 4G/3 = \beta\rho_b/\Delta t_c^2$ $R_{sand} = K_b G = \dfrac{G}{C_b}$ $= \beta^2 \rho_b^2 (v_p^2 v_s^2 - 4v_s^4/3)$

ϕ 为孔隙度,V_{sh} 为泥质含量,均为小数;若 ρ_b 以 g/cm³ 为单位,Δt 以 μs/m 为单位,则 E、K_b、G 需要一个转乘因子 $\beta = 10^9$,对应 E、K_b、G 三个模量单位为 MPa

3) 利用等效弹性模量差比识别气层

等效弹性模量差比(DR)法是根据岩石的等效弹性模量差比值建立的。岩石的孔隙流体性质会影响岩石的杨氏模量和体积密度。实验指出,在储层相同岩性和孔隙条件下,气层岩石的杨氏模量和体积密度较小,而水层岩石的杨氏模量和体积密度较大。因此,利用声波测井与密度测井值可确定目的层岩石的等效弹性模量,以提高识别气层的分辨率。岩石的纵波等效弹性模量(简称岩石等效弹性模量)用下式计算:

$$E_{cw} = \dfrac{\rho_{cw}}{\Delta t_{cw}^2}; E_c = \dfrac{\rho_b}{\Delta t_c^2} \tag{3.40}$$

则
$$DR = \frac{E_{cw} - E_c}{E_c} \tag{3.41}$$

式中，E_c 为目的层岩石等效弹性模量，GPa；E_{cw} 为目的层完全含水时岩石的等效弹性模量（又称理论水层岩石的等效模量），GPa；ρ_b、ρ_{cw} 分别为目的层岩石和完全含水时岩石的密度，g/cm³；Δt_c、Δt_{cw} 分别为目的层岩石和完全含水时岩石的纵波时差，μs/ft；DR 为岩石的等效弹性模量差比值，小数。

目的层为气层时，则 E_c 比 E_{cw} 小，DR>0（0.075~1.15）；目的层为水层或致密层，E_c 近似等于 E_{cw}，则 DR≤0。

以上三种常规识别气层的方法，对于高孔隙度、高渗透地层效果较好。对于低孔隙度渗透地层，这三个指标过于简单，受岩性变化影响大，指标界限不易确定，仅作为气层识别的辅助方法。

4）泊松比和流体压缩系数交会识别气层

泊松比是地层纵波与横波速度比值的函数，在储层相同岩性和相同孔隙条件下，水层岩石的纵波和横波速度的比值增大，泊松比也相应增大；气层岩石的纵波与横波速度的比值减小，泊松比也相应减小。

地层孔隙中油、气、水的声学性质是不同的，密度的差异也导致其压缩系数存在不同。表3.3 是油、气、水的理论压缩系数，由该表可以看出，油、水的压缩系数相差两倍左右，而天然气或气与水的压缩系数相差近 1~2 个数量级（40 倍左右）。

表 3.3 油、气、水的声学参数

流体类型	密度 ρ g/cm³	声波速度 v_p m/s	声波时差 Δt μs/ft	压缩系数 C_f 1/10⁴MPa	压缩系数 C_f 1/Mpsi
空气	0.121	334	912.53	740.74	510.855
天然气	0.139	629.7	484.02	180.51	124.490
油	0.830	1200	253.99	8.37	5.772
水	1.0	1500	203.19	4.44	3.062

当地层孔隙中部分含油气时，其流体压缩系数可表示为
$$C_f = S_{og} C_{og} + (1 - S_{og}) C_w \tag{3.42}$$

式中，S_{og} 为含油气饱和度，小数；C_f、C_{og}、C_w 为混合相流体、油气和水的压缩系数，1/MPa。

由此可知，孔隙中的水只要被油或气代替，流体压缩系数就会明显增加。因此，只要设法求准流体压缩系数，就能有效地计算地层含油气饱和度（与使用电阻率测井资料和孔隙度测井资料代入阿尔奇公式计算的含油气饱和度具有可比性，其优点是避开了地层电阻率大小和放射性差异的影响，有利情况下可以替代电法测井计算的 S_g），并确定油气层。

基于声波传播的岩石体积模型（把声波在单位体积岩石中传播的时间分成几部分传播时间的体积加权值），推导的岩石体积压缩系数计算公式为

$$C_B = \frac{1}{K_b} = \frac{1}{\rho\left(v_p^2 - \frac{4}{3}v_s^2\right)} = (1-\phi)C_{ma} + \phi C_f \tag{3.43}$$

考虑到地层中含有泥质或钙质会影响岩石体积压缩系数的大小，由式(3.43)可导出

$$C_{\mathrm{f}} = \frac{1}{\phi}\left[C_{\mathrm{B}} - (1-\phi-V_{\mathrm{sh}})C_{\mathrm{ma}} - V_{\mathrm{sh}}C_{\mathrm{sh}}\right] \quad (3.44)$$

式中，C_{B}、C_{ma}、C_{sh}、C_{f}为实际岩石、骨架砂岩(或白云岩)、泥质和流体的压缩系数，$1/10^4\mathrm{MPa}$或$1/\mathrm{Mpsi}$或$1/\mathrm{GPa}$；v_{p}、v_{s}分别为岩石纵波、横波速度，$\mu\mathrm{s/ft}$；ϕ、v_{sh}分别为岩石孔隙度和泥质含量，小数；ρ为岩石体积密度，$\mathrm{g/cm^3}$。

岩石体积压缩系数可由地层密度和纵横波时差测井值获得，泥质含量可由伽马曲线获得；根据实际泥岩、砂岩(或白云岩)的骨架密度和纵横波时差值可求得C_{sh}、C_{ma}，由式(3.44)即可确定流体压缩系数C_{f}。

以苏里格西区地层为例，主要研究层位为盒8段和山1段，采用E8等多口井共31个点的计算数据，建立气层识别图版(图3.33)。

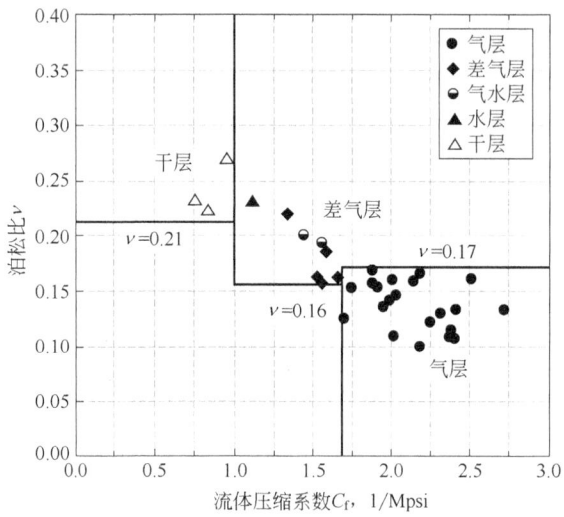

图3.33 流体压缩系数与泊松比交会识别气层图版

5) 利用曲线重叠的镜像包络线面积定量识别气层

在含气储层段的泊松比较非储层段有明显减小的趋势，流体压缩系数有明显增大的趋势。从理论上讲，含气量越多，则泊松比和流体压缩系数的变化越明显。由于气层的泊松比和流体压缩系数曲线朝着相反方向的变化(采用不同比例来刻度这两条曲线，使在水层处完全重合)，因此可以根据两曲线重叠显示的镜像包络线特征，计算其包络线面积并结合试气产量的关系来判断和预测储层的含流体性质。

两曲线交会的包络线面积越大则含气量越多、产气量也越高。由于流体压缩系数和泊松比的大小不在同一数量级，为了均衡流体压缩系数和泊松比的权重，在求取包络线面积之前，应对流体压缩系数和泊松比数据进行归一化处理，归一化的公式如下：

$$\nu_{01} = (\nu - \nu_{\min})/(\nu_{\max} - \nu_{\min}) \quad (3.45)$$

$$C_{\mathrm{f01}} = (C_{\mathrm{f}} - C_{\mathrm{fmin}})/(C_{\mathrm{fmax}} - C_{\mathrm{fmin}}) \quad (3.46)$$

式中，ν为泊松比，无量纲；$\nu_{\min}$、$\nu_{\max}$为泊松比最小值和最大值，无量纲；C_{f}为流体压缩系数，$1/\mathrm{Mpsi}$；C_{fmin}、C_{fmax}为流体压缩系数最小值和最大值，$1/\mathrm{Mpsi}$；ν_{01}、C_{f01}为归一化后的泊松比和流体压缩系数，无量纲。

单点(小层)求取包络线面积的公式：
$$S99 = (C_{f01} - \nu_{01}) \times RLEV \tag{3.47}$$
式中，S99 是以采样间隔 RLEV(常取 0.125m)为高、$C_{f01} - \nu_{01}$ 为宽的小矩形面积。

在程序运行过程中，当 $C_{f01} > \nu_{01}$ 时才计算每个采样间隔的小矩形面积并进行累加，最后得到单层的总面积。

通过在同一道采用不同的比例刻度，来绘制对气层识别敏感参数(曲线)，使其重叠显示出明显的镜像特征，例如泊松比和流体压缩系数曲线的重叠会在优质气层段显现的典型镜像特征，用式(3.47)计算其包络线面积总和，建立与试气结论对应的储层流体类型和总产气量的关系，根据储层段的包络线面积大小来确定其流体性质和产能高低，这对射孔段的选择和水力或酸化压裂工艺的方案设计具有非常重要的指导意义。

如图 3.34 所示，以苏南区块 S222 井砂泥岩地层为例，该井泊松比—流体压缩系数(PR—CF)曲线重叠的包络线面积与气层有很好的相关性。从图中第八道可以看出，气层的包络线面积要大于差气层，差气层的包络线面积要大于干层。

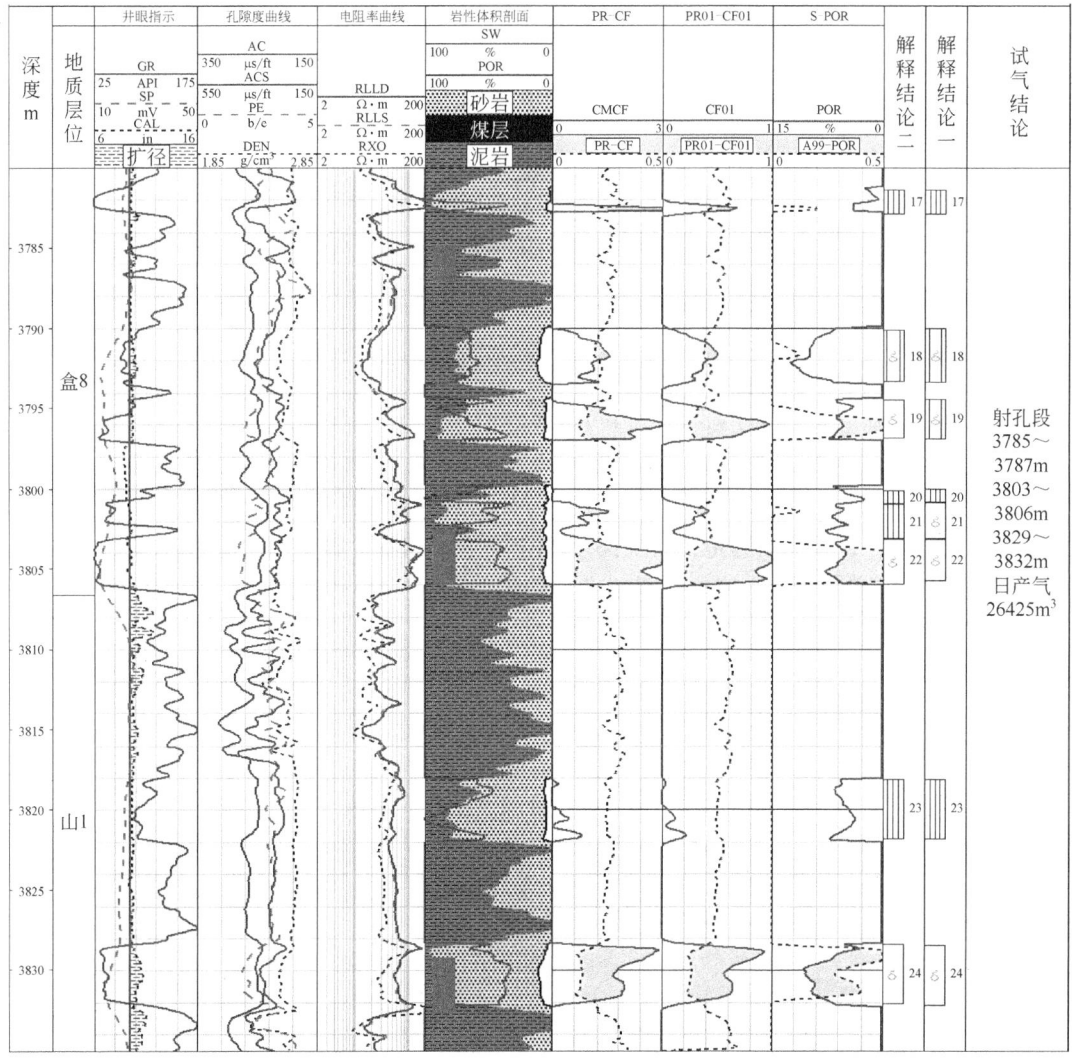

图 3.34　S222 井包络线面积和试气产量关系图

2. 鄂尔多斯盆地 LD 地区各向异性地层的地应力计算

对于层理性泥页岩地层和纹层发育的砂泥岩地层，可将其视为横观各向同性体（TIV），假设层理面在 1-0-2 水平面内，如图 3.35 所示，该平面内的各个方向（所谓横向）都具有相同的弹性，由岩石的弹性参数关系可知：

$$\begin{cases} \nu_{hH} = \nu_{Hh} = \nu_h, \nu_{Hv} = \nu_{hv} = \nu_v, \nu_{vH} = \nu_{vh} = \nu'_v \\ E_H = E_h \neq E_v \end{cases} \tag{3.48}$$

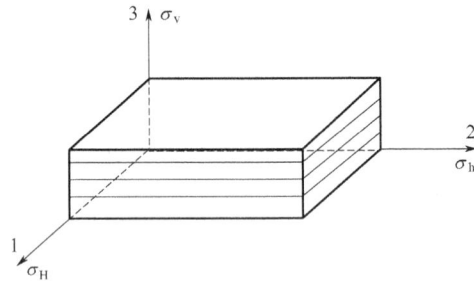

图 3.35 横观各向同性地层的应力示意图

参照单轴应变模式，假设地层水平方向尺度无限大，沉积过程只发生垂向变形，水平方向变形受限，可记为

$$\begin{cases} \varepsilon_H = \dfrac{\sigma'_H}{E_h} - \nu_h \dfrac{\sigma'_h}{E_h} - \nu_v \dfrac{\sigma'_v}{E_v} = 0 \\ \varepsilon_h = \dfrac{\sigma'_h}{E_h} - \nu_h \dfrac{\sigma'_H}{E_h} - \nu_v \dfrac{\sigma'_v}{E_v} = 0 \end{cases} \tag{3.49}$$

进一步变换，则有

$$\sigma_H = \sigma_h = \frac{\nu_v E_h}{(1-\nu_h) E_v}(\sigma_v - \alpha P_p) + \alpha P_p \tag{3.50}$$

引入层状地层的坐标系转换，如图 3.36 和图 3.37 所示，并考虑地层倾斜和构造应力对水平地应力的影响，根据组合弹簧模型的理论，可推导出横观各向同性层状地层的水平地应力计算新模型，见式（3.51）。需要说明的是，图 3.36 和图 3.37 中层理面法线方向的应力 p_n 与上覆岩层压力 p_0（或 σ_v）指代意义相同，为了与常规书写方式统一，式（3.51）中直接用 p_0 替代 p_n。

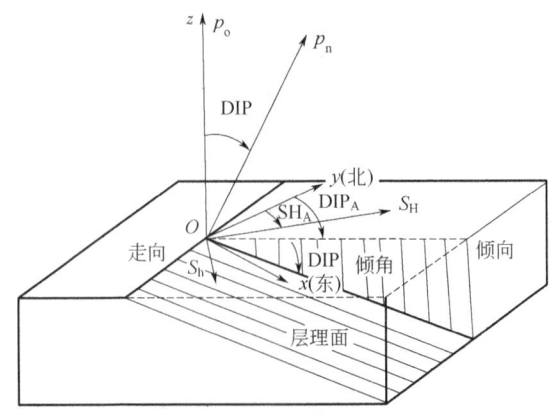

图 3.36 倾斜层理面或层界面发育的地层与大地坐标系、层状坐标系关系图

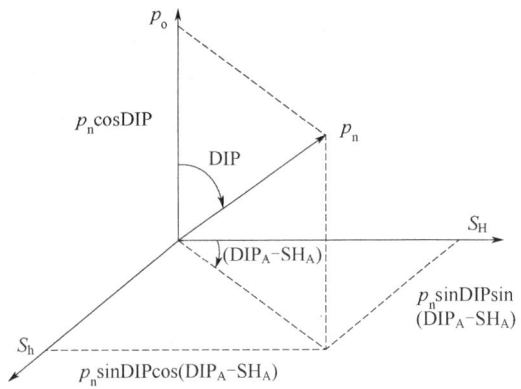

图 3.37 倾斜层状地层的地应力分量转换关系图

$$\begin{cases} S_H = \dfrac{\nu_v E_h}{(1-\nu_h)E_v}(p_o - \alpha P_p)\cos\mathrm{DIP} + (p_o - \alpha p_p)\sin\mathrm{DIP}\cos(\mathrm{DIP_A - SH_A}) + \dfrac{E_h\varepsilon_H}{1-\nu_h^2} + \dfrac{\nu_h E_h\varepsilon_h}{1-\nu_h^2} + \alpha p_p \\ S_h = \dfrac{\nu_v E_h}{(1-\nu_h)E_v}(p_o - \alpha p_p)\cos\mathrm{DIP} + (p_o - \alpha p_p)\sin\mathrm{DIP}\sin(\mathrm{DIP_A - SH_A}) + \dfrac{E_h\varepsilon_h}{1-\nu_h^2} + \dfrac{\nu_h E_h\varepsilon_H}{1-\nu_h^2} + \alpha p_p \end{cases}$$

(3.51)

式中,S_H 为水平方向最大主应力(σ_H),MPa;S_h 为水平方向最小主应力(σ_h),MPa;p_0 为上覆岩层压力(σ_V),MPa;ν_v、ν_h 分别为垂直方向和水平方向的泊松比,无量纲;E_v、E_h 分别为垂直方向和水平方向的杨氏模量,MPa(E_v、E_h 可根据垂直岩样和水平岩样的岩石力学实验得到,或者由不同方向的纵横波速度计算的刚性系数计算得到);ε_h、ε_H 为水平方向最小、水平方向最大主应力的应变,无量纲(可由实测的水平地应力数据反算求得);$\mathrm{DIP_A}$ 为地层倾向方位角,规定为正北方向与层理面向上法线方向(即法向应力 p_n 的方向)在水平面上投影形成的夹角,(°);DIP 为地层倾角,规定为 z 轴正向与层理面法线法向的夹角,(°);$\mathrm{SH_A}$ 为水平最大地应力的方位角,规定为水平最大地应力与正北方向的夹角,(°)。

上述新模型即式(3.51)包含五项,与常见的各向异性地应力计算模型式(3.52)区别在于,考虑了地层倾斜引起上覆岩层压力(垂直应力)对水平主应力的重要贡献,在原第一项上乘以系数 cosDIP,并增加了纵向有效应力在最大、最小水平方向上主应力的分应力,这样便于计算任意倾角地层的水平地应力,拓宽了地应力计算模型的适用性。

$$\begin{cases} S_H = \dfrac{E_h}{E_v}\dfrac{\nu_v}{(1-\nu_h)}(p_o - \alpha p_p) + \dfrac{E_h\varepsilon_H}{1-\nu_h^2} + \dfrac{\nu E_h\varepsilon_h}{1-\nu_h^2} + \alpha p_p \\ S_h = \dfrac{E_h}{\nu_v}\dfrac{\mu_v}{(1-\nu_h)}(p_o - \alpha p_p) + \dfrac{E_h\varepsilon_h}{1-\nu_h^2} + \dfrac{\nu E_h\varepsilon_H}{1-\nu_h^2} + \alpha p_p \end{cases}$$

(3.52)

在陇东地区计算水平地应力主要使用的是 Newberry 模型,也有研究人员采用各向异性模型,例如采用公式(3.52)计算该工区的地应力。Newberry 模型没有考虑地层岩石力学各向异性,而上述的各向异性地应力模型中参数较多(多达 10 个)、不易获取(例如两个方向的应变系数 ε_h、ε_H)、容易引入较大的误差,且 $\dfrac{E_h\varepsilon_h}{1-\nu_h^2}$、$\dfrac{E_h\mu_h\varepsilon_H}{1-\nu_h^2}$、$\alpha p_p$ 三项之和与 p_p 相差不大,综合各种地应力计算模型的优缺点以及岩石刚性(杨氏模量 E)对水平地应力的影响,对上述推导建立的新公式(3.51)做进一步的简化整理,给出一种更为实用简便的计算陇东地区延长组长6段—长8段储层各向异性的地应力模型,见式(3.53)。该式能很好地解释纵向上不同岩性地层的地应力差异现象,模型中水平向与垂向杨氏模量之比可以体现出岩石力学的各向异性,有利于压裂缝高控制。

$$\begin{cases} S_h = \dfrac{E_h}{E_v} \dfrac{\nu_v}{(1-\nu_h)}(p_o - \alpha p_p)\cos\text{DIP} + (p_o - \alpha p_p)\sin\text{DIP}\sin(\text{DIP}_A - \text{SH}_A) + p_p \\ S_H = \text{UBK} \cdot S_h \end{cases} \quad (3.53)$$

式中,UBK 为水平最大地应力与水平最小地应力的比值,一般取值为1.25。

N148 井地应力计算结果如图3.38所示,通过岩心实验数据标定,TIV 各向异性力学新模型计算的地应力精度高、杨氏模量和泊松比等参数与实验数据比较接近。

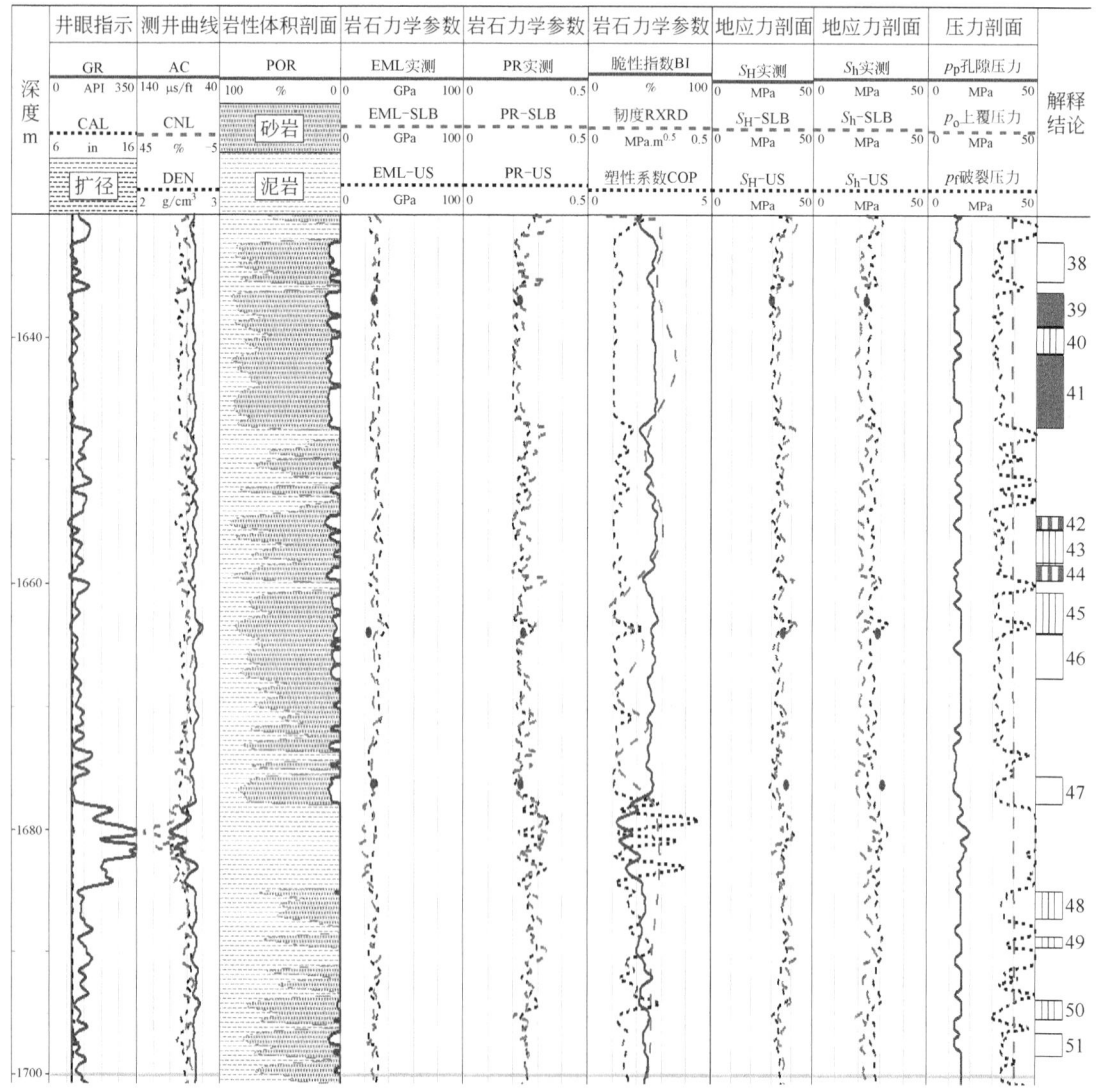

图3.38 N148井1630~1700m的地应力计算成果图

3. 根据横波各向异性进行压裂缝评价

依据压裂前后的全波测井资料及对应的产能数据可探寻压裂效果及相关影响因素。图 3.39 为鄂尔多斯盆地临兴区块致密砂岩气储层压裂前后对比图,图中显示,上部干层(1270~1274m 及 1276~1278m)压裂前后横波各向异性变化较大,表明压裂后干层的裂缝更发育;而油层段(1279~1284m)压裂前后横波各向异性变化较小,表明该处裂缝不发育,对油层的改造效果较差,实际压后产量仅为 $0.9×10^4 m^3/d$,明显低于预测产量。

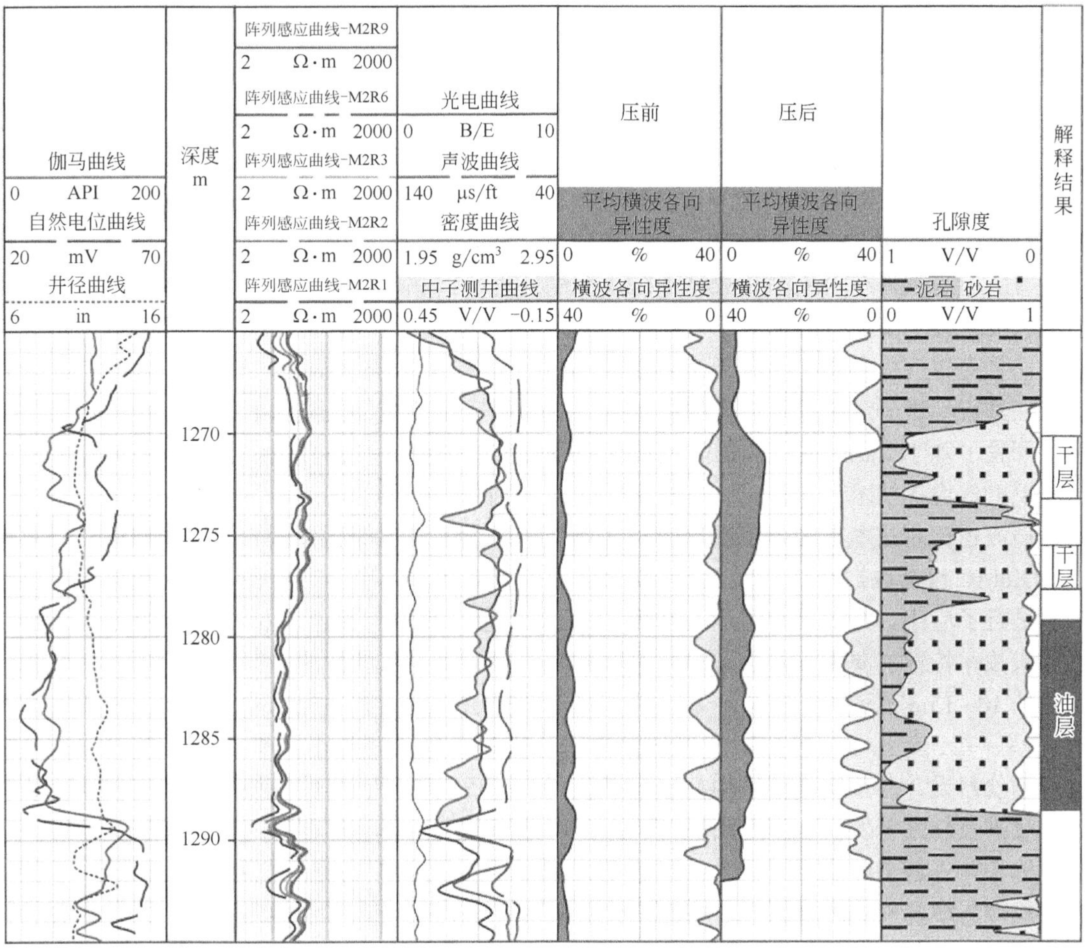

图 3.39 压裂前后各向异性评价图

远探测声波成像测井技术及应用

传统测井技术的探测直径一般局限于 3m 以内,为增大测井探测深度,获取更为丰富的地层信息,已研发出利用反射声波信息的远探测声波成像测井技术,在探测深度方面填补了测井与地震之间的差异。远探测横波成像(dipole shear-wave imaging,DSWI)测井探测直径由井孔近端几米延伸到井孔远端几十米(70~100m),能提供具有反射特征的成像、距离井眼的距离、反射幅度和走向方向,在油田开发中有重要作用。

3.3.1　远探测声波成像测井技术进展

根据成像所利用的反射波性质不同,声波远探测技术可分为单极子声波反射成像和偶极子反射横波成像。

1989 年,斯伦贝谢公司对模拟数据和仪器测量数据进行处理解释,使用 $F-K$ 域滤波和广义 Radon 变换等地震资料处理技术首次作出了井旁倾斜地层界面的成像结果。随后 1998 年,推出了利用单极纵波法进行单井反射波成像的测井仪(borehole acoustic reflection survey, BARS),开展了相关源距与波形相关分析、基于 DSI 的改进仪器研制和基于改进测量技术 BARS 的算法研究,并在裂缝地层进行了成像应用。2002 年,贝克休斯公司利用其 XMAC 仪器,开展相关单极子反射纵波处理及成像技术的研究,并对斜井和各向异性地层进行了应用。2008 年,MIT 项目组在实验室内成功合成了树脂缩尺模型,并针对单极子全波采集以及纵横波传播性质进行深入分析。在此基础上,开展了相关数值模拟与分析工作,同时,利用现有的地震软件对 DSI 测井数据进行远探测处理。这些研究不仅探索了与探测深度相关的算法和成像技术,而且为单极子反射纵波远探测理论奠定了基础。2003 年起,贝克阿特拉斯公司首先将偶极子用于单井反射声波测井中,并提出了偶极横波法的远探测声波成像方法。在进行单极子纵波反射成像的基础上,综合研究了偶极子横波辐射特性、接收和反射特性,开发了基于 XMAC II 仪器的阵列数据波场分离、中值滤波去直达波、数据叠加和偶极子横波反射成像等技术,在盐丘、裂缝及层界面识别中进行了应用。

声波远探测技术在国内发展迅速,在单极子反射纵波远探测方面,大港油田测井公司首先对 XMAC 仪器数据开展 PP 波反射波成像分析,并在大港油田千米桥潜山碳酸盐岩储层评价中进行了应用,并随后与中国石油大学(北京)通过实验与数值模拟相结合的方式,研究了探头频率特性、源距以及采集时间等因素对单极子反射纵波性质的影响,提出了一套能探测井外 10~15m 范围的远探测声系设计方案。偶极子反射横波远探测技术方面,中国石油大学(华东)首先提出了通过控制声源激发频率,使其在弯曲波截止频率以下激励的方法进行远探测仪器设计。多所科研机构在反射横波接收—反射特性、实验室模拟、现有仪器的处理方法改进及软件开发研制等方面进行研究。中国海油利用现有仪器研究了与井斜交地层、过井裂缝和井外缝洞的成像特征,并改进研发偶极子横波远探测测井仪器,对井外 70m 过井裂缝成像与解释模式进行研究。中国石化胜利测井公司基于现有仪器研发了多分量横波远探测成像测井仪,对井外 100m 范围内地质异常体进行成像。

3.3.2　远探测横波成像测井原理

远探测声波反射波成像测井的原理与二维地震方法相似,测量的主要目的是用反射纵波对地层的反射面进行成像。如图 3.40 所示,当仪器上的声源被激发时,其产生的声波可以按照传播方向分为两类:一类是直接沿井传播的波,包括滑行纵波、滑行横波、导波以及斯通利波,即井中的模式波,这即为常见的声波测井波形数据;另一类是声源辐射到井外的能量,它在地层中被地质构造界面反射回到井中并被仪器的接收器所接收,这些波在声波测井中称为反射波,它们的振幅比起井中的模式波来说通常要小得多。当测井仪器位于地层的上部或下部时,声波能量在地层的下界面或上界面反射回来被接收器接收,这些波即为测井声波中的反射波。

DSWI 测井选择的声波数据为图 3.40 中沿虚线路径传播的反射波和来自井旁地层的反射信号（主要是反射横波），通过类似地震资料处理的方法对井旁反射体成像。再对这些反射波进行偏移处理，以得到井壁外面地层构造的图像。测井声波数据与常规地震勘探数据之间的主要区别是声波测井数据中井中模式波的振幅很大。这些模式波需经过剔除处理后，才能对声波数据中振幅小得多的次波（反射波）进行偏移处理。

在声源选择上，单极子声源为对称声源，在周向上无明显指向性，仅能在二维空间（轴向、径向）内对反射体进行成像，无法

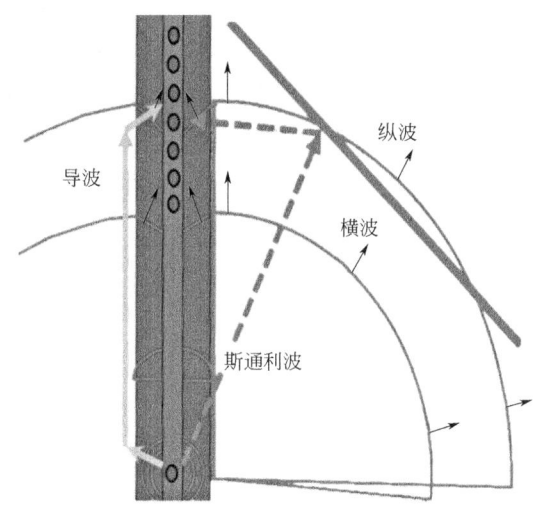

图 3.40 声波传播路线图

确定地层构造或者地质体的方位。且传统单极子声源采用纵波反射成像，激发频率较高（约 10kHz），使得探测半径较小。远探测横波成像测井采用了正交偶极子发射器。由于采用了较低工作频率（2~5kHz），该方法探测深度可达 20m 以上。同时，偶极子声源具有更高的信噪比，利用偶极子的方位敏感性，还可以确定反射体的走向（方位）。偶极横波远探测数据处理都是基于正交偶极声波测井仪器的测量条件下实现的，这大大提高了偶极测井数据的使用率。

由于偶极子声源具有方向性，采用多分量的偶极发射和接收，可以确定井旁反射体的方位。将垂直于反射体平面的波入射面作为参考面，当偶极指向位于入射面时，将在入射面内振动的纵波和横波定义为 P 波和 SV 波；当偶极指向平行于反射体走向时，将沿此方向偏振的横波定义为 SH 波。当地层中存在裂缝、层界面等声波不连续介质时，仪器能接收到明显的 SH 波和 SV 波信号。

当在井中用两组正交的偶极发射和接收系统来接收这些入射波，一组系统地指向 x 方向；另一组系统地指向 y 方向。接收到的信号即入射的位移矢量在 x 和 y 方向上的投影为

$$纵波 \begin{cases} xx_p = P\sin^2\varphi \\ xy_p = P\sin\varphi\cos\varphi \end{cases} \tag{3.54}$$

$$横波 \begin{cases} xx_s = SH\cos^2\varphi + SV\sin^2\varphi \\ xy_s = -(SH-SV)\sin\varphi\cos\varphi \end{cases} \tag{3.55}$$

把 x 方向声源换到 y 方向，可以得出 y 方向和 x 方向的两个接收分量为

$$纵波 \begin{cases} yy_p = P\cos^2\varphi \\ yx_p = P\sin\varphi\cos\varphi \end{cases} \tag{3.56}$$

$$横波 \begin{cases} yy_s = SV\cos^2\varphi + SH\sin^2\varphi \\ yx_s = -(SH-SV)\sin\varphi\cos\varphi \end{cases} \tag{3.57}$$

对于 P 波，只需两个分量便可确定最大反射波，比较 xx_p 和 yy_p 两个分量的相对大小，便可确定反射体的方位角 φ：

$$P = xx_p + yy_p \tag{3.58}$$

对于横波，需要把 4 个接收分量组合起来才能得到 SH 波和 SV 波为

$$\begin{cases} SH = xx_s\cos^2\varphi - (xy_s + yx_s)\sin\varphi\cos\varphi + yy_s\sin^2\varphi \\ SV = xx_s\sin^2\varphi + (xy_s + yx_s)\sin\varphi\cos\varphi + yy_s\cos^2\varphi \end{cases} \tag{3.59}$$

当反射体与井大致平行或者夹角较小时，SV 波很小或忽略不计，仅利用 SH 波便可以确定反射体的大小和方位：

$$\begin{cases} xx_s = SH\cos^2\varphi \\ yy_s = SH\sin^2\varphi \\ SH = xx_s + yy_s \end{cases} \tag{3.60}$$

从式(3.54)至式(3.60)可以看出，φ 和 $\varphi+180°$ 得出结果相同，说明对于某一反射体，该方法不能确定反射体是在井的右侧还是在井的左侧，即偶极横波远探测方法只能确定反射体的走向，而不能确定其倾向。

3.3.3 地质及工程应用

偶极横波远探测技术可以有效探测过井及井旁的裂缝构造，识别井旁隐蔽储层构造，为页岩气的储层构造探测提供重要技术。

1. 裂缝探测

从裂缝与井筒关系来看，裂缝探测包括井旁裂缝带探测、过井裂缝探测。通过对四分量交叉偶极数据在东西方向和南北方向两个方位进行远探测成像处理，依据两个方向上的裂缝特征可以推断裂缝走向，说明多分量偶极横波成像结果包含有方位信息，这对于后续的定向压裂和射孔具有至关重要的作用和意义。过井裂缝表现为与井孔斜交的一系列反射体，通过拾取超声井壁裂缝，若计算得到的裂缝倾角和 SH 横波远探测成像结果反射体倾角基本相同，说明偶极横波远探测成像反射体就是井壁裂缝在地层中的延伸，这为过井的裂缝在地层中的横向延伸提供了解释手段。

偶极横波远探测还可以用于评价水力压裂效果，通过对裂缝规模和方向成像，能更清晰地了解压裂过程。交叉偶极声波成像反映水力压裂前地层中存在的和水力压裂后地层中形成的裂缝和构造，交叉偶极声波成像的 4 个分量用来分析地层横波各向异性的大小和方向，观察水力压裂过程产生的所有变化，压裂后的横波远探测成像图中新出现的反射体可能为压裂产生的裂缝。

受限于仪器长度与反射体方位（图 3.41 所示），偶极横波远探测成像测井技术只能探测与井轴夹角在 0°~50°之间的反射体。而对于水平井压裂缝而言，裂缝面与井轴的夹角常大于 60°，所以偶极横波远探测成像测井技术不完全适用于水平井压裂缝（尤其是横向缝）的识别。而对于近井地带的压裂缝监测，建议分别在下套管前后、压裂后进行三次测量，以达到最佳的分析效果。

2. 探测成熟页岩地层中的排烃裂缝

声波远探测技术可以探测井外页岩气储层的构造。当烃源岩在一定的温压条件下成熟时，液化或气化的烃化物在地层中产生很大的孔隙压力，致使岩石沿最大地层应力方向发生破裂（即排烃裂缝）。利用声波远探测技术，可以确定这种裂缝的形态和方位。排烃裂缝为

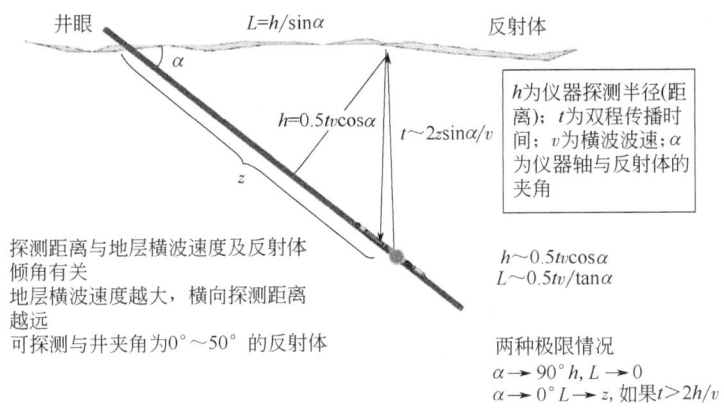

图 3.41 偶极横波远探测技术的探测距离与夹角的解释图

若干垂向分布的反射体,其尺度大约在几米到十米左右,依据反射体在东西向和南北向上的差异可以判断排烃裂缝的走向。

3. 识别井旁隐蔽储层构造

声波远探测技术为井壁以远的缝洞等异常体探测提供了新手段,实现了测井由"一孔之见"到"一孔远见"的跨越,声波远探测新仪器实现对井外几十米内可能存在的异常体进行成像。针对复杂储层,声波远探测测井实现过程中,地质异常体对象非均质性强和噪声干扰大(斯通利波增强、反射横波信号减弱等)等问题,通过优化测井数据采集参数和多滤波方法相结合提高信噪比,建立不同模式异常体偏移成像适用规则,在正反演基础上构建远探测解释模式,以及多信息综合解释等措施,得到高分辨率、高信噪比和远成像深度的反射横波成像结果。

3.3.4 现场实例

1. DWSI 判断裂缝发育情况

DWSI 资料可用于判断裂缝发育。如图 3.42 所示,南北向远探测成像结果可以清楚地看到井旁存在不同倾角的反射体,并且反射体的连续性较好,该井段是中速地层,径向成像深度为 25m。从东西向和南北向成像图中反射体对比可以进行方位判断:南北向成像的信号幅度要大于东西向成像的信号幅度,说明反射体位于北北东—南南西方向,有些反射体只能在南北向看到而东西向却没有,说明反射体正南正北走向。

从对应深度的超声井壁成像图上可以看出,井壁附近存在大量不同倾角的裂缝,并且大部分裂缝的倾向为南北方向,通过对比可以确定偶极横波远探测的成像反射体即为斜交井眼的裂缝,从而将超声井壁成像得到的裂缝与延伸进入地层的裂缝联系了起来。通过对比发现,偶极横波远探测成像结果与超声井壁成像结果的解释吻合。

图 3.43 为 A 油田 A33 井 A、B 段碳酸盐岩的裂缝定性识别评价结果,地层偶极横波各向异性的裂缝密度定量评价结果显示,A 段地层各向异性强,裂缝密度高,而 B 段裂缝密度相对较低。声波远探测成像结果同样揭示其 A 段内部构造体发育,但裂缝规模相对较小,难以量化识别,而 B 段裂缝发育强度相对较低,但可见一条过井大裂缝,这种特征与对该区域裂缝已有的地质认识相吻合。

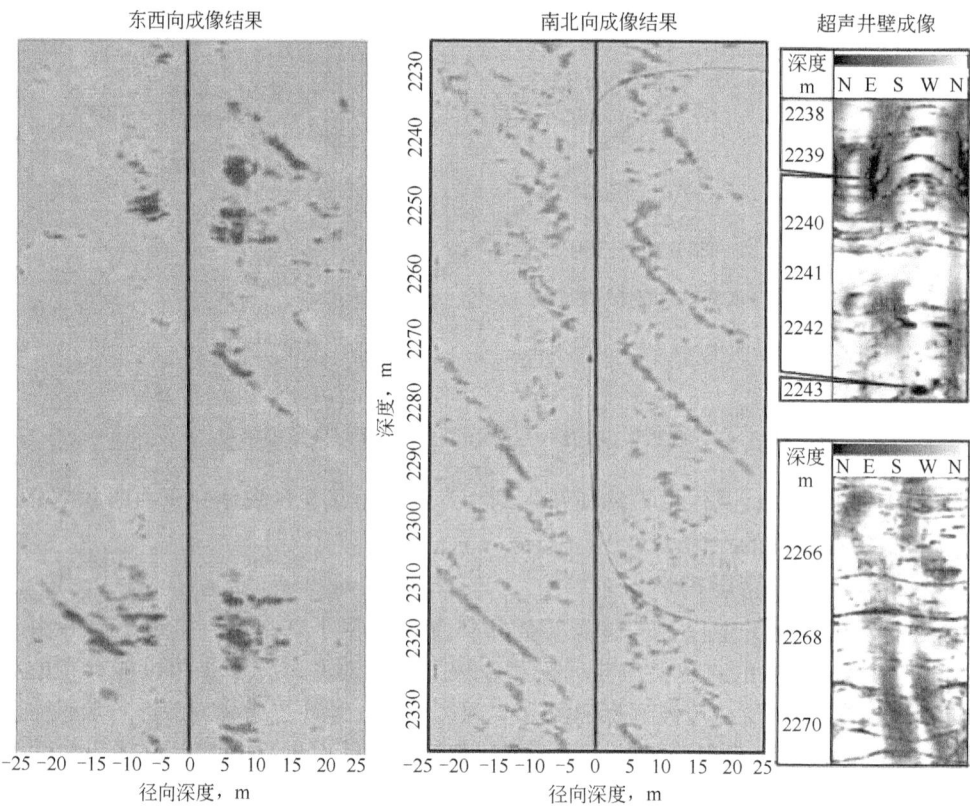

图 3.42　砂泥岩地层偶极横波远探测成像结果与超声井壁成像结果对比图

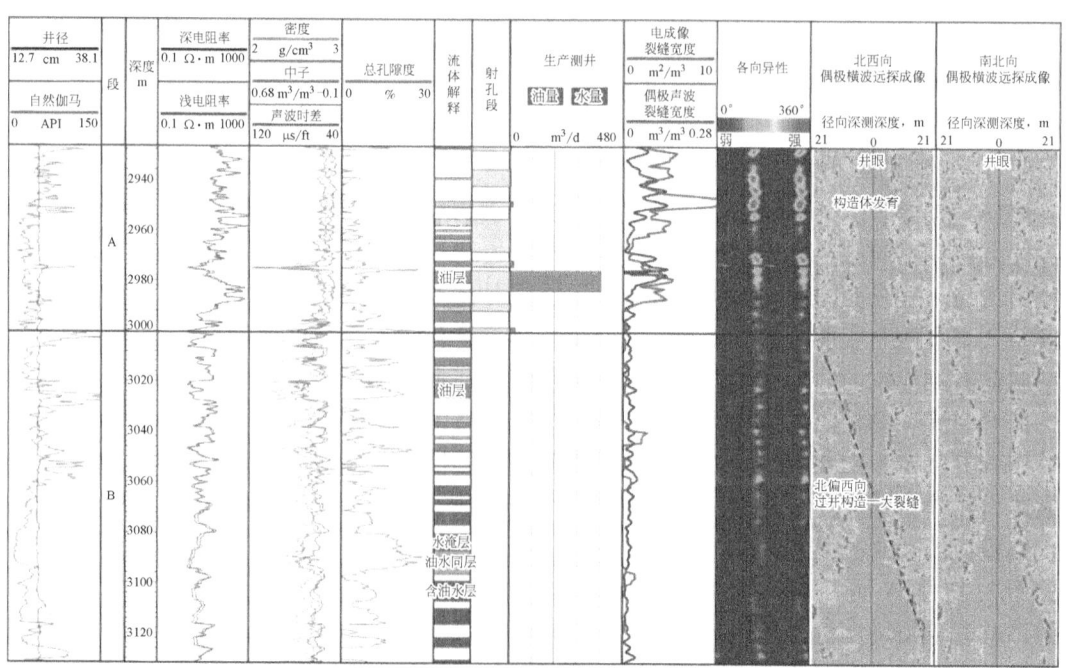

图 3.43　A 油田 A33 井裂缝综合评价图

2. DWSI 判断地质异常体

图 3.44 为 X3 井偶极横波远探成像效果图,该资料通过多分量横波远探测成像测井仪器测量,对井外近百米范围内地质异常体进行多方位成像。该井勘探过程中,相关测录井资料反映该段无明显油气显示,利用反射横波进行成像后发现,近东西偏振方向偶极横波远探测偏移成像图中有强烈反射信号,而近南北向则反射较弱,综合分析认为该井附近存在地质异常体,结合其他资料判断为溶洞,发育在南北方向。该井后期酸化压裂后测试,日均产油近 60t。

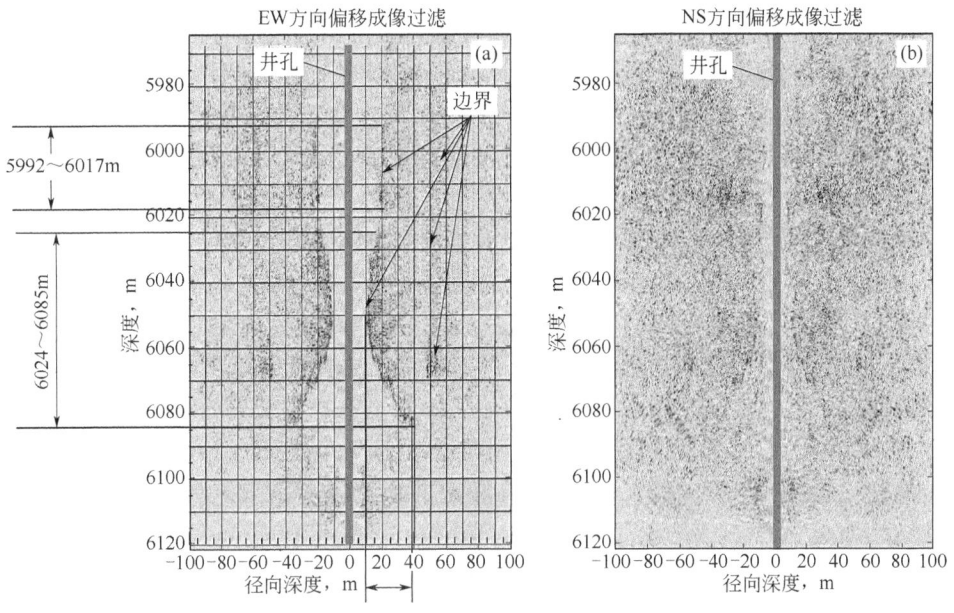

图 3.44 X3 井偶极横波远探测仪器远探测成像图

 **固井质量检测与评价的声波成像测井技术**

3.4.1 固井质量检测与评价测井技术进展

固井质量检测就是评价水泥环的胶结质量,包括套管与水泥环(第一界面)的胶结情况、水泥环与地层(第二界面)的胶结情况。经过多年的发展,固井质量评价仪器主要分为声波测井系列和放射性测井系列,先后出现了应用声波幅度反映固井质量的声幅测井 CBL(cement bonding logging),CBL 是通过测量套管的滑行波的幅度衰减来探测第一界面的胶结情况;应用波列中套管波、地层波特定性评价固井情况的变密度测井 VDL(variable density logging),VDL 主要是根据套管波与地层波的幅度规律,结合水泥胶结测井,定性地判断水泥胶结状况;应用反射回波能量评价固井质量的反射回波固井质量测井(CET、PET、USI 和 CAST);应用声波衰减评价固井情况的衰减率测井技术(MAK-2、RBT),以及对井周进行分扇区评价固井质量的扇区水泥胶结测井(SBT)等一系列检测方法,SBT 是把管外环形空间进行六等分，分别考察水泥胶结质量，实现360°全方位覆盖。

声幅测井技术起源于20世纪60年代初，是使用最早最广泛的固井质量检测技术。由于具有测井过程简单、成本低廉等优势，目前全国各油田仍在广泛应用。声幅测井仪器由声系和电子线路组成。声系由一个发射器T和一个接收器R组成，源距为1m。

为了弥补声幅测井不能反映第二界面胶结质量的不足，在20世纪70—80年代发展和使用了声幅—变密度(CBL—VDL)测井。它采用单发双收声系，发射探头T发射频率为20kHz的声波信号，源距为0.9144m(3ft)的R_1和源距为1.5240m(5ft)的R_2两个接收探头分别接收沿套管滑行和地层反射的全波列。

应用反射回波能量评价固井质量的反射回波固井质量测井技术有很多种，以CET(cement bond logging)水泥评价测井仪为例，该仪器装有8个超声换能器，每个探头所发射和接收的超声波覆盖套管壁的45°区域。因此，8个探头可探测到套管内360°区域每一部分的水泥胶结情况。CET成像测井能够识别水泥窜槽、微裂缝、套管变形和损坏，并通过测定水泥石抗压强度来反映水泥的胶结情况。

应用声波衰减评价固井情况的衰减率测井技术以MAK-Ⅱ为例，2001年，我国从俄罗斯引进了MAK-Ⅱ声波—伽马变密度测井仪来检测评价固井质量。该测井仪的发射探头T选用Cs伽马源。测井时仪器在套管内居中，伽马源向周围介质发射伽马射线，两个源距处的探头接收经过散射能量下降的射线，从而可得到包括反映套管壁厚和充填介质平均密度等在内的多条曲线。

20世纪90年代初，贝克阿特拉斯公司推出扇区水泥胶结测井SBT(segmented bond tool)，SBT利用装在6个探测臂上的12个高频定向换能器声系来定量测量套管周围6个扇区的水泥胶结质量。

2003年，斯伦贝谢公司研制的IBC(isolation scanner)测井，其斜向入射弯曲波衰减率探测与高频垂直反射回波声阻抗探测结合比单纯高频声脉冲回波声阻抗成像测井USIT能更好地评价低声阻抗水泥，并取得很好的实际应用效果。

我国在固井质量检测评价测井的理论及仪器研制方面发展迅速，1997年5月至1999年底，中国海洋石油测井公司开展深井、超深井固井评价方法研究。2008年，中海油服原技术中心研制成功了CBMT(cement bonding mapping tool)测井仪，并利用CBMT贴壁声源激发的波形进行水泥环第二界面成像技术的研究。近年来，国内还出现了一些新型的固井质量检测仪器，如CST-1000是一种改进版的固井质量检测工具，集成了更先进的声波和超声波技术，能够提供更加精确的水泥环质量评估；RT-600为新型的实时固井检测仪器，能够在固井过程中实时监测水泥的固化状态，及时发现并纠正固井过程中出现的问题。

3.4.2 套后成像测井仪器及工作原理

1. 扇区水泥胶结测井

扇区水泥胶结测井仪SBT是贝克阿特拉斯公司推出的一种固井质量评价测井仪。SBT测井仪具有6个推靠极板，呈间隔60°方位排列，每个推靠极板上有1个发射探头和1个接收探头，共计6个发射探头和6个接收探头，分别用于发射声波和接收声波。测井时推靠极板将声波传感器推靠在套管壁上贴套管壁测井，6个推靠极板上的12个高频定向换能器不断地发射和接收声波信号，由于测井时同时测量6个推靠极板分属的6个区域信息，因而可得到6条分区的套管水泥胶结评价曲线，故该仪器称为分区水泥胶结测井仪或扇区水泥胶结测井仪。

SBT测量系统以环绕方式在包括整个井眼的6个角度区块定量测量水泥胶结情况。声波换能器装在相隔60°的T1—T6的极板上，支撑滑板与套管内壁接触，进行声波补偿衰减测量。当发射器在每个区块上发射时，两相邻极板上的接收器测量声波幅度，这两个幅度分别为远、近接收器所接收。声波经过两接收之间空间的能量损失，可直接作为衰减测量，由此可推导出套管外60°范围内的水泥胶结质量。

在对应的SBT分区中，利用4个邻近滑板上的2个发射器和2个接收器组成的声系可从两个方向来测量声波衰减。当发射器T1发射时，接收器R2和R3测量其下行声幅，定义为A12和A13。由于使用同一个发射器测量两个幅度值，而且衰减测量只取决于幅度比，因此下行声幅衰减不受发射强度的影响，其结果仅取决于接收器的灵敏度。同理，当发射器T4发射，由接收器R2和R3测量其声幅，定义为A42和A43。两次测量结果组合在一起可求出补偿后的衰减值，因而所得结果消除了接收器灵敏度的影响。这种测量过程在6个分区中的每一个都进行着重复，这样每个区块的衰减测量结果得到完全的补偿，同时，发射器和接收器的排列也同时补偿了套管表面不平和套管内壁有残留水泥的影响。

由于该仪器从纵向、横向(沿套管周围)两个方向测量固井胶结质量，同时该仪器设计考虑的短源距补偿使声幅衰减测量结果基本上不受快地层的影响，因而该仪器能用于各种流体的井内。SBT是贴井壁测量，测井时只要保持滑板与套管内壁接触，一般的偏心不影响测量结果。

SBT的测量内容包括声波衰减率、最小衰减率、平均声幅、相对方位、5ft源距的变密度。优点包括：能提供全井眼覆盖的水泥胶结定性分析，不受井中气体、快地层或重钻井液条件的影响，一次测井就能在4.6~16in(114~406mm)套管中有效反映均匀胶结段和水泥通道或环空，对仪器中度偏心不敏感，不受温度和压力变化的影响，不受发射器输出和接收器灵敏度的影响，确定水泥环空或窜槽的大小和方位，测量结果不受快地层的影响等。

根据SBT提供的资料，可以通过式(3.61)计算胶结比BR：

$$BR = \frac{\alpha - \alpha_{fp}}{\alpha_g - \alpha_{fp}} \tag{3.61}$$

式中，α为计算点的衰减率，dB/m；α_g为当次固井水泥胶结最好井段的衰减率，dB/m；α_{fp}为自由段套管的衰减率，dB/m。根据石油天然气行业标准，BR$\geq$0.8为胶结优，0.5$\leq$BR<0.8为胶结中等(合格)，BR<0.5为胶结差(不合格)。

当平均衰减率和最小衰减率数值均很高且两者间有极小的幅度差时，胶结图像的灰度呈深色且均匀，代表Ⅰ型界面胶结好；当平均衰减率和最小衰减率数值均较高且两者间有一定的幅度差时，胶结图像的灰度颜色较深或不均匀，代表Ⅰ型界面胶结中等；当平均衰减率和最小衰减率数值均较低且两者间有较大的幅度差时，胶结图像的灰度颜色较浅，代表Ⅰ型界面胶结差；当平均衰减率和最小衰减率数值均很低且两者间有极小的幅度差时，平均衰减率、最小衰减率和平均幅度曲线在套管接箍处均有幅度很大的楔形，胶结图像的灰度呈浅色且均匀，代表自由套管。

SBT声波衰减率转换为水泥胶结强度公式为

$$S = 0.7651 \times [(T+2.54)(\alpha - \alpha_{fp})]^{2.5} \times 10^{-3} \qquad (3.62)$$

式中，S 为水泥胶结强度，MPa；T 为套管壁厚，mm。

2. 套后成像测井

斯伦贝谢公司套后成像测井技术 IBC 采用超声脉冲回波与挠曲波成像技术，通过对超声波脉冲回波和挠曲波波场的独立测量实现对套管环空环境的描述以及对不同类型水泥固井质量的评价。全方位测量覆盖整个套管圆周，探测深度达 3in，可发现水泥环内的窜槽，确定固井作业是否达到有效的水泥封隔，了解套管的居中情况和水泥厚度，辅助固井评价和后续工程作业。套后成像测井数据以三维方式显示，可直接观察套管腐蚀或变形、内径和壁厚的变化，验证入井管串结构。

脉冲回波声波阻抗测量采用 4 个换能器的旋转短节进行。超声波换能器垂直放置于仪器的一侧，用于发射和检测脉冲回波；另外 3 个换能器（1 个发射器，2 个接收器）位于仪器的另一侧，成一定角度倾斜排列，测量挠曲波衰减。测井时，旋转探头以 7.5r/s 的速度旋转，超声波换能器向套管发射一个稍微发散的波束，使套管转入厚度共振模式，提供 1 个 5°或 10°的方位分辨率，从而在每个深度产生 36 个或 72 个独立波形。挠曲波发射器同时发射高频脉冲波束，在套管内激发挠曲振动模式。随着高频脉冲波束的传播，该振动模式将声能传入环空；声能会在具有声阻抗差异的界面（如水泥—地层界面）产生反射，以挠曲波的形式由套管回传，从而将能量再传向套管内流体。

从地层—井壁回波得到新的测量值，除提供固体—液体—气体相图（SLG）用于识别套后环空充填效果外，套后成像测井还用于从环空—地层发射回波中提取信息，或从定量描述的套管和地层之间的环空状态回波中提取相关信息，100%代表完全居中，0%代表套管完全偏心，处于贴井壁状态。与传统声幅—变密度测井（CBL-VDL）方法相比，套后成像测井不受微环境、快地层和双层套管影响，能适应厚套管（最大到 20mm）和重钻井液（最大到 2.2g/cm³）环境。最大技术优势是推靠臂紧贴套管内壁进行测井，在大直径套管或套管尺寸变化的情况下可以一次下井测量。测量结果不受井内流体类型和地层的影响，可确定井内绝大多数纵向上窜槽的位置，直观显示不同方位的水泥胶结状况，不需进行现场刻度，不受井内是否有自由套管的限制。缺点是当第一界面胶结差，尤其是存在微环时，SBT 测井不能正确评价第二界面的胶结情况。套后成像测井与声幅—变密度测井性能对比见表 3.4。

表 3.4 套后成像测井与声幅—变密度测井性能对比

性能	声幅—变密度测井	套后成像测井
纵向分辨率	3ft/1ft	0.6~6in
径向分辨率	每个深度 1 个采样点	井周全覆盖
可计量的最小窜槽宽度	对窜槽和声阻抗均有反映，不能明确是否存在	1.2in，能测出窜槽长度、宽度和方位
钻井液衰减限制	无	测量范围宽，需测前设计确定可行性
对液体充填微环隙敏感性	高，读值接近自由套管	不敏感
对气体充填微环隙敏感性	高，读值低误认为固井质量好	高，解释为气
对快地层敏感性	高或中等	不敏感
对水泥环厚度敏感性	高，厚度薄读值偏高	不敏感，测量套管居中度和水泥环形状

续表

性能	声幅—变密度测井	套后成像测井
对气侵水泥敏感性	中等,读值偏低误认为固井质量好	高,解释为气
污染水泥(混浆)	高敏感,读值偏高	SLG 能区分是固体还是液体
双层套管	影响严重	不受影响
低密度水泥	读值偏高,不能正确评价	准确评价
第二界面	变密度测井定性评价胶结状况	不评价胶结状况,测量套管偏心和井眼形状
套管磨损和腐蚀评价	不能	同趟测井,准确测量套管半径和壁厚

3.4.3 现场实例

1. 固井质量评价

图 3.45 为 YX 井 3150~3250m 水平段套后成像测井(IBC)与常规声幅—变密度(CBL-VDL)固井质量检查对照图。由图可以看出,套后成像测井(第 11 道)与常规声幅—变密度固井质量(第 12~14 道)评价结论符合较好。在 3215~3225m 段,因变密度细微变化较复杂而不好准确判定解释结论,而套后成像测井资料处理得到的固—液—气相图(SLG)对其刻画明显直观,这是常规 CBL-VDL 测井无法实现的。理论上,IBC 资料中挠曲波衰减信号对介质密度微小差别的响应灵敏,对轻质水泥固井质量检查有一定优势。

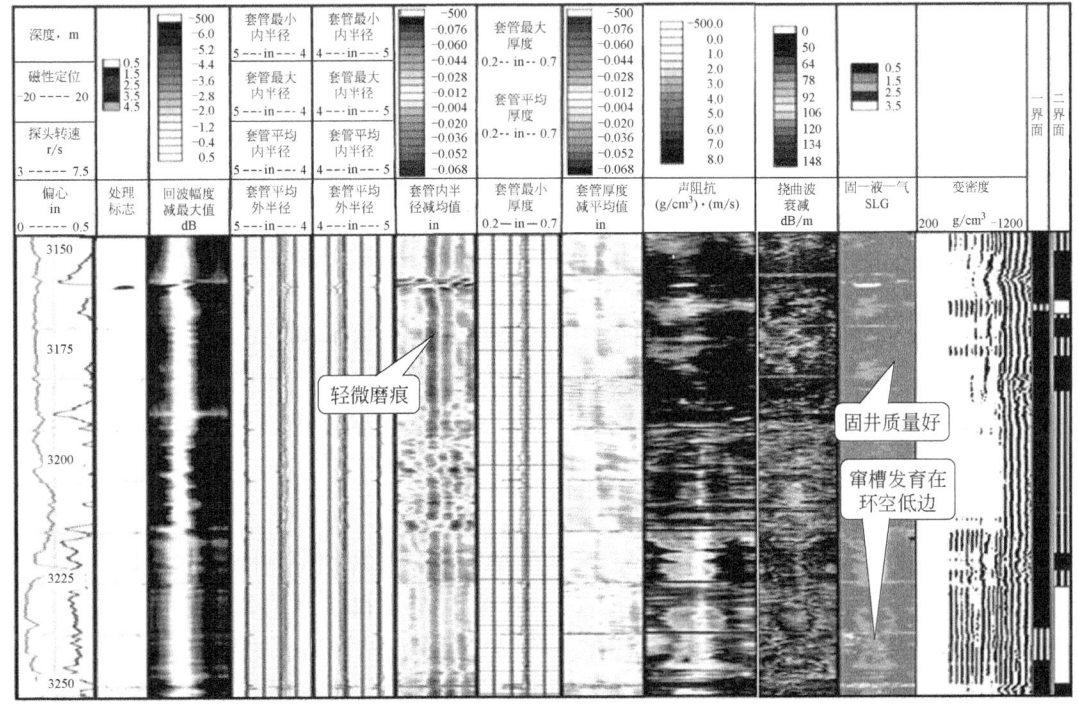

图 3.45 YX 井 3150~3250m 水平段套后成像测井与常规 CBL-VDL 固井质量检查对照图

图3.46为YX井1500~1600m水平段套后成像测井与常规CBL-VDL固井质量检查对照图。从图中可以看出,该井1500~1600m井段有两条狭长窄小窜槽,每条宽度不超套管圆周的20%。参照全井段解释发现窜槽延伸更长,IBC资料处理成果固—液—气相图(SLG)显示槽内有气(深色)和液体(浅色)充填,声阻抗和挠曲波衰减成像图在两条窜槽处颜色变深且较易区分,故该井段固井质量差,而VDL对此类狭窄窜槽刻画不明显。

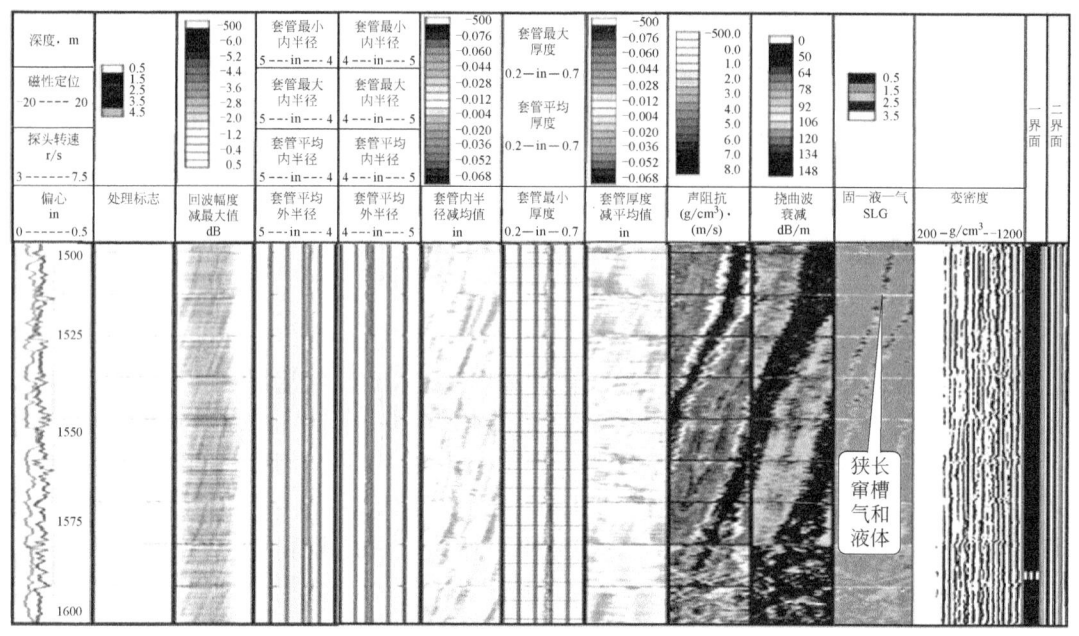

图3.46 YX井1500~1600m直井段套后成像测井与常规CBL-VDL固井质量检查对比图

2. 套管变形及损伤评价

套后成像测井可提供详尽的固井质量评价综合表,窜槽连通大于一定长度统计表,便于统计分析。套后成像测井仪通过分析初始回波的幅度、传播时间和共振频率,可测定套管内壁光滑度、内径大小和壁厚等套管信息,从而可评价套管的变形和腐蚀情况。与其他先进系列套损检查类似,套后成像测井仪可提供各段三维成像图和套管厚度统计数据表,对测量段进行直观详细描述。

套后成像测井仪器采用声波原理,避开了多臂井径仪器在大斜度井段扶正器强度和测量臂探测灵敏度矛盾突出的问题,能准确采集大斜度井、水平井的套管信息。在YX井大斜度段(图3.47),套管高边和低边均有磨损,内壁反射幅度道颜色变黑,内径和厚度有变化。

3. 水泥类型评价

图3.48为YX井2450~2540m井段套后成像测井成果解释图。由图3.48可见,该井段声阻抗和固—液—气相图反映固井质量较好,套管内外径和壁厚均匀;而挠曲波衰减在2505m起向上明显变强,比对固井水泥用量估算的二级水泥结合部深度范围,可以认定为不同水泥类型的测量响应,也验证了IBC资料能评价水泥类型的性能。

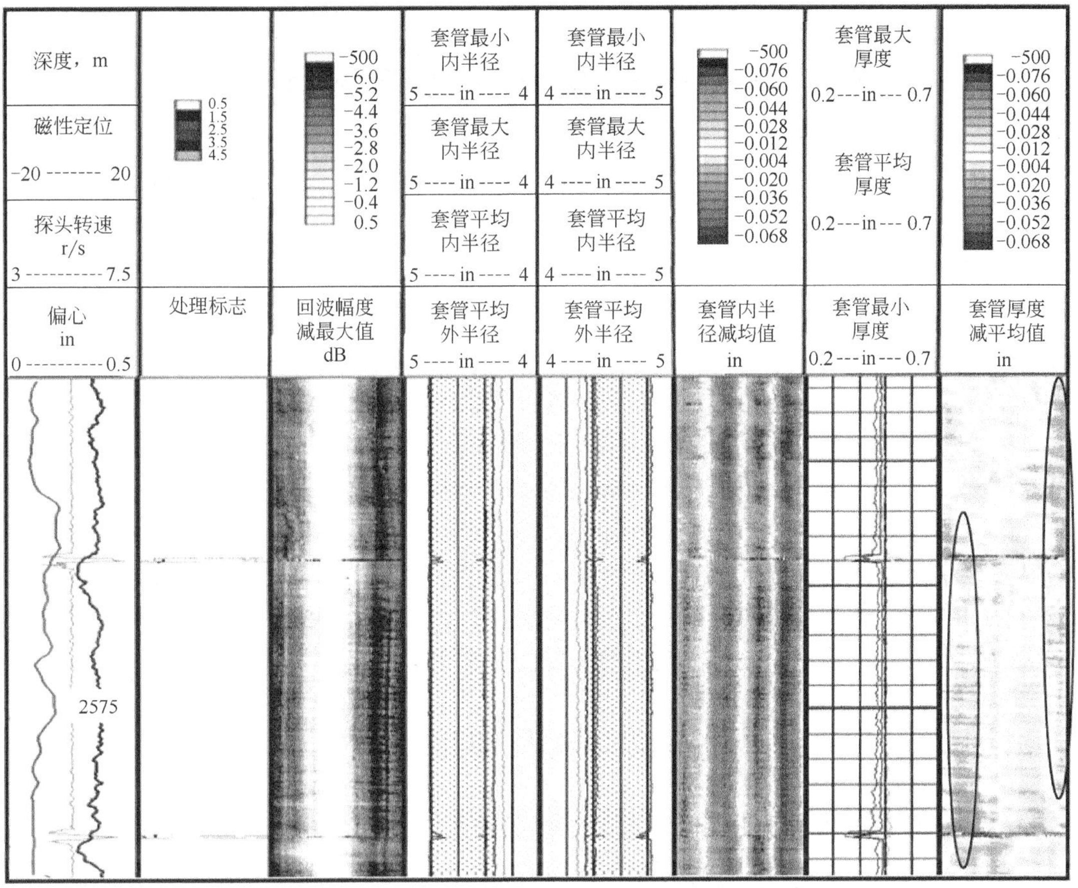

图 3.47 YX 井大斜度段套后成像测井套损检查成果图

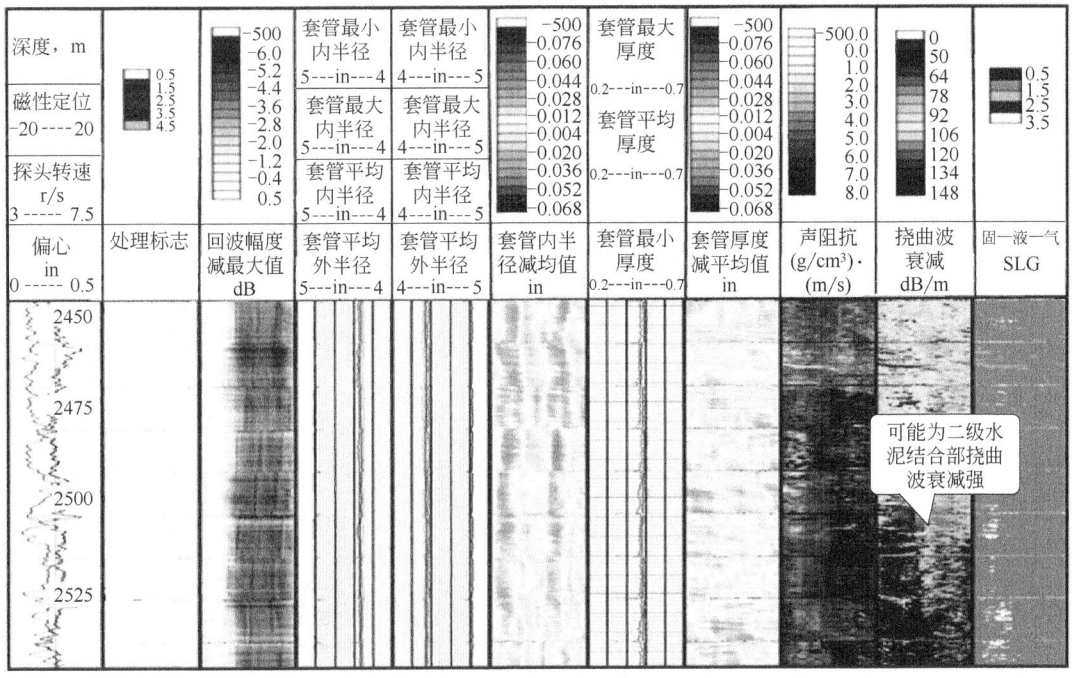

图 3.48 YX 井 2450~2540m 井段套后成像测井成解释果图

3.5 石油工程测井解释软件介绍及应用

目前的国产测井解释软件主要有 Forward, Watch, Lead, Ciflog 等, 国外的测井评价软件有 Geolog, IP 等。下面, 以基于测井信息的地层岩石力学解释及工程应用的软件为例, 介绍其功能及工程应用。

基于配套实验和计算方法模型等研究, 研制了低孔低渗储层岩石力学测井解释软件——岩石力学精细评价软件 LogFERM(well logging fine evaluation on rock mechanics), 对 LD 地区部分井的长 6 段—长 8 段进行岩石力学各向异性的精细解释及其工程应用分析。

岩石力学精细评价软件 LogFERM 主要用于解决低孔低渗复杂岩性储层的岩石力学和地应力等参数的精细解释及其工程应用问题, 用于储层岩石力学和完井品质评价。

软件基于 Forward 平台, 采用 Fortran 语言编程, 可视化界面友好。多口井资料处理与应用测试表明, 软件模块功能齐全、处理方便快捷、结果合理, 能满足复杂岩性地层的岩石力学和地应力及破裂压力等参数计算及分布规律研究, 以及射孔压裂层段优选与压裂缝高度预测等需求, 丰富和完善了低孔低渗储层的工程测井精细解释技术。

3.5.1 LogFERM 软件模块功能及使用说明

软件主控界面如图 3.49 所示, 各模块功能见表 3.5, 并简述核心模块的使用。

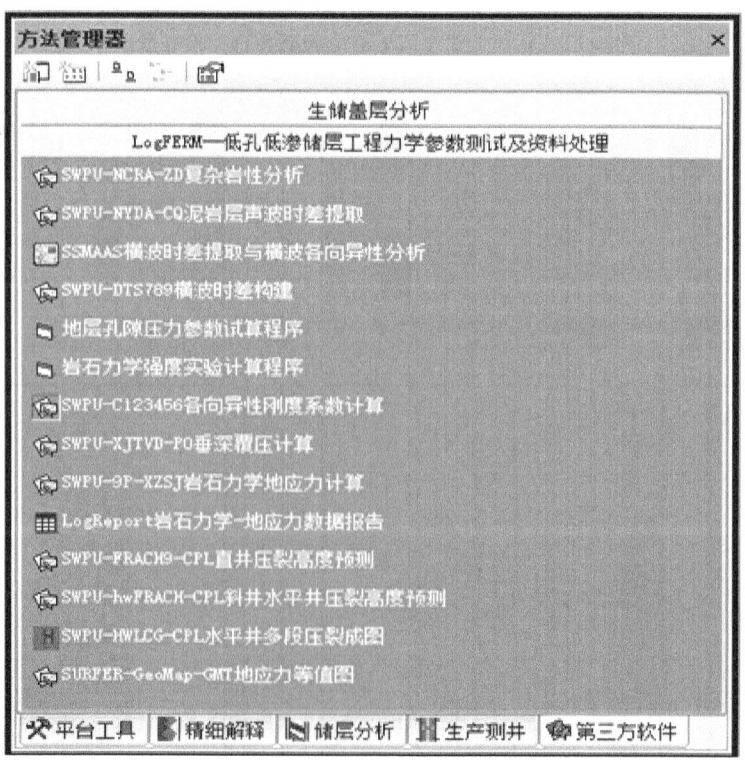

图 3.49 LogFERM 软件主控界面

表 3.5　LogFERM 软件各功能模块

模块	程序名称	主要功能
三波时差提取与快慢横波各向异性分析	SWPU-NCRA SWPU-SSMAAS SWPU-DTS56789 SWPU-DTS999	包括利用测井数据进行常规物性分析处理，阵列声波测井资料的质量分析、三波时差提取、横波分离及各向异性方位分析，未测横波资料井段的横波时差曲线的构建，各向异性 Biot 参数的计算等，为岩石力学与地应力计算等提供基础数据
各向异性岩石力学参数与地应力计算	SWPU-NYDA-Pp SWPU-MTS-4S-3A SWPU-C1166Biot SWPU-XZJTVD-PO SWPU-9P-XZSJ SWPU-LogReport	包括泥页岩段的测井数据提取与压实趋势线的构建、地层孔隙压力计算方法优选、岩石力学实验数据的 4 强度 3 角度计算、各向异性刚度系数的计算、斜井的垂深、覆压、岩石力学和地应力等 36 个参数的计算，并以成果表的形式导出这些参数，为储层品质评价和压裂高度预测等提供可靠的工程力学数据
直井和水平井 CQ(Completion quality) 指标计算、射孔压裂选层及压裂缝长宽高预测	SWPU-YXCD SWPU-YXWZ SWPU-FRACH9 SWPU-HWFRACH9 SWPU-HWLCG	包括直井和水平井的地质完井品质甜点 CQ 指标计算、射孔压裂选层及其压裂缝长宽高参数的计算，以及沿井眼轨迹综合显示地层岩性剖面、测井曲线、射孔段压裂缝的形状等
岩石力学参数与地应力的等值图绘制及分布规律	Surfer-GeoMap-GMT ConTour	分层提取单井脆性、水平地应力和水平应力差，采用 Surfer 工具软件，结合地质构造，绘制这些矢量参数的等值图，为井网部署提供可靠的地质力学依据

1. SWPU-MTS-4S-3A 岩石力学强度实验计算模块

如图 3.50 所示，该模块利用多块岩样的三轴压缩抗剪实验数据 (σ_1, σ_3) 做莫尔应力圆，计算得到内聚力 C、抗拉强度 S_t 和单轴抗压强度 UCS、三轴抗压强度 CCS，以及摩擦角 φ、破裂角 θ 和 β。

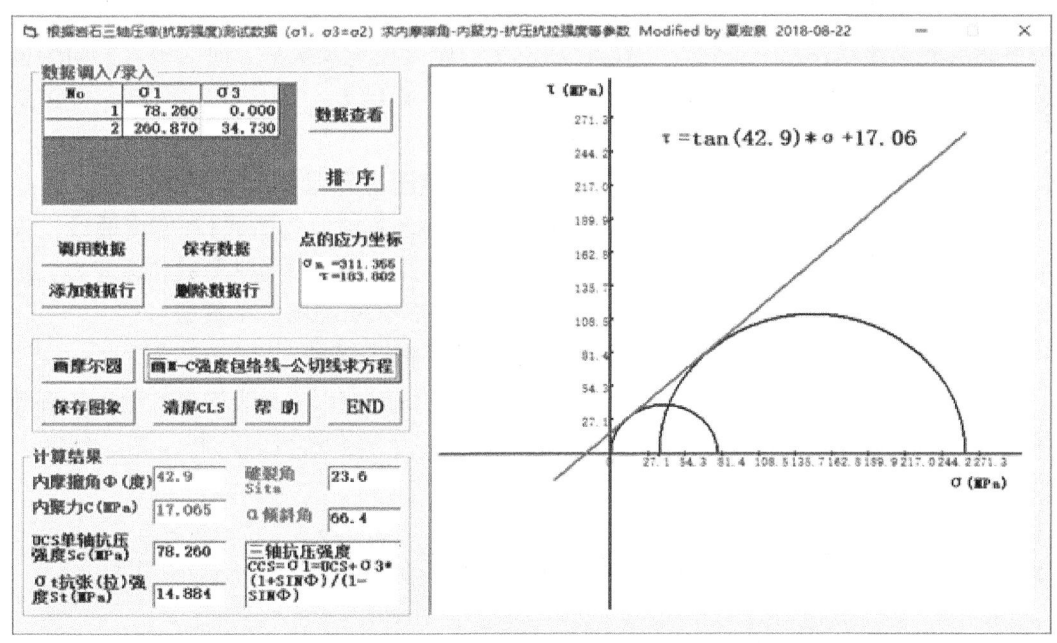

图 3.50　SWPU-MTS-4S-3A 岩石力学强度实验计算程序运行界面

2. SWPU-SSMAAS 横波时差提取与横波各向异性分析模块

如图 3.51、图 3.52 所示，该模块利用阵列声波测井数据（DSI、XMAC、WS、MPAL），提取 P 波、S 波和 ST 波的慢度、快慢横波慢度和各向异性方位图,并进行提波质量分析和频散校正,同时还可以构建其他井段的横波时差曲线,为各向异性岩石力学计算提供可靠的波速数据。

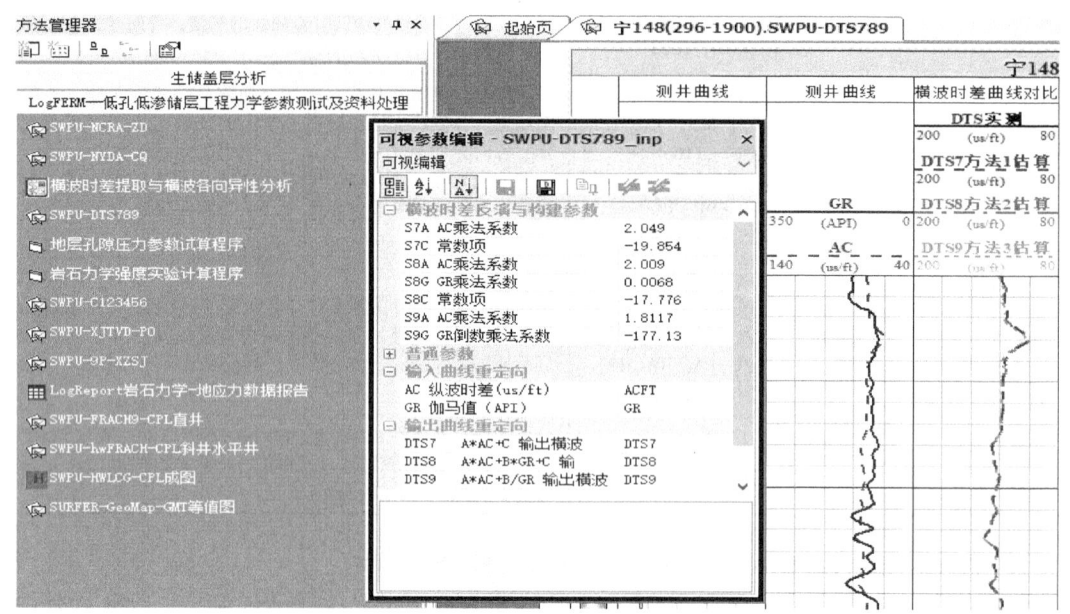

图 3.51　SWPU-DTS789 横波时差曲线构建程序运行界面

3. SWPU-C123456 各向异性刚度系数计算模块

该模块主要利用不同方向传播的纵横波波速曲线,采用各向异性刚度系数的计算公式,由程序逐点分层计算 C_{11}、C_{12}、C_{33}、C_{44}、C_{55}、C_{66} 刚度模量及水平方向、垂直方向的杨氏模量、泊松比和脆性等参数,为各向异性地应力的计算提供 E_V, E_H, PR_V, PR_H 等重要参数。运行时需要读入的曲线和参数如图 3.53 所示。

4. SWPU-9P-XZSJ 岩石力学、地应力和破裂压力等参数计算模块

如图 3.54 所示,利用声波时差曲线(含提取或构建的横波时差曲线)和密度曲线,根据各向异性地层岩石力学和地应力计算模型等,计算任意井眼的岩石力学参数和地应力,给出工区合理的地应力和破裂压力数值,为后续的工程应用提供可靠的力学数据。

5. LogReport 岩石力学—地应力测井计算数据报告模块

该模块将计算的岩石力学参数、地应力和破裂压力等数据以成果表的形式导出,直观显示储层段的工程力学参数,为压裂缝高度预测和地应力等值线图的绘制,提供分层力学数据。

3.5.2　LogFERM 软件应用实例与效果分析

将 LogFERM 软件用于盆地 LD 地区长 6 段、长 7 段和长 8 段的致密油目的层段的工程力学参数计算处理。首先运行 SWPU-SSMAAS 模块或者 SWPU-DTS789 模块得到横波时差数据,运行 SWPU-XZJTVD-PO 模块由自然伽马 GR,密度 DEN,声波时差 AC 和声波速度 ACS 等测井数据准确计算上覆岩层压力,其次运行 SWPU-C123456 模块计算地层各向异性

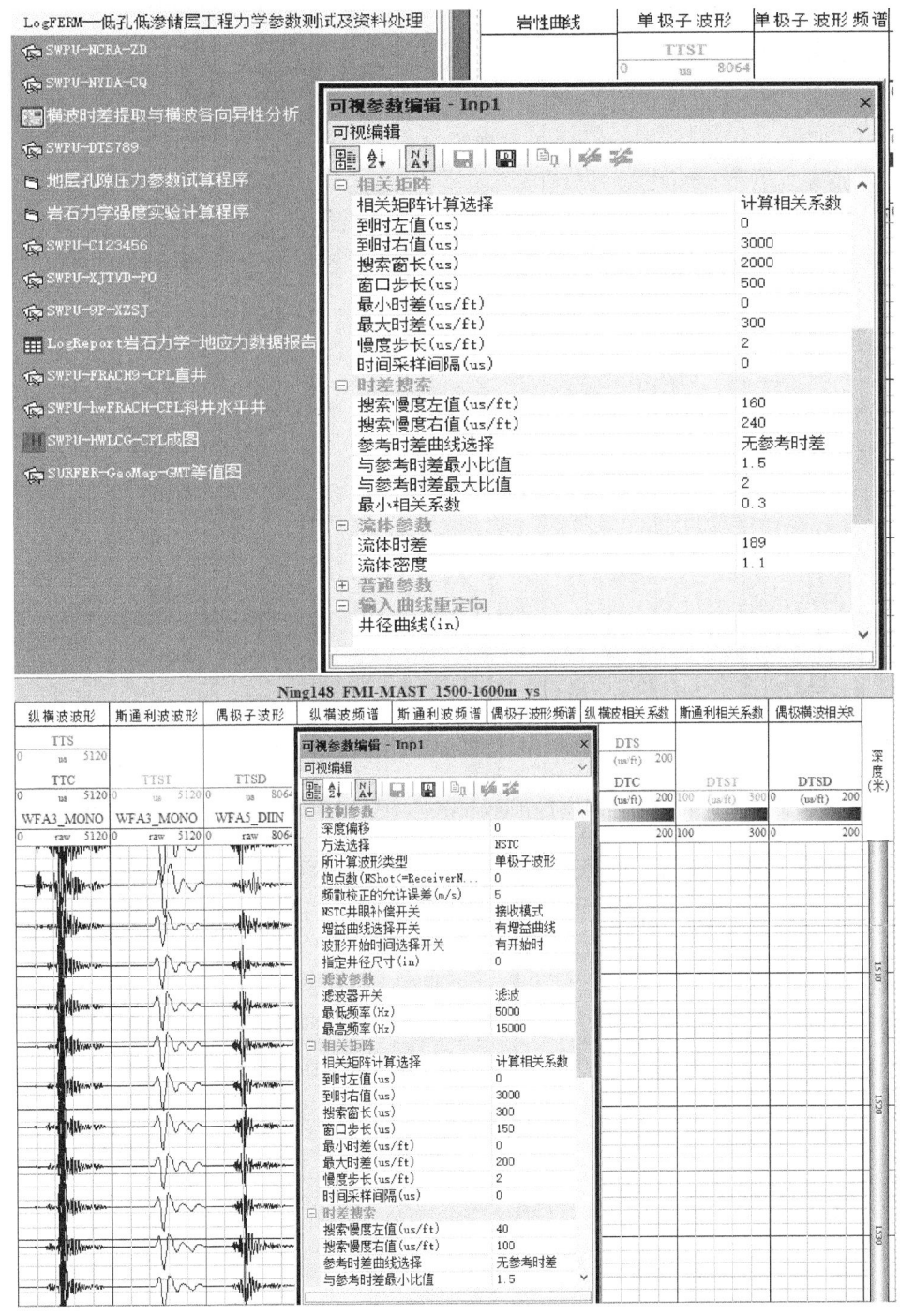

图 3.52 SWPU-SSMAAS 三波时差提取程序运行界面

刚度系数及岩石力学参数,然后运行 SWPU-9P-XZSJ 模块计算地层孔隙压力、水平最大地应力和水平最小地应力及破裂压力等参数,并输出需要提交的成果图和数据,另外可添加实测或岩石力学实验数据,对比分析与检验测井计算的工程力学参数(曲线)的数值合理性,为低孔低渗储层的射孔压裂缝高度预测和地应力分布规律及井网部署研究等,提供可靠基础数据。

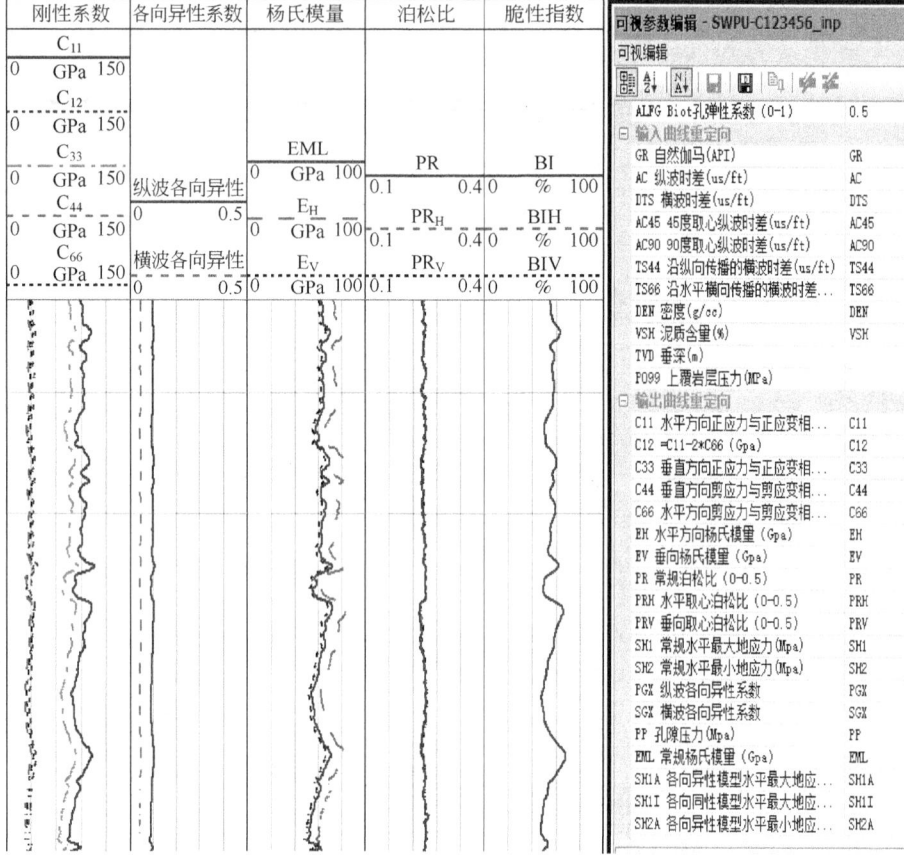

图 3.53 基于多种纵波横波时差曲线和密度曲线计算刚性系数和岩石力学参数

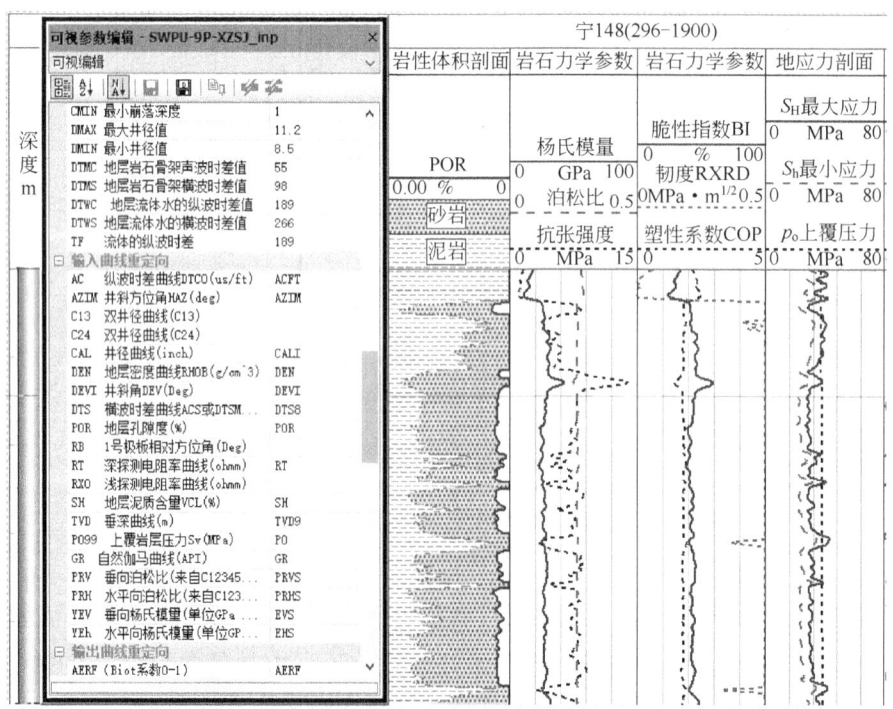

图 3.54 SWPU-9P-XZSJ 力学参数计算模块界面

1. LD 地区岩石力学检验实例分析

从图 3.55 可知,采用低孔低渗储层岩石力学各向异性计算模型,计算 N148 井 1630~1790m 刚性系数和各向异性岩石力学参数,杨氏模量、泊松比、脆性指数表现出弱各向异性,层间差异明显,较 SLB 计算结果精度高。

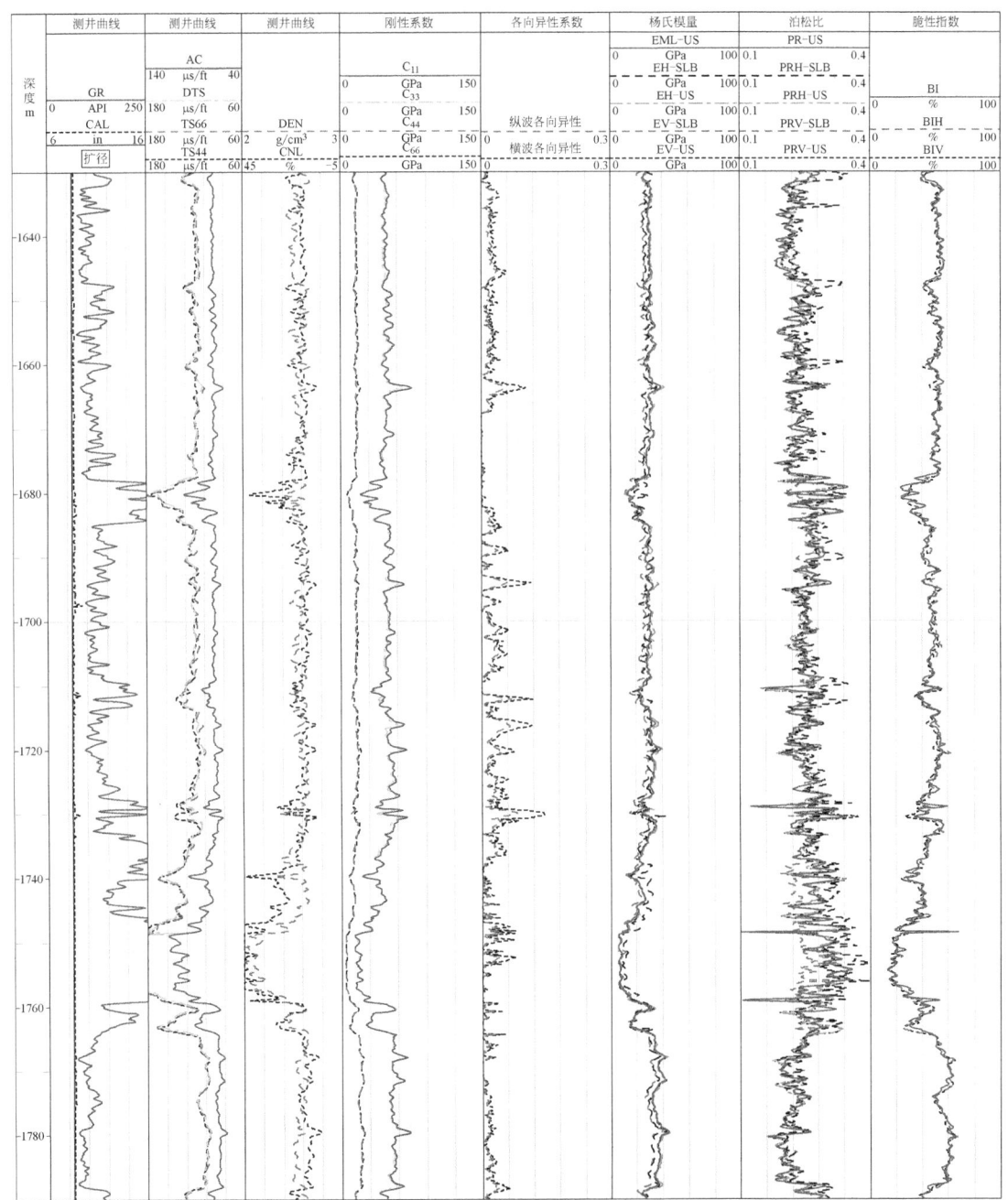

图 3.55　N148 井 1630~1790m 岩石力学各向异性参数计算测井综合解释对比图

图 3.56 为 N148 井长 6 段—长 8 段 1630~1790m 的杨氏模量、泊松比及地应力和破裂压力。通过岩心实验数据标定,TIV 各向异性力学计算新模型比 SLB 计算的地应力精度高、杨氏模量和泊松比等参数与实验数据比较接近与吻合;另外计算的力学参数,垂向变化明显,较 TI

模型的计算结果更加突出了不同井段层间力学参数的差异,考虑到射孔压裂应选择地应力低、杨氏模量高、泊松比低的井段,该差异有利于详细的水力压裂设计与提高压裂作业的有效性。

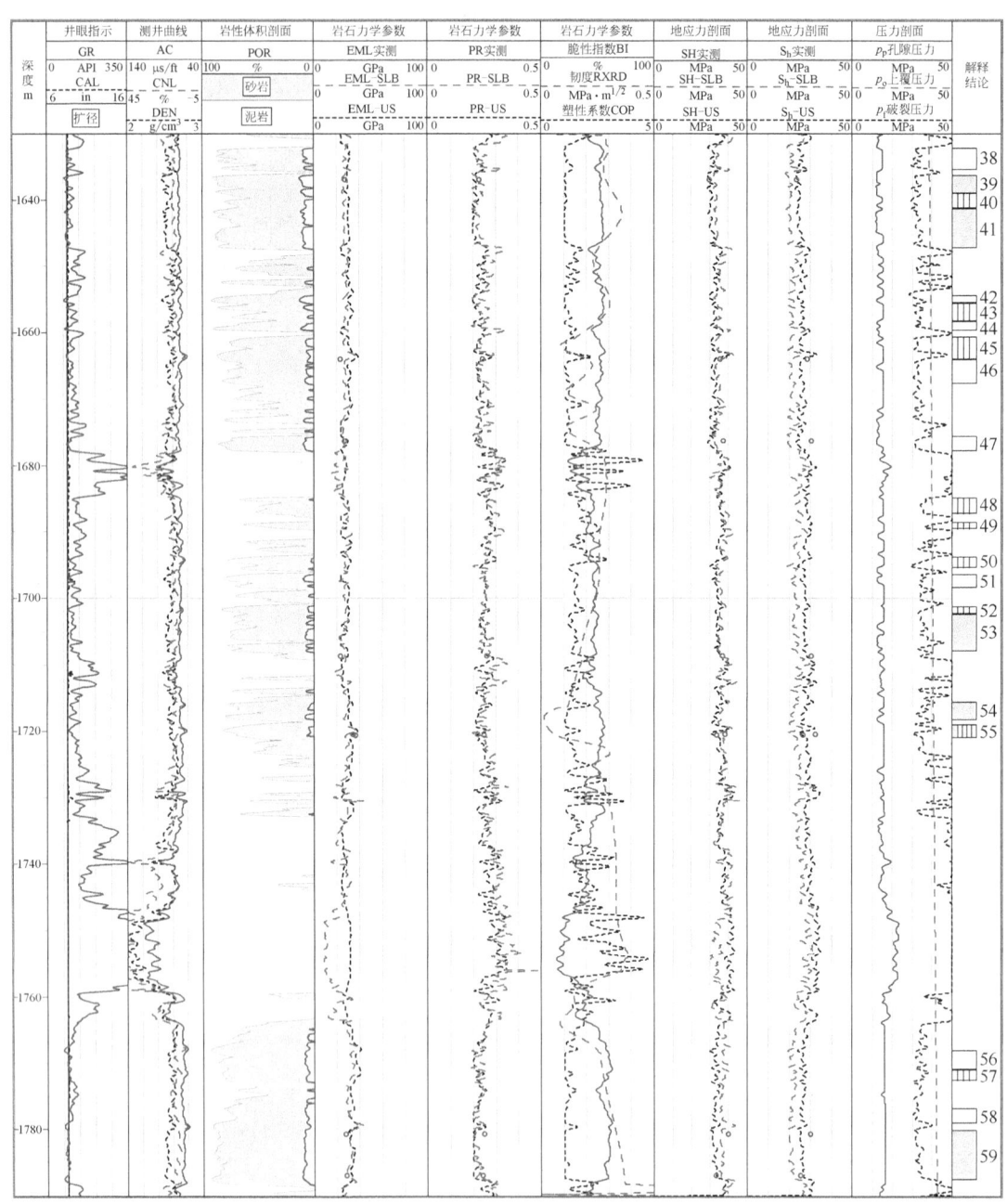

图 3.56　N148 井 1630~1790m 的地应力和破裂压力计算成果图

2. 基于应力云图模拟分析的井眼轨迹和射孔方位优选

基于直井、斜井和水平井的地层坍塌压力和破裂压力计算隐式数学模型,采用数值模拟分析的方法,分析地应力类型对水平井井眼轨迹的影响(做出地层坍塌压力 p_c & 地层破裂压力 p_f 云图),得出在工区正断层地应力状态下,沿着该区 SH_2 方向(北偏西 15°)钻进的小斜度定向井(含直井)坍塌压力当量密度较低,而破裂压力当量密度变化趋势正好相反。即沿最小水平主应力方向钻进小斜度定向井安全钻井液密度窗口较宽，井壁稳定；若钻取大斜度井或者水平井，沿 SH_2 方向钻进时，安全钻井液密度窗口较宽、井壁稳定，而沿 SH_1 方向钻进时，安全钻井液密度窗口较窄，井壁稳定性差。

以 H6-7 井为例，垂深 TVD = 2125.66m 处、AZIM = 348°、DEVI = 89.27°、S_v = 49.22MPa、σ_H = 39.97MPa、σ_h = 31.97MPa、ν = 0.267、α = 0.55、S_t = 6.8MPa，SH_1 方位为 NE75°。

模拟结果如图 3.57 所示，由图可以看出：水平井井眼轨迹方位优选为正断层应力状态下，最优方位为沿 SH_2 方向钻进。

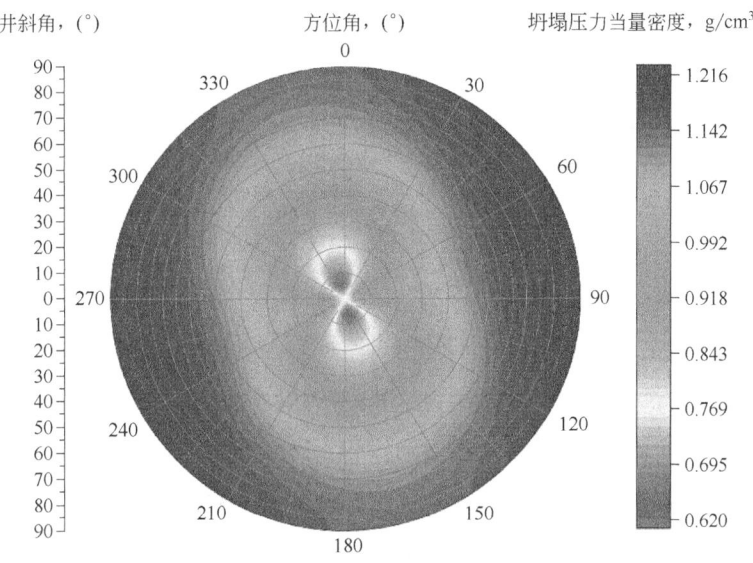

图 3.57 地层坍塌压力随井斜角和井斜方位角的变化规律模拟云图

计算井眼地层破裂压力，绘制应力分布云图，如图 3.58 所示。通过模拟计算井眼各个位置发生破裂的当量钻井液密度可知，在工区地应力状态下，井壁破裂压力随井周角的增大而增大，在井周角为 90°处破裂压力最大，井周角为 0°处最小，水平井优选井周角为 0°或 180°处（SH_1 方向）易于射孔压裂。注意，井周角为井壁上任意一点与最大水平主应力方向夹角。

3. 基于 CQ 指标的直井射孔压裂层段优选与裂缝形态预测

利用 LogFERM 软件进行单井岩石力学参数的精细解释，针对单井剖面已解释好的油气水干层段，计算其完井品质 CQ(completion quality)指标，根据 CQ 指标大小进行单井剖面储层完井品质评价，给出其优劣好坏顺序，找出地质工程甜点段作为射孔压裂的优选层段，并在每个层内优选最佳的射孔位置，然后进行压裂缝长宽高参数(形态)的计算模拟(预测)。并与实际压裂施工曲线或压后微地震监测或偶极横波成像测井各向异性分析处理结果进行对比，实现压裂效果的预测、检测和监测评价。

裂缝是造成各向异性增大的主要原因，当地层存在裂缝时，横波的各向异性将明显增大；无裂缝时各向异性系数值基本为零，由此可以评价压裂缝效果。当井壁被压开形成垂直裂缝时，各向异性系数将明显增大，各向异性系数变化明显井段长度就是地层被压开的高度。

图 3.59 为 L398 井长 8 段油层压裂缝预测结果与压后各向异性对比图。从图 3.59 可以看出，L398 井(直井)长 8_2 段射孔压裂井段为 2280~2284m，压后 2276~2300m 井段的地层各向异性明显增强，预测压裂缝高度与压后各向异性增强段的高度相符。压后试油投产，日

产油 12.75t，表明该井储层段压裂缝较为发育、压裂效果好，预测结果合理可靠。

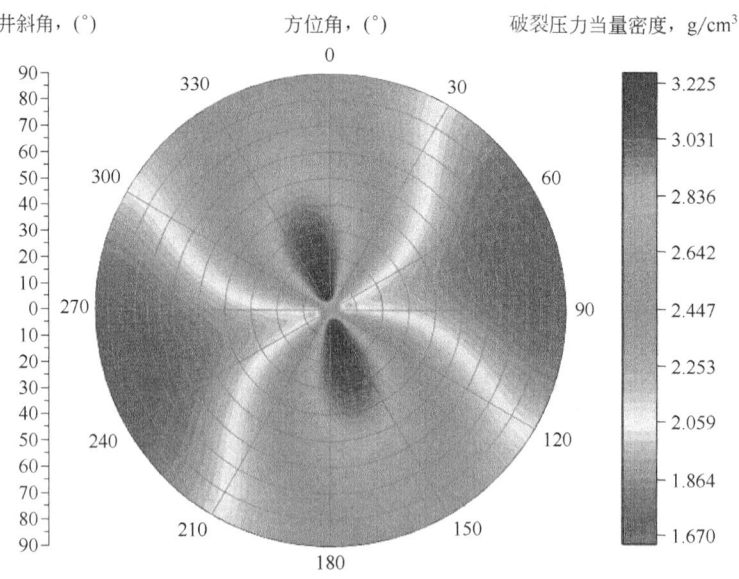

图 3.58 地层破裂压力随井斜角和井斜方位角的变化规律模拟云图

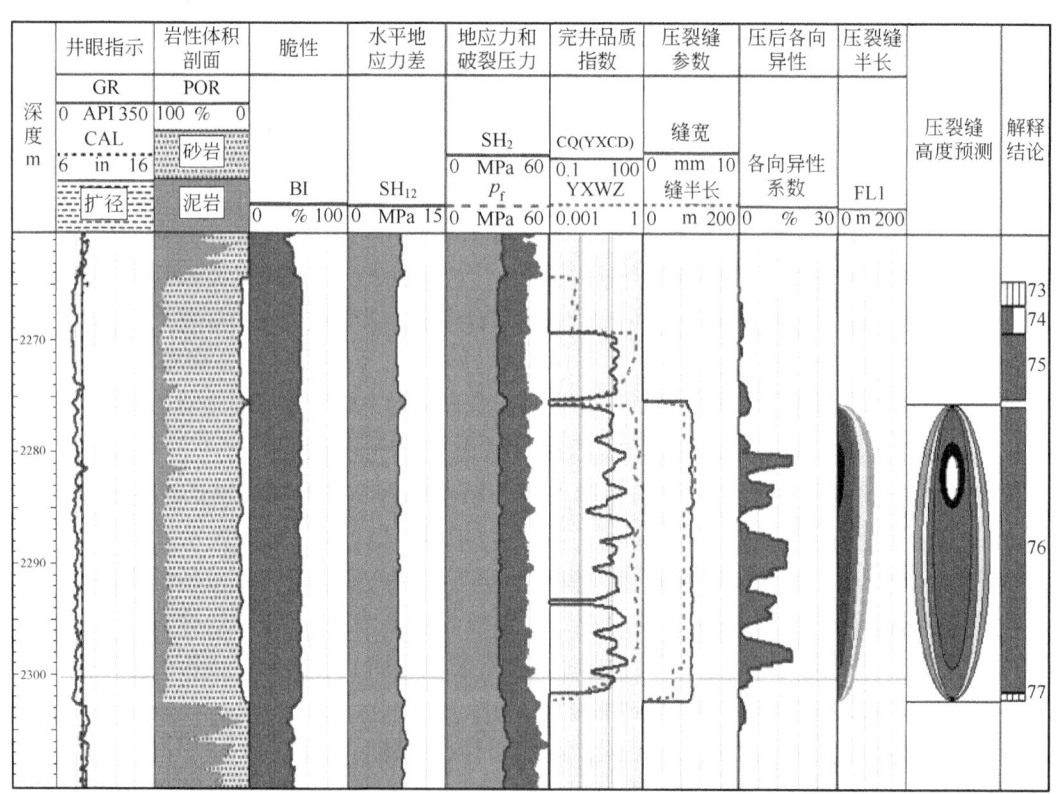

图 3.59 L398 井长 8 段油层压后各向异性与压裂缝预测结果对比

图 3.60 为 Y45 井长 6 段的射孔压裂的压裂缝长宽高预测结果。表 3.6 和表 3.7 为射孔压裂试油结果，长 6_{3-2} 层、长 6_1 层均达到工业油流，日产油分别为 4.34t、6.38t，表明压裂效果良好。

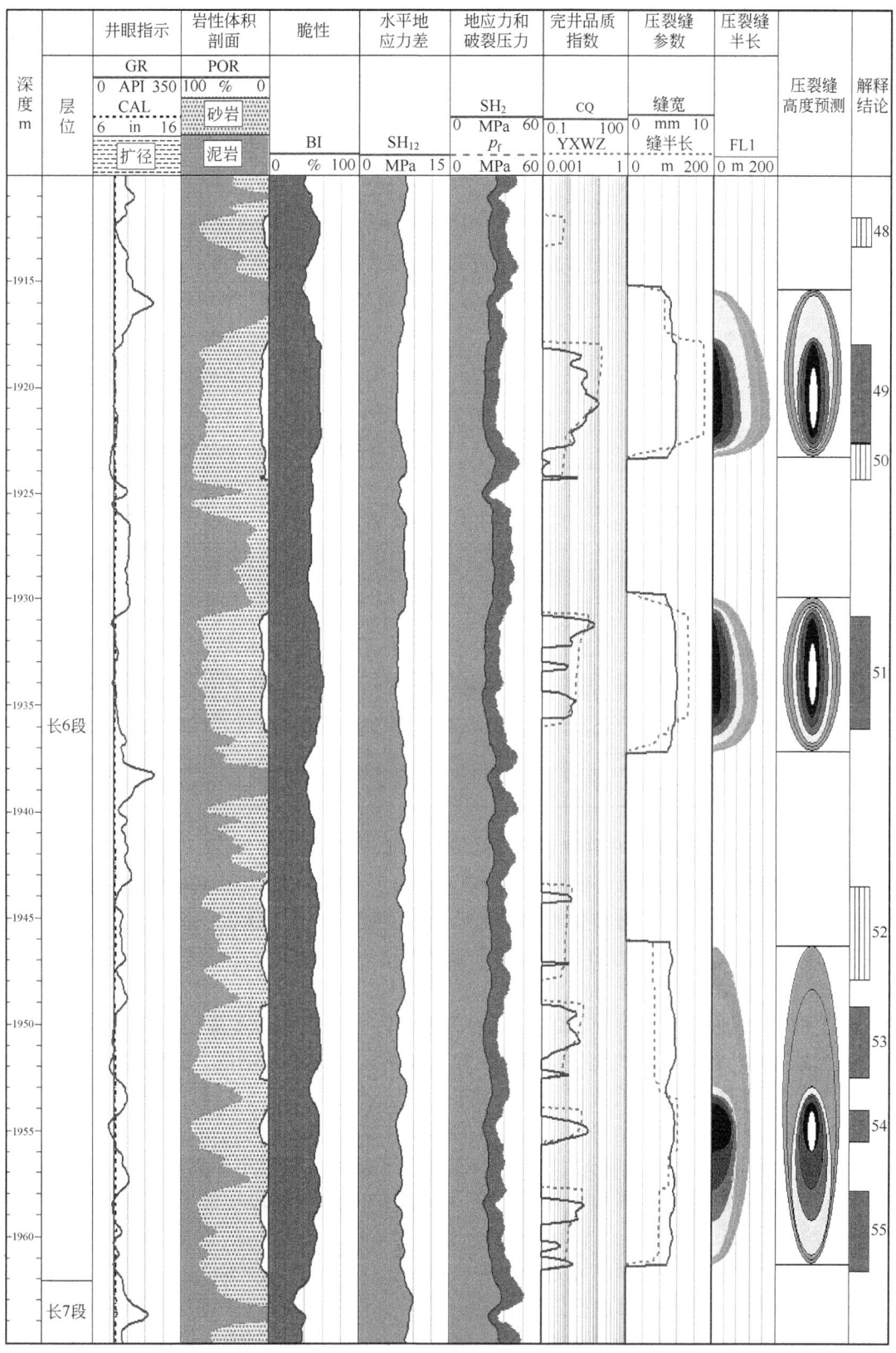

图 3.60 Y45 井 1910~1965m 三段同压压裂缝长宽高预测结果

表 3.6　Y45 井射孔压裂试油成果表

层位	射孔位置，m	日产油，t	日产水，m³
长 6_{3-2} 层	1958.0~1960.0 1954.0~1956.0 1932.0~1935.0 1919.0~1922.0	4.34	25.8
长 6_1 层	1882.0~1886.0	6.38	19.8

表 3.7　部分井射孔优化选层与实际射孔井段位置对比表

井名	层号	测井解释层段，m	解释结论	优选射孔位置，m	实际射孔位置，m	CQ 指标
B28	54	1659.25~1662.25	油层	1659.25~1662.25	1659.0~1662.0	47.24
	56	1688.75~1692.375	油层	1688.75~1692.375	1690.0~1692.2	42.32
	48	1659.00~1662.00	油层	1951.40~1955.40	1952.0~1955.0	19.14
B14	69	2615.00~2619.00	油层	2614.25~2619.50	2615.0~2619.0	4.60
	73	2777.375~2780.375	可疑层	2777.375~2780.375	2778.0~2780.0	2.92
L480	61	2563.25~2579.00	油层	2564.00~2567.00	喷点 2568.11	30.82
	62	2580.00~2591.75	油层	2584.00~2587.00	喷点 2584.76	19.10
N148	59	1780.00~1787.50	油层	1781.375~1785.375	1780.0~1784.0	78.69
	34	1613.375~1621.00	油层	1615.75~1619.75	1614.0~1618.0	34.67
	37	1625.00~1629.875	油层	1625.375~1629.375	1625.0~1629.0	17.53
B59	40	1676.00~1682.75	油层	1678.75~1682.75	喷点 1680.27	17.93
	33	1646.75~1651.00	可疑层	1647.125~1651.00	喷点 1650.18	9.40
	48	1706.500~1709.00	油层	1706.50~1709.00	喷点 1707.58	7.97

4. 基于 CQ 指标的水平井射孔压裂层段优选与裂缝形态预测

鄂尔多斯盆地 LD 地区的三叠系延长组致密油层，其垂向地应力为最大主应力，水力压裂主要形成垂直缝。对于工区致密油储层水平井分段压裂来说，缝高一般要求控制在油层内即可，而对于缝长，工程上为追求更好的改造效果，在考虑井网分布的前提下追求更大的缝长。

图 3.61 为对 H6-7 井 3390~3470m 的射压裂井段的压裂缝长宽高预测成果图。由于水平井和直井不同，图中显示的压裂缝高度准确地来说，应该是压裂缝"视高度"，即水平段上压裂缝顺着井轴延伸的井段长度，图中用来模拟压裂缝几何形态的椭球体的高度，并不表示真正的压裂缝高度，而是水平段上压裂缝的延伸长度。

该井水平井段的 2291~3785m（长 1494m）多个压裂井段采用定面射孔，孔密 15 孔/m，射孔相位 90°，每段射孔 3~5 簇、每簇 0.6m，共计 87 簇，压裂段长最小为 11.6m、最大为 30m、平均为 26.1m，段间距最小为 19.4m、最大为 40m、平均为 27.57m，其中水平段有一段为泥岩未进行射孔。使用滑溜水进行压裂改造，工作排量 12m³/min 左右，加 40/70 目与 20/40 目石英砂，砂比 19.2% 进行压裂改造。合采日产油 28.22t，表明体积压裂效果良好。即在地层中形成了以横向缝为主的复杂裂缝网络，极大地提高储层整体渗透率，实现对储层在长、宽、高方向的三维改造。

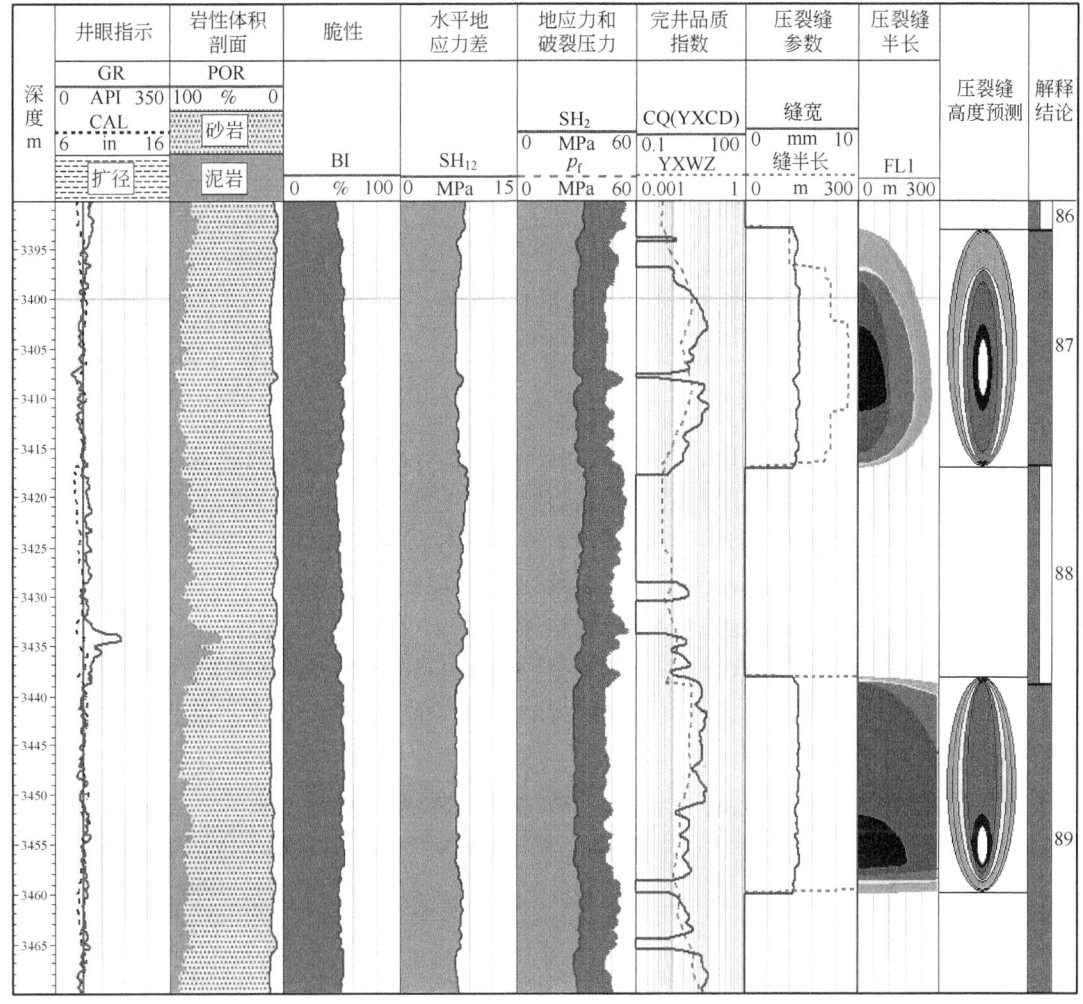

图 3.61　H6-7 井(3390~3470m)压裂段的裂缝长宽高预测成果图

由表 3.8 可知,对比实际压裂井段与射孔综合评价指标高值区域,二者相符,表明所优选的射孔压裂井段(位置)是符合实际储层的完井品质。

表 3.8　H6-7 射孔优化选层位置表

井名	测井解释层号	测井解释层段,m	油水结论	优选射孔位置,m	CQ 指标
H6-7	55	2454.5~2594	油层	2520.25~2540.25	141.339
	99	3642~3699.5	油层	3674.375~3694.375	317.603
	95	3512~3580	油层	3541.125~3561.125	210.962
	16	1566~1568.375	油水同层	1566~1568.375	212.672
	53	2302.5~2435	油层	2410~2430	111.284
	57	2612~2688.25	油层	2641.125~2661.125	133.125
	63	2744~2830	油层	2746~2766	93.732
	73	2926~2988.75	油层	2931.25~2951.25	106.411

续表

井名	测井解释层号	测井解释层段, m	油水结论	优选射孔位置, m	CQ 指标
H6-7	97	3602~3635	油层	3604.875~3624.875	130.762
	105	3770~3787	油层	3770~3787	165.278
	89	3438.875~3475	油层	3454.625~3474.625	97.044
	93	3490.25~3510	油层	3490.25~3510	152.439
	101	3713.5~3741.5	油层	3714.25~3734.25	133.562
	103	3743.25~3766	油层	3746.125~3766	114.171

5. 工区地应力状态分布规律研究及应用

合理提取储层段地应力数值，选用适合 HQ 地区长 6 段—长 8 段的井点地应力网格化估值方法，结合地质构造特征，绘制合理可靠的地应力等值分布图，研究长 6 段—长 8 段的地应力分布规律，对后期井网布置与压裂增产改造具有重要的意义。

1) 长 6 段—长 8 段储层地应力与脆性数据的分层提取

根据各向异性岩石力学—地应力计算程序 SWPU-9P-XZSJ 和数据报告 LogReport 模块，导出单井剖面油气水层段对应的岩石力学数据。表 3.9 为 Z244 井长 6 段脆性与水平地应力数据分层取值结果。同理，可提取其他井的分层数据，用于分层绘制水平最小地应力、水平应力差和脆性等参数的等值图。

表 3.9　Z244 井 1649.5~1740m 长 6 段脆性与地应力数据

顶深 m	底深 m	层段	脆性 %	SH_1 MPa	SH_2 MPa	SH_{12} MPa	解释结论
1649.5	1655.8	长 6 段	50.67	29.41	23.53	5.88	干层
1656.5	1658.3		52.20	29.27	23.41	5.86	干层
1659.1	1663.8		52.35	29.22	23.37	5.85	水层
1664.8	1670.8		51.59	29.52	23.62	5.90	干层
1678.7	1681.6		54.52	29.29	23.43	5.86	干层
1684.7	1688.2		53.29	29.59	23.67	5.92	干层
1689.1	1696.1		52.37	29.90	23.91	5.99	干层
1707.3	1714.8		54.37	29.92	23.91	6.01	干层
1715.8	1717.1		50.49	30.66	24.53	6.13	干层
1722.7	1725.2		53.65	30.19	24.15	6.04	油层
1726.3	1727.3		46.02	31.83	25.46	6.37	干层
1732.2	1739.1		50.65	30.94	24.75	6.19	油层

2) 井点地应力网格化估值方法

本区采用 Surfer 软件来绘制等值图。该软件提供了 12 种空间网格化估值方法。以绘制 HQ 地区 59 口井的水平最小地应力等值图为例，网格化数据为：x 轴—经度，y 轴—纬度，z 轴—水平最小地应力。对比不同网格化方法的适用条件，优选出适合绘制这 59 口井的地应力等值图的网格化方法。通过比较发现：最小曲率法采用迭代的方法逐次求取网格节点数据，方法速度快，但是适合大量数据（1000个以上）的网格化；自然邻点法采用距离网格节点最近的数据点值来作为网格节点的值，适合规则分布、均匀间隔的数据插值，而实际59口井的数据点并非均匀间隔，且各个井点分布不规则；多元回归法处理数据时，仅仅是通过趋势面类型来描述原数据的大状态趋势，并不增加未知网格节点，绘图得到的地应力等值图各等值线平行、过于理想化，不符合工区实际地应力分布状况；作为一种有限元法，克里金插值法是根据相邻变量的值利用变差函数所揭示区域变量的内在联系来估计空间变量数值，网格化精度高，适用于数量小于250个点数据的网格化，用该方法网格化估值，得到的地应力等值图能够完整地控制整个坐标区间且按照地应力大小不同形成若干个局部区域，能够直观准确地表达不同区域的水平地应力分布规律，符合华庆地区地质力学特征。故采用克里金插值法网格化处理井点数据，绘制地应力等值图。

该方法插值的主要依据是各观测点空间位置和相关程度不同，对每个样品给予不同的权重，进行滑动加权平均，以估计中心块段的平均品位（属性值）。在网格化数据时，选择适合本地区的数据网格化估值方法——克里金插值法，考虑工区地质构造（单斜）较平缓，倾角基本在5°以下，裂缝和断层不发育，选取同一地层、不同井位的油层段或油页岩段的地应力及脆性数据等的特征值，绘制等值图。

3）工区地应力分布变化规律分析及应用

通过LogReport程序导出HQ地区长6段储层和油页岩层的地应力数值及脆性指数，将工区地应力数据网格化并绘图，图3.62至图3.64为研究区59口井的长6段储层和油页岩层的水平最小地应力、水平应力差和脆性指数的等值线分布图。

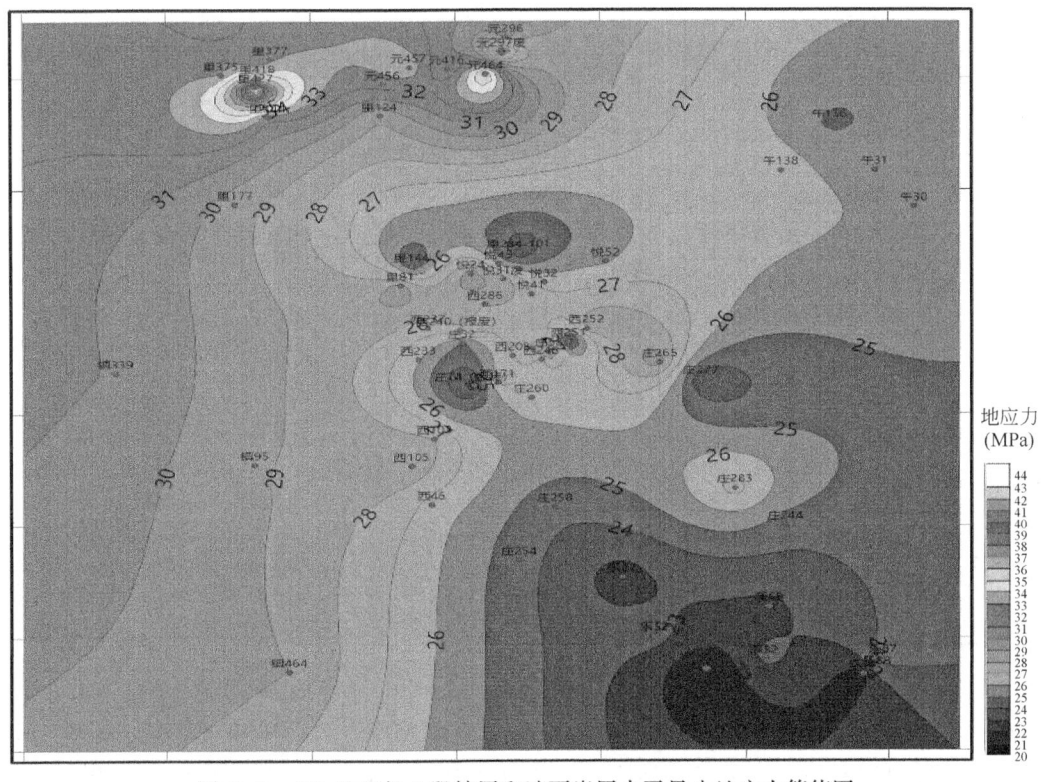

图3.62　HQ地区长6段储层和油页岩层水平最小地应力等值图

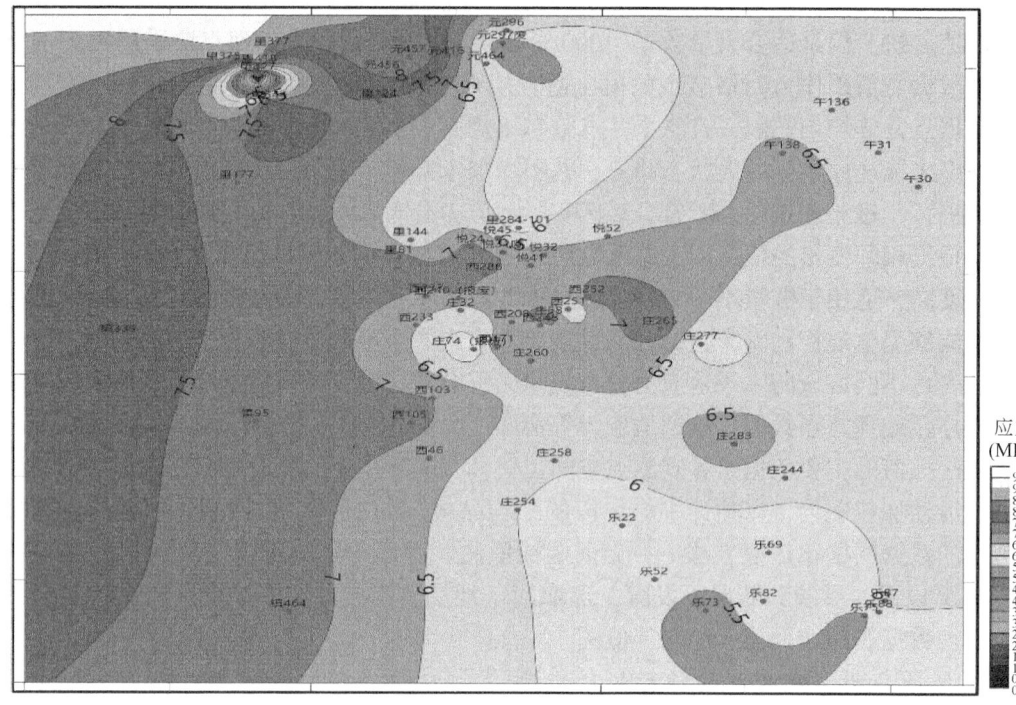

图 3.63　HQ 地区长 6 段储层和油页岩层水平应力差等值图

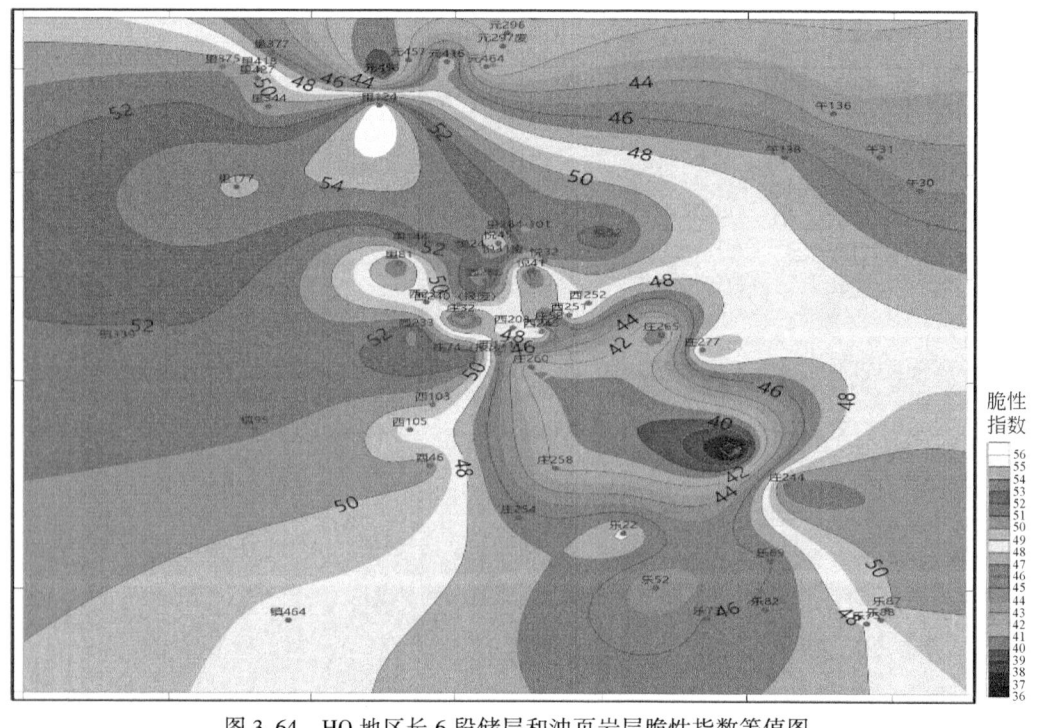

图 3.64　HQ 地区长 6 段储层和油页岩层脆性指数等值图

图 3.62 为长 6 段储层和油页岩层的水平最小地应力等值图。从其水平最小地应力分布变化的等值图可以看出，水平最小地应力变化分布规律较明显，具有东南低、西北高，由东

南低值向西北高值渐变的趋势,这也符合该地区西高东低、西陡东缓的南北走向的大型西倾单斜特征。

图 3.63 为长 6 段储层和油页岩层的水平应力差等值图,其水平应力差整体呈现西高东低的趋势。根据水平差应力分布情况,可以针对性地提前做好井筒事故预防措施和维护工作。对处在水平应力差高值区的生产井,如长 7 段的新钻井等,钻井设计时应考虑井壁坍塌的可能性,选择适当的钻进工艺,而固井时应提高套管的设计强度,生产过程中应定期检测。另外,对于水平应力差较小和脆性指数高的生产井,水力压裂裂缝走向主要受储层非均质性和天然裂缝的影响,要考虑到裂缝扩展方向的不确定性,易于形成高产能的网状裂缝改造体系。如庄 277 井在长 8_2 段 1792~1794m、1786~1788m 射孔压裂求产,日产油量 14.88t;在长 8_1 段 1757~1760m、1738~740m 射孔压裂求产,日产油 30.525t。

图 3.64 为工区长 6 段储层和油页岩层的脆性指数,脆性指数越大说明如果采取水力压裂改造时将会连通更多的天然裂缝形成缝网,增加泄油面积,取得较好的压裂增产效果,而实际的高产井大部分就分布在这些高脆性指数、可压性好的区域。

该区域地层中存在天然微裂缝,人工压裂缝的延伸方向既受到天然裂缝的控制,也与应力场主应力方向有关。利用电阻率成像测井识别的钻井诱导缝方位和井壁崩落方位及偶极横波各向异性方位分析,得到该研究区域水平最大地应力的主方位为北东东—南西西向,水平最小地应力方向为南南东—北北西向。本区天然裂缝发育程度较低,压裂缝的形态主要受到现今水平最大地应力状态控制,因此人工压裂裂缝的走向与水平最大地应力方向基本一致,即主要呈北东东—南西西向展布。另外,结合应力等值图中所揭示的水平最小地应力分布具有西高东低的变化趋势,水平井部署应该以南北向为主,即钻井井眼轨迹近于南北向、不能顺沿 SH_1 方向(东西方向),这样既保持了钻井井壁的稳定性又保证了垂直压裂裂缝横向切割井筒,与天然裂缝形成缝网体系,增大体积改造的有效性,实现水平井高产。例如 H6-7 井长 7_2 水平段的井轨主方位为 NW15°,射孔压裂后日产油量 28.22t。

通常,矩形井网的长宽比可据水平最大地应力与水平最小地应力值之比来确定。本区低孔低渗储层各向异性明显,水平最大地应力与水平最小地应力的比值约为 1.25,油藏向井筒渗流的等压线是椭圆形,沿水平最大地应力方向采用矩形井网布置能满足油气田开发的最大渗流单元的需要。建议本区井网布置采用沿北东东—南西西向、长宽比约为 1.25 的矩形井网。

4)基于水平最小地应力的压裂支撑剂选择

目前常用的压裂支撑剂是石英砂和陶粒,其差别在于抗破碎能力。闭合压力(即水平最小地应力)在 30MPa 以下时,石英砂和陶粒均可以满足施工要求,闭合压力达到 40MPa 以上时,只能接纳陶粒支撑剂。根据支撑剂性能不同,不同深度的地层其压裂闭合压力不同,确定了以下支撑剂选用条件:

(1)深度小于 1600m,闭合压力小于 28MPa 的地层,施工时接纳石英砂作为支撑剂。其中深度小于 1200m,闭合压力小于 24MPa 的地层,可接纳粒径为 0.9~1.25mm 的石英砂;深度在 1200~1600m,闭合压力为 20~27MPa 的地层,首选粒径为 0.45~0.9mm 的石英砂,也可以用 0.9~1.25mm 的石英砂。

(2)深度为 1600~1900m,闭合压力为 27~33MPa 的地层,施工时可接纳 0.9~1.25mm 陶粒,也可以接纳 0.45~0.9mm 的石英砂。

(3)深度为 1900~2400m,闭合压力为 33~40MPa 的地层,可全部应用陶粒,粒径为 0.45~0.9mm、0.9~1.25mm 的陶粒均可利用。

(4)深度大于2400m，闭合压力大于40MPa的地层，应全部利用0.45~0.9mm的高强度陶粒。

以裸眼完井产生垂直裂缝为例，在水力压裂技术中，支撑剂作为主要施工材料担负着对水力裂缝的支撑作用，从而为压裂之后地层中流体的流动提供较高导流能力的通道，在这一过程中，支撑剂受到水平最小地应力的作用。由于闭合压力的作用，使得支撑剂在油藏中长期处于承压状态已致破碎，导致水力裂缝的渗透率降低，影响压裂施工后的增产及有效期，直接关系到油气层改造的经济效益。

在支撑裂缝中，支撑剂所承受的压力与水平最小地应力之间有如下关系：

$$p_a = \sigma_{H2} - p_{wf} \tag{3.63}$$

式中，p_a 为支撑剂所承受的压力，MPa；σ_{H2} 为水平最小地应力，MPa；p_{wf} 为井底流动压力，MPa。

由式(3.63)可以看出，水平最小地应力越大，在井底流动压力一定的情况下，支撑剂所承受的压力也就越大，这样对支撑剂的强度及导流能力等要求也就越高。即水平最小地应力的大小可为压裂支撑剂选择提供依据。在一般情况下，当水平最小地应力小于40MPa时可选用石英砂作为支撑剂，在40~69MPa时选择陶粒作为支撑剂。由上述的地应力等值图可知，工区长6段—长8段储层水平最小地应力整体呈现由东南向西北对角线逐渐增大、西高东低的趋势，但均在20~38.5MPa范围内，其长6段—长8段可选用石英砂作为支撑剂较合适，这也与该区长6段—长8段试油层段压裂施工所使用的支撑剂类型相符合。

参考文献

[1] 张宸嘉，樊太亮，孟苗苗，等. 塔河油田奥陶系碳酸盐岩储集层成像测井地质解释 [J]. 新疆石油地质，2018，39(3)：352-360.

[2] 吴伟，邵广辉，桂鹏飞，等. 基于电成像资料的裂缝有效性评价和储集层品质分类：以鸭儿峡油田白垩系为例 [J]. 岩性油气藏，2019，31(6)：102-108.

[3] 罗歆，闫建平，王军，等. 基于FMI图像深度学习的砂砾岩体沉积微相识别方法 [J]. 沉积学报，2023，41(4)：1138-1152.

[4] 吴晓光，季凤玲，李德才. 偶极声波测井技术应用现状及研究进展 [J]. 地球物理学进展，2016，31(1)：380-389.

[5] 唐晓明，魏周拓，苏远大，等. 偶极横波远探测测井技术进展及其应用 [J]. 测井技术，2013，37(4)：333-340.

[6] 庄春喜，燕菲，孙志峰，等. 偶极横波远探测测井数据处理及应用 [J]. 测井技术，2014，38(3)：330-336.

[7] 董经利，许孝凯，张晋言，等. 声波远探测技术概述及发展 [J]. 地球物理学进展，2020，35(2)：566-572.

[8] 汤宏平，张海涛，李高仁，等. IBC套后成像测井在水平井中的应用 [J]. 石油天然气学报，2012，34(8)：88-98.

[9] 范翔宇，夏宏泉，张千贵，等. 声波测井资料的工程应用 [M]. 北京：科学出版社，2015.

练习题

3.1 目前国内外各油服公司现场的成像测井项目有哪些内容？

3.2 如何基于电阻率成像测井资料、声波成像测井资料和双井径资料等来判断裂缝类型和地应力方向？

3.3 简述如何运用偶极横波成像测井识别气层。

3.4 目前油田现场在进行固井质量评价中，主要使用哪些测井方法？与 CBL-VDL 方法相比，IBC 测井方法有哪些优点？

3.5 FMI 的纽扣电极尺寸为 0.2in，其纵向分辨率为 5mm，为什么用 FMI 成像测井资料可以识别宽度远小于 5mm 的裂缝？请比较 FMI 测井与 ARI 的异同点？

3.6 钻井液滤液电阻率为 $0.25\Omega \cdot m$，冲洗带电阻率为 $10\Omega \cdot m$，裂缝引起的异常电流面积为 $100\mu A \cdot mm/V$，若 $a=0.0048\mu m^{-1}$，$b=0.863$，请计算缝宽为多少毫米。

3.7 SBT 解释图版中读出自由段套管衰减率为 12.5dB/m，套管壁厚为 0.5in，井深 2500m 处的衰减率为 17.5dB/m，计算该处的水泥胶结强度。若已知当次固井水泥胶结最好井段的衰减率为 18dB/m，判断该处的胶结质量。

3.8 已知某井段 CAL=12.25in，其 FMI-ARI-CBIL 的二维展开图显示诱导裂缝低电阻视正弦条带的波峰到波谷间的距离 $h=116cm$，请计算裂缝倾角？若其波谷方位（成像图的横坐标值）为 N5°E，那么裂缝走向是多少度？

3.9 指出下图页岩水平井轨方位及 FMI-USI 成像测井显示所钻遇的地层特征。

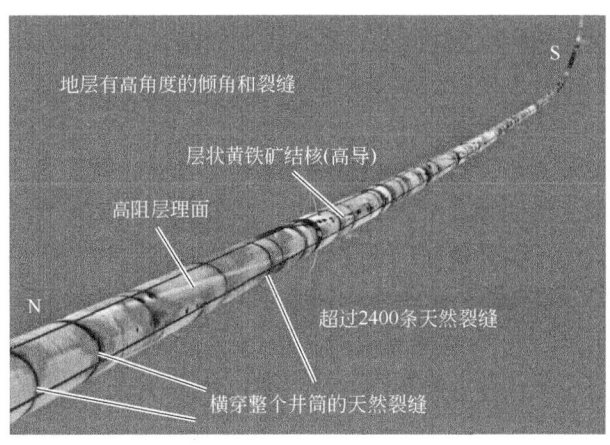

题 3.9 图

第4章 随钻测井技术及应用

随钻测井技术 LWD(logging while drilling)在陆上和海洋油气井中已广泛应用,特别是应用于地质导向和旋转导向作业,支撑了"安全、高效、高产"钻井。随钻测井历经反复认识和发展过程,在 1980 年左右成为业界的规范技术术语。实现随钻测井的装置,由地面和井下两大部分组成,总称为 LWD 系统,井下的部分称为 LWD 仪器或工具(也称随钻测井仪)。LWD 主要是克服钻后电缆测井的不足,如井型或井眼质量等原因导致测井仪器下放困难、因井壁坍塌或井眼堵塞难以取得测井资料、钻井液侵入地层影响测井数据等,把适用于钻井工况的测井仪器融入井底钻具组合中,将新钻开地层的测量数据,通过系统传输到地面和存储(用于起钻回放)于井下仪器中,用于指导按最佳井眼位置钻进和地层评价。

4.1 近钻头随钻测井与地质导向技术简介

地质导向(geosteering)技术是指在水平井的钻进过程中,根据各种地质资料、随钻测井及测量数据,实时地调整井眼轨迹的测量控制技术。该技术在钻井工程中将随钻测井技术、工程应用软件与地质导向人员紧密结合,通过实时互动式服务,指导钻头按照地质目标钻进,从而提高优质储层钻遇率。它的目标是优化水平井轨迹在储层中的位置,降低钻井、地质风险,提高钻井效率,帮助实现单井产量最大化和投资收益的最大化。

地质导向可以解决角度和分辨率问题:1°的地层倾角误差在 57m 的测量深度内可以引起 1m 的真实垂直深度(TVD)误差,而地震构造倾角的精度为±(2°~3°),因此给出井眼的精确位置(深度、方向、方位)信息非常重要。地质导向可以解决时效问题,利用地质导向技术可以减少滞后反应时间,及时(实时)进行井眼轨迹校正。地质导向还能解决目标优化问题,钻到最佳地质目标。

4.1.1 近钻头地质导向测井技术进展

随着技术的发展,LWD 仪器测量参数不断扩展、测量能力不断提升且相互融合。LWD 仪器由起初的电阻率和自然伽马参数简单测量,发展到功能完备的随钻自然伽马测井、随钻地层电阻率测井、随钻成像测井、随钻井径测井、随钻密度中子及其他放射性测井、随钻核磁测井、随钻地层测试、随钻声波测井和随钻地震测井等;贝克休斯公司的 OnTrak 和斯伦贝谢公司的 EcoScope 是经典的随钻测量 MWD(measurement while drilling)和随钻测井 LWD

相互融合的多功能一体化随钻仪器系统。随钻测量和随钻测井技术广泛应用于安全、高效和优化钻井,以及地质决策和储层评价。

20世纪80年代起,LWD技术开始崭露头角并相继投入试验和商业化应用。1980年斯伦贝谢公司在墨西哥湾完成了将电缆测井元素与实时数据传输相结合的首次MWD作业;1983年Teleco首先推出了2MHz RGD(resistivity gamma directional)集电阻率、自然伽马与定向参数测量于一体随钻测量仪器;1984年Teleco公司、Exlog公司、Anadrill公司、Gearhart公司都相继推出了RGD商业化服务;1989年Sperry Sun首次开发出第一套三组合LWD井下仪器,可以对地层的物性、孔隙度、渗透率、饱和度特性进行全面的评估;Teleco公司对随钻电阻率测量仪器进行了理论更新,开发了双极电磁波传播电阻率随钻测井仪。

90年代,MWD和LWD技术快速发展,随着地质导向概念的诞生、旋转导向技术的出现,在随钻电阻率成像、随钻声波成像、随钻核磁共振、随钻地震等研发方面也取得了较大进展。90年代末的LWD技术呈现出6个显著特点:仪器种类更多、体积更小、数据传输更快、测量信息量更大、可靠性更高、地面解释软件功能更强。

21世纪以来,随钻仪器的种类和功能不断完善、技术不断迭代升级、技术指标不断提升。以斯伦贝谢公司为例,VISION系列LWD仪器自1994年起投入商业化应用,逐步发展为adn-VISION、arcVISION、geoVISION、proVISION Plus、sonicVISION和seismicVISION共6种仪器,包括了自然伽马、电磁波电阻率、侧向电阻率、中子、密度、光电吸收截面指数、声波、核磁共振、垂直地震剖面等常规测井项目。为满足"高效高产"钻井的迫切需求,在VISON系列LWD仪器基础上,自2005年起开始推出了新一代LWD仪器,即Scope系列,包含12种仪器。2014年起对Scope系列LWD仪器进行升级,迭代出了8种Sphere系列LWD仪器(图4.1)。

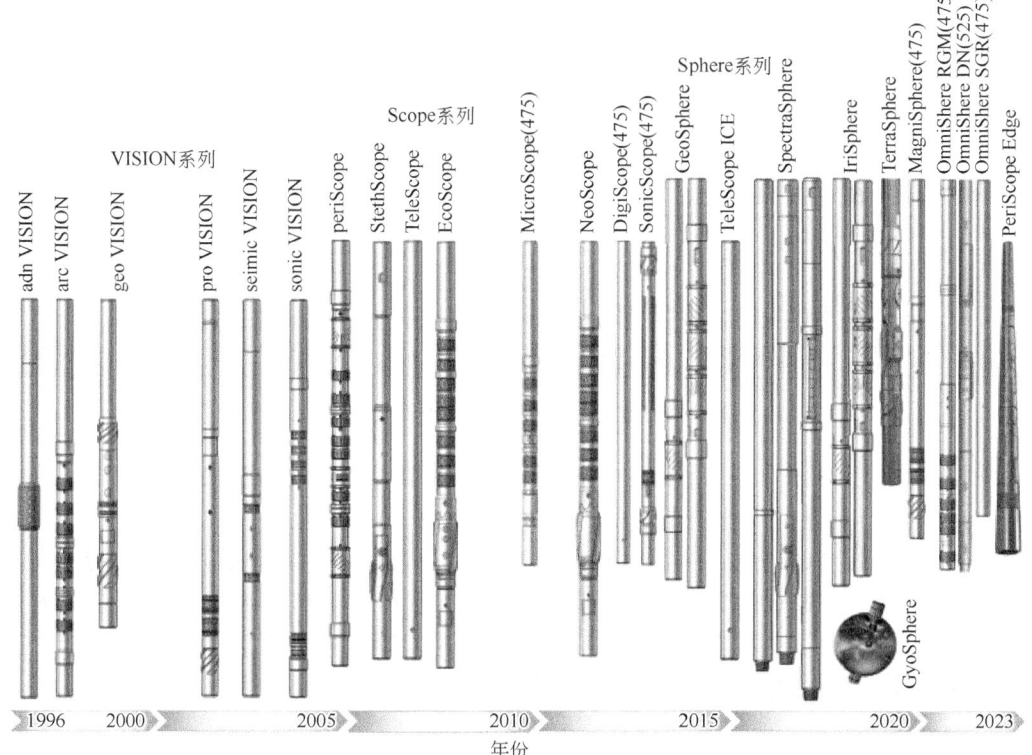

图4.1 斯伦贝谢公司LWD仪器发展

随着技术的发展，LWD 性能指标不断进步，如斯伦贝谢公司的 PeriScope Edge 储层多层边界随钻描绘测井仪（探深半径大于 25ft，识别小于 3ft 薄层边界，探测 8 个边界层）、IriSphere 随钻前探测井仪（前探 30m）、GeoSphere HD 储层高清晰度随钻描绘测井仪（探测深度>250ft）、TerraSphere 高分辨率电阻率和超声双随钻成像仪（电阻率分辨率小于 1.0in、72 扇区，超声小于 0.2in、180 扇区）；Baker Hughes StarTrak（256 扇区）和 Halliburton PixStar™ 高分辨率超声随钻成像仪；抗 200℃ 超高温的 Schlumberger TeleScope ICE 高速传输 MWD，Halliburton Quasar Pulse Ⓡ 超高温多工程参数和自然伽马随钻测量仪和 Halliburton Quasar Trio Ⓡ 超高温电阻率、孔隙度和密度三参数集成随钻测量仪；Halliburton 公司集成 BrightStar Ⓡ、StrataStar Ⓡ、BaseStar Ⓡ、ResiStar Ⓡ、LithoStar Ⓡ 形成的 iStar Ⓡ 智能钻井和测井平台等。

随着国外随钻测量技术的兴起，国内在 20 世纪 70 年代末和 80 年代初开始了技术跟踪、初步研究与随钻测斜仪研制的尝试。自 2005 年开始我国在 LWD 领域的专利申请量显著增长，近 20 年来，中国石油、中国石化、中国海油、石油行业高等院校、从事石油技术服务的有关民营企业和机构以及中国科学院，均在自主研发 LWD 技术与装备，努力追赶世界先进水平，特别是依托国家自然科学金课题，国家"863 计划"、国家重点研发计划、国家科技重大专项等项目与课题，取得了较大突破与明显进展。具有标志性的是，中国石油的"CGDS"近钻头地质导向钻井系统（图 4.2）和中国海油的"璇玑"旋转导向钻井与随钻测井系统，均属国内首家、全球第四家公司具有完全自主产权的产品。"CGDS"于 1999 年立项攻关，2006 年研制成功，2007 年通过产品鉴定并产业化，至目前已在国内大庆油田、吉林油田、西南油气田、长庆油田和新疆油田等 16 个油田推广应用，2009 年获得国家技术发明奖二等奖和国家自主创新产品证书。"璇玑"于 2007 年正式立项攻关，2011 年实钻试验成功，2014 年首次海上试作业成功，2015 年定型制造，2022 年正式建成生产线投产，正式迈入大规模产业化阶段。

图 4.2 CGDS 近钻头地质导向钻井系统

目前的 LWD 技术水平是，仪器种类齐全、功能完整，随钻测井能力达到了电缆测井的水平，指导地质导向钻井作业实现了由"线"（测量曲线）向"面"（井眼成像、井壁成像）和"体"（储层描绘）的跨越，向钻头前看得更远、往井眼径向探得更深，为智能导向决策提供了全面、完整、细致的数据支撑；随钻信息实时上传速率，钻井液压力波通道达到 40bps❶（物理）、256bps（压缩）；几乎所有仪器与工具抗温指标达到 150℃，部分达到 175℃，极少达到 200℃ 及以上。

---

❶ bps（bits per second）为数据传输速率的常用单位，意思是比特率、比特/秒、位/秒、每秒传的位数。

4.1.2 随钻测井仪器

1. FEWD 随钻测量仪器

FEWD(formation evaluation while drilling)系统是美国哈里伯顿公司生产的一种正脉冲无线随钻测量系统,在钻井作业的同时能提供定向工程参数、地层特性参数以及仪器状态参数。现场定向、地质、仪器工程师根据这些参数,在实现精确地质导向钻井的同时也能有效地回避风险。

FEWD 系统由地面设备和井下仪器组成。地面设备通常由司钻显示器、压力传感器、绞车编码器、大钩载荷传感器(或 IN-SLIP 传感器)、防爆箱、INSITE 计算机系统组成。压力传感器用于检测井下仪器所发出的钻井液脉冲信号,绞车编码器、大钩载荷传感器用于实时跟踪井深,防爆箱用于隔离强、弱电并负责传感器的供电以及传感器信号处理,INSITE 计算机系统则负责处理各种数据。

井下仪器可以在钻井作业的同时采集井斜角、磁方位、磁性/重力工具面、地层自然伽马、地层电阻率以及仪器振动数据等,并由脉冲器产生携带这些信息的钻井液脉冲信号。井斜角、磁方位、磁性/重力工具面等参数可用于指导定向工程师进行定向施工作业。同时,INSITE 计算机系统根据井下仪器所提供的地层自然伽马、电阻率数据以及绞车编码器所提供的井深数据绘制出实时测井曲线,现场地质师通过比对实时测井曲线与前期所钻探的邻井测井曲线,调整钻探目标,使井眼轨迹尽量穿过油气层,以获得高产量。

FEWD 主要功能包括:

(1)提供实时地质参数、岩性变化情况及随钻测井图;

(2)确定标志层垂深,准确地划分地层界面;

(3)划分地层,确定岩性界面,预测实钻井眼轨迹至油顶的距离;

(4)在造斜段通过随钻测井方式进行地层对比测试,确定实钻地层的变化,并及时对井眼轨迹进行调控,以确保精确入靶,并控制井眼轨迹在油层内穿行;

(5)在目的层中钻进时,可及时预测钻头与储层间的位置关系,从而精确控制井眼轨迹,确保在目的层内的最佳部位穿行,以提高油层的穿透率;

(6)根据井下振动传感器采集的数据,采取减振措施,以防止井下复杂情况或井下事故的发生;

(7)根据各地质参数的变化趋势,可准确判别异常高压层位,提前采取措施以防止井喷等复杂事故发生。

在利用 FEWD 配合水平井钻井技术开发复杂剩余油藏时,根据地层性质和钻井施工的要求,通常采用两种组合,即包括伽马、电阻率、密度、孔隙度四种地质参数的仪器组合和只包括伽马、电阻率两种地质参数的仪器组合。

2. 近钻头地质导向 CGDS-LWD 测井仪器

近钻头地质导向 CGDS-LWD 钻井系统由测传马达、无线接收系统、MWD 正脉冲无线随钻测量系统和地面信息处理与导向决策软件系统组成。井下仪器如图 4.3 所示。

测传马达中的近钻头测传短节可测量钻头电阻率、方位电阻率、方位伽马、井斜、温度等参数。用电磁波短传方式把近钻头测量参数传至位于旁通阀上方的无线短传接收系统。无线接收系统上与 MWD 连接,下与测传马达连接。接收由马达下方无线短传发射线圈发射的

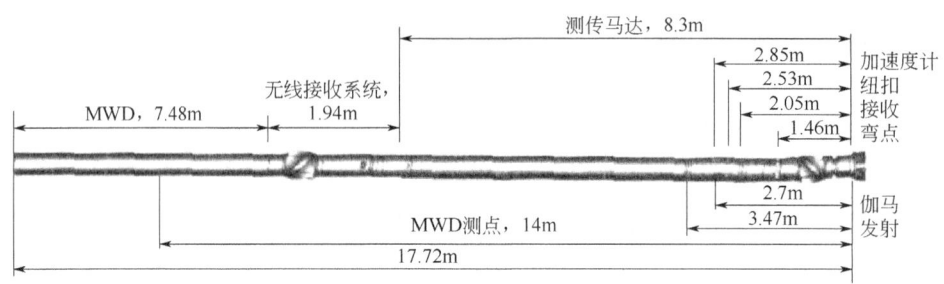

图 4.3 CGDS-LWD 近钻头地质导向钻井系统组成及结构参数

电磁波信号,由上数据连接总成将短传数据融入 MWD 系统。MWD 正脉冲无线随钻测量系统包括 MWD 井下仪器和 MWD 地面设备。二者通过钻柱内钻井液通道中的压力脉冲信号进行通信并协调工作,实现钻井过程中井下工具的状态、井下工况及有关测量参数(包括井斜、方位、工具面等定向参数,伽马、电阻率等地质参数及钻压、扭矩等其他工程参数)的实时监测。

地面应用软件系统可对钻井过程中实时上传的近钻头电阻率、自然伽马等地质参数进行处理和分析,从而对新钻地层性质作出解释和判断。对待钻地层进行导向模拟,再根据实时上传的工程参数对井眼轨道作出必要的调整设计,进行决策和随钻控制,由此可提高探井、开发井的油层钻遇率和钻井成功率。CGDS-LWD 系统测井曲线如图 4.4 所示。

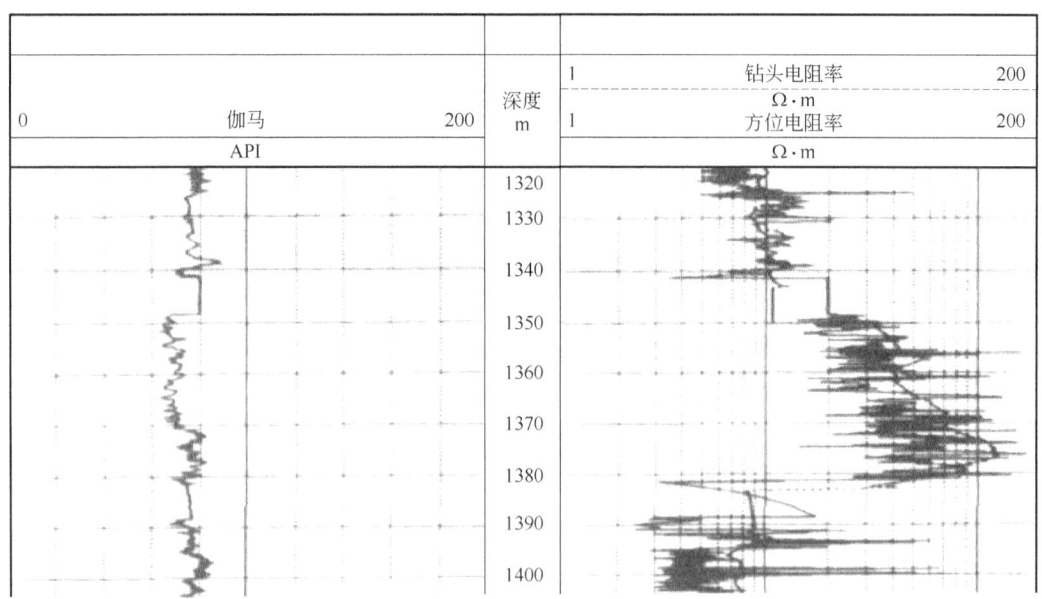

图 4.4 H127 井近钻头地质导向 CGDS-LWD 系统测井曲线

4.1.3 现场实例

1. FEWD 在胜利油田难动用剩余储量开发中的应用

(1)FEWD 在薄层剩余油藏开发中的应用。胜利油田孤岛采油厂的 Z5-P615 水平井所在区域的油藏特性被称为千层饼状地层,而目的层为薄层夹层。该井原设计要求井眼轨迹横向摆动不得超过 10m，纵向摆动不超过 0.5m。在该井施工过程中，技术人员根据伽马、电阻率测井曲线，三次对井眼轨迹设计方案进行调整，最后比设计井深加深 60m 完钻。

（2）FEWD 在断块复杂地层剩余油藏开发中的应用。Y31 断块是被断块遮挡的半开启状构造油藏，三面有断层，下有底水，油层薄，可供开采的剩余油厚度在 2m 左右，且地质情况不明朗，油层位置不确定，在前期的开发设计中无法给出准确的目的层位置和深度。利用 FEWD 随钻地质导向，实钻过程中，Y31-P1 井实际油层垂深比设计垂深增加了 5.9m，油层穿透率为 100%。生产后日产原油量 18t，是邻近直井的 4.1 倍。

（3）FEWD 在边/底水剩余油藏开发中的应用。胜利油田桩西采油厂的 Z1 区块馆陶组上段为边/底水的构造油藏，边/底水活跃。该区块油井含水高、采出程度高，高含水主要是由于水锥造成的，井间剩余油分布相对富集。Z1-P5 井在按设计要求钻至井深 1689.64m，垂深 1571.22m 时，伽马测井曲线和电阻率测井曲线未出现明显的变化，未发现油气显示。控制井斜角继续钻至井深 1699.31m，垂深 1572.65m 时，电阻率曲线出现明显的变化，由此判断钻头已经进入油层。及时调整井斜角为 90°后水平钻进，利用 FEWD 伽马测井曲线和电阻率测井曲线指导施工，始终控制井眼轨迹在垂深 1573.36~1577.18m 之间的目的层内穿行。该井完钻井深 2100.43m，水平段长 385.67m，初产原油量 50.5t/d，是同区块直井的 10.1 倍。

（4）FEWD 在超稠油、特稠油、低渗透剩余油藏中的应用。Z12-P2 井和 Z12-P3 井位于长堤油田 Z12 井附近，主要目的是为了开发油田难动用储量馆下段的小油藏。该油藏油性为超稠油、特稠油，油层渗透率低，油层薄，开发难度相当大。两口井在钻井过程中充分利用了 FEWD 的实时地质导向作用，快速、准确地找到了厚度不到 1m 的薄油层，井眼轨迹在油层中的穿透率达到 95% 以上，试油日产原油 20t。

2. CGDS-LWD 在辽河油田 H127 井中的应用

辽河油田 H127 井设计的目的层 A 垂深 1192m，当井深为 1325m，垂深为 1193m 时，从随钻测井曲线上未见油层显示。于是开始降斜使井眼垂深下移，当井深达到 1350m，垂深为 1195m 时，从随钻实时测井曲线上发现地层的电阻率明显升高，自然伽马值降低，由于侧向电阻率测点 2.05m，方位电阻率测点 2.53m，因此准确判断钻遇油层，实际目的层深度比设计值深 2m。

在实际施工中，由于地层岩性的变化，近钻头井斜测点 2.85m，经过计算实际测得层位比预计层位滞后，造成实钻轨迹与设计轨迹发生偏离。当井深为 1383m 时，地层的电阻率明显降低而自然伽马值升高，方位伽马测点 2.7m，表明了实钻轨迹已经出油层。继续钻进 30m 仍没有油气显示，若此时仍按设计钻进，会降低油层的钻遇率。地质工程师以随钻测井资料为主要依据，及时地进行地质分析和预告，判断地质设计不准确，决定降斜。再向下钻进至 1455m，重新找到油层。钻进至 1531m，电阻率降低，调整轨迹，钻进至 1582m，未见油层提前完钻，完钻井深 1582m。该井水平段从 1240m 到 1582m，总进尺 342m，油层进尺 312m，油层钻遇率高达 91%。

4.2　致密油和页岩油（气）随钻测井评价技术

致密油是指夹在或紧邻优质生油层系的致密储层中，未经过大规模长距离运移而生成的石油聚集。以长庆油田为例，致密油作为重要的非常规油气资源，具有很大的开发勘探潜力。但与以往开发的特低渗透率、超低渗透率油藏相比，其成藏机理更复杂、孔喉更细微、填隙物含量更高、勘探难度更大。因此，随钻测井在指导致密油层中安全、高效地钻进显得尤为重要。地质导向技术是在常规定向井、水平井钻井基础上发展而来，水平井与常规生产井相比，其优势在于能够有效增加油气层的泄漏面积，提高单井产量，并且可以解决高稠油、超稠油的开发以及致密地层、低渗透层采油产量低的问题。

传统随钻测井采用滑动导向系统，在钻长水平段水平井时，由于上部钻柱不旋转，会引起摩阻和扭矩过大、方位漂移失控、井眼轨迹不平滑等问题，使水平井的水平段极限延伸能力受到了限制。Autotrak系统是一套集钻进和随钻测量为一体的随钻测井系统，可实现旋转钻进中改变井眼轨迹和全系列测井。系统含有多种自动化旋转钻进模式、三参数全系列随钻测井仪器、实时成像、近钻头测量、上下传输闭环通信系统、大功率井下发电机、高速脉冲器等多项先进技术。

(1) 系统组成：Autotrak系统主要由旋转导向头短节、Ontrak测量短节和BCPM通信供电短节三部分组成。

(2) 测量参数：该设备测量参数齐全，不仅有工程数据、地面数据、钻井安全指标数据，还有方位伽马成像、电磁波电阻率（相位差电阻率和幅度衰减电阻率）等测井数据。

(3) 特点及优势：旋转导向随钻测井系统打破了传统随钻测井系统的单向通信模式，实现了可在地面实时发送指令，保证了地面与井下工具的有效通信。该系统也可实时测量近钻头井斜、旋转方位，实时计算井底轨迹，并含有多种智能化钻进模式，大幅提高控制轨迹的精准性。由于全井段旋转钻进，减小钻具摩阻扭矩，降低施工风险，平滑井眼，最大限度延长水平位移。

Autotrak系统能够在旋转钻井过程中进行定向造斜钻进，主要是因为它有一个非常独特的非旋转可调扶正器套筒。该扶正器套筒并非不旋转，只是相对钻头驱动轴作缓慢的随机转动（低于15r/h），因此在旋转钻进过程中，该扶正器套筒可以保持相对静止的状态，从而保证钻头沿着某一特定的方向钻进。非旋转扶正器套筒内有近钻头井斜传感器、液压油缸和活塞、电子控制元件。3个独立的液压油缸可推动活塞分别对3个安装在套筒上的扶正器肋板提供大至3t的推动力，其合力使钻具沿某一特定方向偏移，从而在钻进过程中使钻头产生一个侧向力，保证钻头沿这一方向钻进，钻出高质量井眼（图4.5）。

NP2井位于长庆油田陇东地区致密油示范区块，整体呈向西北倾斜的平缓单斜构造，坡度较缓，地层倾角为0.6°，局部发育排状低幅鼻状构造。陇东地区长7段沉积受重力流控制，重力流砂体厚度大，砂岩的侧向尖灭及岩性致密遮挡形成有效圈闭。目的层位为长7_1段，平均孔隙度为9.7%，平均渗透率为0.1mD，为典型的致密储层。该区最大主应力方位为北东78°，NP2井水平段设计方位为垂直于最大主应力方位，即北东348°。该井控制井数量较少，缺少取心资料，且油层最小厚度约为2m，给NP2井的地质导向工作带来了极大难度。

对于水平段地质导向，LWD仪器离钻头越近越好，有成像探边功能也会大大提高地质导向的效果。对于Autotrak而言，具有可实时测量近钻头井斜、旋转方位的功能，能帮助工程人员精准掌握工具在地层中的位置，有助于对轨迹的控制。NP2井因区域地层原因所测电阻率值响应不明显，因此主要依靠实时方位伽马成像技术进行地质导向。实时方位伽马成像可以判断实钻轨迹从目的油层的上部或下部钻出地层，提供实钻轨迹与地层之间的关系，

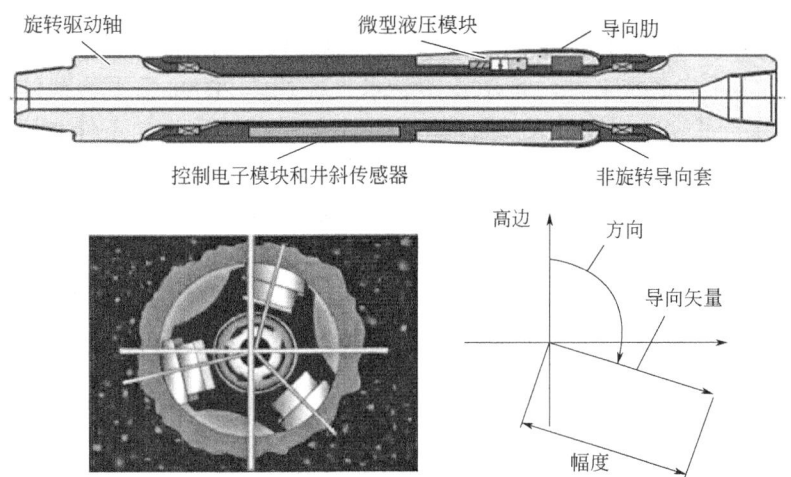

图 4.5 旋转导向工作原理图

也可以提取地层倾角,据此提前确认地层开始变化的位置,进而实时修正地质模型、调整轨迹,降低构造不确定性对地质导向结果的影响。

岩性识别是地质导向的关键技术。Ontrak 测量短节中装有两个角度呈 180°的伽马探测器,确定测斜传感器工具面与方位伽马探测器正方向的旋转角,使随钻伽马具有方位特性。依据方位伽马曲线不仅能确定钻遇地层的岩性,判断轨迹是否处于目的层里面,还可准确判断井眼轨迹在目的层的位置和交切关系。如图 4.6 所示,当上伽马 GR_U<下伽马 GR_D,轨迹相对地层上行,即轨迹上切;当上伽马 GR_U>下伽马 GR_D 时,井轨迹相对地层下行,即轨迹下切。

地质模型修正主要是根据方位伽马成像图计算视地层倾角。计算方法为:以旋转导向工具从目的油层下层面穿出为例,下伽马探测器先测到高自然伽马值地层,因此方位伽马成像图上反映中间先呈现深色,上下再呈现深色,根据成像图中颜色变化点之间的实际测量深度差和井斜角,运用式(4.1)即可计算出视地层倾角。

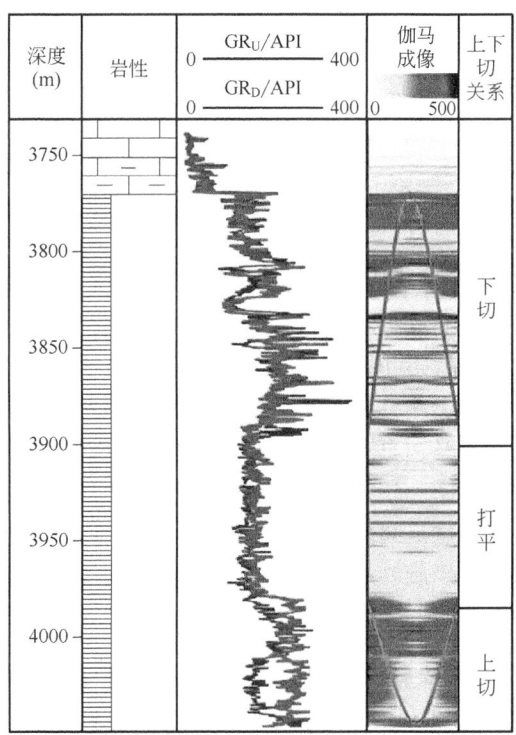

图 4.6 水平段方位伽马成像图

$$\alpha = \arctan(L/D_M) + \beta - 90° \quad (4.1)$$

式中,α 为视地层倾角,(°);β 为井斜角,(°);L 为井径,in;D_M 为成像图中颜色变化点之间的实际测量深度差,in。

此外,还可以通过式(4.2)计算钻头到地质界面的距离 D_A:

$$D_A = D_{oi}/\tan r - S_{sd} \quad (4.2)$$

其中 $r = \text{ABS}(\beta - \alpha - 90)$

式中，S_{sd} 为传感器到钻头的距离，m；D_{oi} 为随钻测井仪器的探测半径，m。

图 4.7 为鄂西页岩区水平井轨迹示意图，水平段长约 2000m，平均视倾角为整体上倾 2.63°，局部地层产状变化幅度较大，易钻出层。基于钻前地质导向条件和风险分析，靶段采用常规随钻测井、水平段采用旋转导向工具钻进方式。钻进过程中，利用方位伽马判断轨迹上、下切情况，并通过物探资料、地质模型和实钻参数综合判断钻头所处靶窗位置，实时获得水平段倾角变化。通过水平段轨迹的精细调控，最终砂体钻遇率高达 96.7%。

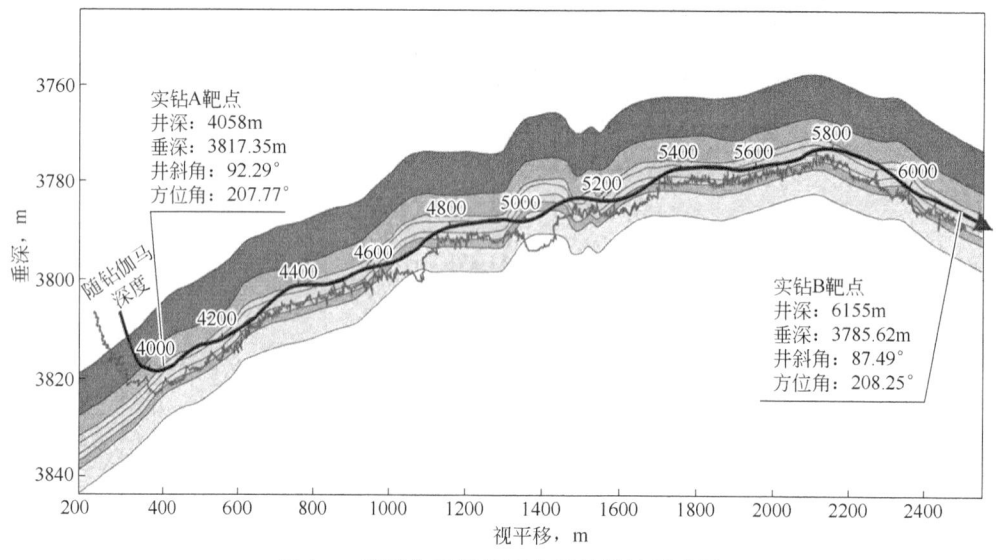

图 4.7 随钻伽马指导下水平井轨迹示意图

由于旋转导向系统采用全井段旋转送进钻杆，保证了钻压的正常传递，减少了井下钻具改变井斜、扭方位过程中的托压问题，可以有效保证钻压正常施加在钻头上。施工过程中，钻具的摩阻扭矩比常规滑动钻进时小得多，降低了井下事故发生的概率。为了提高机械钻速，随钻测井技术人员决定从二开接井到完钻一直使用旋转导向系统自带的 X-treme 模块马达。该马达具有双向通信的功能，可将地表较低转速转化为较高转速提供给钻头，并具有强大的功率和扭矩输出，比常规钻井液马达高 60%，效率更高。

经过精细数据统计，该井自二开至入靶平均机械钻速为 15.27m/h，高于邻井 12.04m/h。因此应用旋转导向 X-treme 模块马达技术可达到提高机械钻速、缩短钻井周期。

天然气水合物随钻测井评价技术

天然气水合物储层准确识别和精细定量评价是自然界水合物开发利用和环境影响研究的基础，而地球物理测井则是除地震和钻探取心外最有效的原位识别和评价方法。电阻率和声波测井是最早应用于水合物储层识别的井内地球物理方法，由于具有较高的准确性和可靠性，二者仍是目前水合物测井的主要方式，并不断衍生出新的技术，如环电阻率、方向电阻率、多极声波测井等。同时，其他如井内成像、密度、电磁波、核磁共振等测井方法也被综合用于识别水合物储层。水合物系统测井方法已从单一的测井识别发展到运用各种先进的随钻和电缆测井评价复杂地质条件下水合物储层物性的阶段，初步建立了一套基于常规油气系统的水合物系统测井评价理论体系。

4.3.1 水合物随钻测井仪器

国际科学大洋钻探计划在全球各大洋总共执行了400个钻探航次，其中涉及天然气水合物(以下简称水合物)的航次为23航次，在大西洋、太平洋和印度洋累计53个站位钻遇了水合物。大洋钻探随钻测井仪器主要由随钻复合电阻率测井仪(geoVISION)、随钻补偿阵列电阻率测井仪(arcVISION)、随钻补偿方位密度和中子测井仪(adnVISION)、随钻多极子声波测井仪(sonicVISION)、随钻核磁共振测井仪(proVISION)及多功能随钻测井仪(EcoScope或NeoScope)等组成，能提供井壁地层的自然伽马能谱，多种测量方式与探测深度的电阻率，地层密度和光电吸收截面指数，纵、横波时差和声波全波列，中子孔隙度及核磁共振等测井参数(图4.8)。

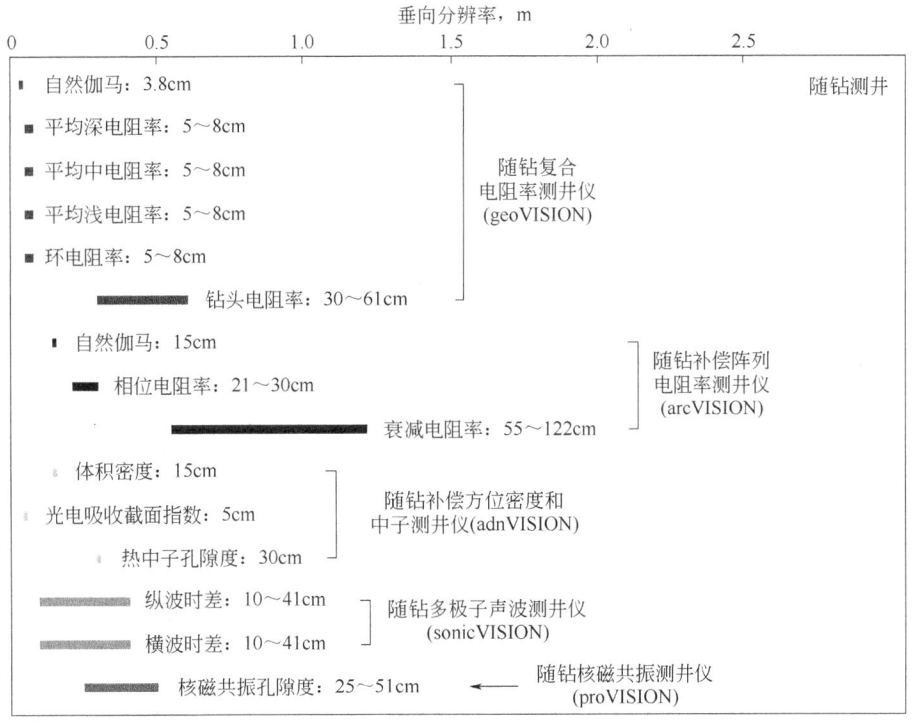

图4.8 大洋钻探随钻测井仪器及测井参数的垂向分辨率汇总图

除大洋钻探计划外，多地也进行了天然气水合物钻探活动。2009年墨西哥湾水合物联合工业计划第二航次(JIP Ⅱ)水合物井中主要为随钻测井，采用斯伦贝谢的SonicScope(多极声波测井)、geoVISION(电成像)、EcoScope(电阻率、密度和中子孔隙度)、PeriScope(方向电阻率，测量水平和垂直方向电阻率)、sonicVISION(单极声波测井)组件等进行测井作业(图4.9)。

随钻测井则将仪器组合在钻具上，与钻井同步进行，不受钻完井液侵入、井壁垮塌和井孔不规则变形等因素的影响。由于仪器直接绑定在钻具上，随钻测井实现了真正意义上的全井段测井，而且由于测井在地层钻开后马上进行，钻完井液污染和水合物分解等因素对测井

	钻铤外径 cm	最大外径 cm	累计长度 m
sonicVISION 与 $8^{3}/_{8}$in 稳定器	17.14	21.27	52.61
PeriScope 675	17.54	19.05	44.10
TeleScope 675 这是随钻测量模块即MWD	17.50	17.50	37.67
EcoScope 675 与 $8^{1}/_{4}$in 稳定器	17.50	20.96	28.50
geoVISION 675 与 $8^{1}/_{4}$in 稳定器	17.15	20.96	20.37
$6^{3}/_{4}$in × $8^{1}/_{2}$in 扩孔器	16.51	20.96	17.32
SonicScope 475 (Mp3)与 $2×6^{1}/_{2}$in 稳定器	12.06	16.51	15.55
短钻铤	12.01	12.06	5.60
近钻头稳定器	12.06	16.51	1.93
$6^{3}/_{4}$in 钻头	15.24	17.15	0.26

图 4.9 墨西哥湾 JIP Ⅱ 水合物钻探航次中随钻测井孔底钻具组合

数据质量的影响程度可以降至最低。因此，随钻测井比标准测井能更加真实地反映水合物及其宿主地层的原位特征。此外，随钻测井中很多传感器随着钻头的旋转而旋转，可以实现360°扫描测量。这些数据经过处理后可以转化为覆盖整个井壁的各种成像测井图像，主要包括自然伽马，浅、中、深方位电阻率，地层密度，光电吸收截面指数，视中子孔隙度及井径等。这些随钻成像测井图像的分辨率很高，多介于 3~15cm，为研究井壁地层的岩性、结构、层理和沉积构造、断层和裂缝、水合物的产状和分布等特征提供了重要的材料。

4.3.2 水合物储层随钻测井识别方法

水合物具有一系列独特的物理和化学性质，包括变阻不导电、声波速度较高、含氢量大等，这就为根据测井资料识别水合物、预测其丰度提供了可能。

电阻率测井为识别水合物提供了一个重要的依据。模拟实验表明，水合物的存在会导致地层电阻率增加 1~3 个数量级。因此，含水合物沉积物的电阻率通常要明显高于其邻近不含水合物的沉积物(图 4.10)。在钻井过程中，由于水合物分解可能会导致井径扩大和钻完井液侵入，在标准测井曲线上，含水合物沉积物的深、浅电阻率可能会出现分离。而随钻测井则不同，由于水合物来不及分解，随钻深、浅电阻率曲线通常重叠在一起。在 FMS 及各种随钻电阻率成像测井图像上，含水合物沉积物表现为白色高阻特征(图 4.10)。

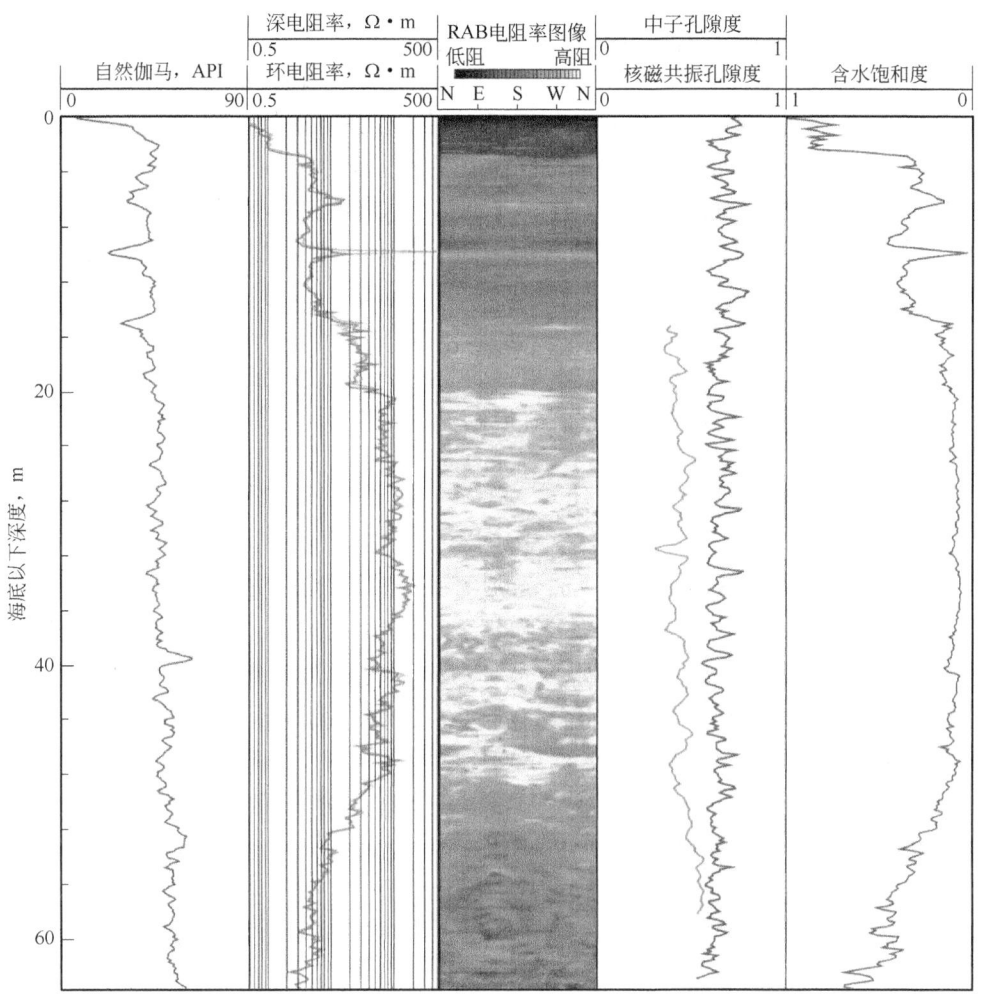

图 4.10　含天然气水合物沉积物的随钻测井响应图

声波测井为识别水合物提供了另一项重要的依据。水合物的存在会导致沉积物声波速度明显增大，模拟实验表明，含水合物沉积物的声波速度可能高出同类含水层 80% 以上。饱和水合物的粗粒沉积物，其纵波速度要明显高于饱和水或气体的同类沉积物。含水合物粗粒沉积物的纵波速度要明显高于细粒沉积物。此外，水合物的产状也会对声波速度产生影响，尤其是以胶结物形式产出的水合物对纵波速度影响较大，而呈"漂浮"状散布在孔隙中的水合物对速度的影响则较小。这就为根据声波速度预测水合物的生长习性提供了可能。

井孔成像测井主要用于水合物地层的定性识别与评价，在辅助电阻率、声波等测井进行水合物储层识别方面发挥着重要作用。井孔成像测井已成为大部分水合物测井项目的标准内容，常用的成像方式为电成像，如电缆测井中地层微电阻率扫描测井仪和随钻测井中的地层微成像仪。随钻测井中的钻头电阻（RAB）成像测井可以用来识别水合物地层中的纹理、裂隙等特征。在电阻率成像测井图中不同地层明暗程度不同，其中颜色亮的部分可能是由于水合物的存在，导致电流不能通过从而显示出亮色；而邻近层由于电流能够在该层传导而表现出暗色。

含水合物沉积物在密度、中子孔隙度及核磁共振（NMR）等其他测井资料上也有着比较明显的响应(图4.10)。由于水合物的密度(在0.9g/cm³左右)比水低,较之于相同条件下的含水层,含水合物层的密度较低。中子孔隙度反映地层的含氢量,含氢量越高,视中子孔隙度越大。理论计算结果表明,单位体积水、甲烷、Ⅰ型水合物和Ⅱ型水合物的含氢量分别为:$6.70×10^{22}$氢原子/cm³、$0.01×10^{22}$氢原子/cm³、$7.18×10^{22}$氢原子/cm³、$7.55×10^{22}$氢原子/cm³。显然,水合物的含氢量为最高,其次为水,而甲烷则最低。所以,在孔隙度一定的情况下,含水合物沉积物的视中子孔隙度要高于水层和游离气层。与中子孔隙度测井类似,NMR测井也是对地层含氢量的响应。但不同于中子孔隙度测井,NMR测井仅对孔隙里液体中的氢反应灵敏。因此含水合物沉积物的NMR孔隙度要低于中子孔隙度(图4.10)。尽管如此,由于水合物的密度和含氢指数与水接近,而电阻率则与油气类似,所以单纯根据密度或中子测井不能很好地区分水合物和水层,而单纯根据电阻率测井又很难将水合物与油气层分开。因此,要准确地识别水合物,需要根据多种测井资料来综合判定。

4.3.3 水合物储层测井评价

水合物储层测井评价基本上沿用了油气勘探储层测井评价的方法。

1. 孔隙度评价

含水合物沉积物的孔隙度主要根据密度、声波或中子孔隙度测井方法获得,但在具体计算时需要针对水合物的存在并考虑含水合物沉积物的未固结或弱固结特性进行适当的校正。此外,由于水合物多发育于海底浅部未固结或弱固结沉积物中,井孔条件较差时(如大井径或井径剧烈变化),各种孔隙度测井资料的质量会变差,此时可以考虑根据电阻率测井曲线利用阿尔奇公式估算沉积物的孔隙度。

1) 密度测井

对于含水合物地层的密度 ρ_b 计算,先假定水合物存在于一个三组分系统中,即水、水合物和地层骨架,然后推导出下列计算式:

$$\rho_b = \rho_{ma}(1-\phi) + \rho_w\phi(1-S_h) + \rho_h\phi S_h \tag{4.3}$$

式中,ϕ 为总孔隙度,即包括水和水合物占据的孔隙空间;ρ_h 为纯水合物的密度,g/cm³;ρ_{ma} 为骨架基质的密度,g/cm³;ρ_w 为孔隙水的密度,g/cm³;S_h 为水合物饱和度,小数。

结构Ⅰ型水合物的密度约为 0.92g/cm³,根据式(4.3)可知,水合物的存在对密度测井评价孔隙度有一定影响。不过通常认为水合物和水的密度较为接近,将水—水合物—骨架三组分系统假定为水—骨架两组分系统,从而在利用密度测井数据进行水合物地层孔隙度 ϕ_D 计算时,假定水合物地层为只含水和骨架基质的二组分系统,使用式(4.4)直接计算。

$$\phi_D = \frac{\rho_{ma}-\rho_b}{\rho_{ma}-\rho_w} \tag{4.4}$$

2) 中子孔隙度测井

中子孔隙度测井主要测量岩石孔隙空间中的含氢量,含氢量取决于孔隙中水、碳氢化合物(包括水合物)的量,常用含氢指数(HI)来评价。含氢指数是指一种物质单位体积(cm³)所含氢原子数与24℃纯水所含氢原子数($6.686×10^{22}$ 个/cm³)的比值,所以纯水的含氢指数为1.0。含水合物储层的中子测井响应方程可以表示为

$$\phi_N = \phi\phi_{Nw}(1-S_h) + \phi\phi_{Nh}S_h + \phi_{Nsh}V_{sh} + (1-\phi-V_{sh})\phi_{Nma} \tag{4.5}$$

式中，ϕ_N 为中子测井读数；ϕ_{Nw}、ϕ_{Nh}、ϕ_{Nsh}、ϕ_{Nma} 分别为孔隙水、水合物、泥质和岩石骨架的中子响应；V_{sh} 为泥质含量，小数。

由于结构 I 型水合物氢原子密度为 $7.084×10^{22}$ 个/cm³，故其含氢指数为 1.059，与纯水的含氢指数非常接近。假定 $\phi_{Nw}=\phi_{Nh}=1$，而骨架的中子响应可近似为零，考虑泥质成分影响的孔隙度计算公式为

$$\phi=\phi_N-\phi_{Nsh}V_{sh} \tag{4.6}$$

3）电阻率测井

由阿尔奇公式得出的地层电阻率与孔隙度之间的关系见式(4.7)，利用此关系可以计算含水合物层的孔隙度为

$$\frac{R_t}{R_w}=a\phi^{-m} \tag{4.7}$$

式中，R_t 为测井所得地层电阻率，$\Omega \cdot m$；R_w 为孔隙原生水电阻率，$\Omega \cdot m$；a 和 m 为阿尔奇常数；ϕ 为地层孔隙度，小数。

4）声波测井

采用 Wyllie 时间平均方程计算地层孔隙度为

$$\phi=(t_{\log}-t_m)/(t_f-t_m) \tag{4.8}$$

式中，$t_{\log}$ 为地层纵波慢度，$\mu s/ft$；t_m 为砂岩基质慢度，$\mu s/ft$；t_f 为孔隙流体慢度，$\mu s/ft$；ϕ 为地层孔隙度，小数。

2. 饱和度评价

水合物饱和度主要根据电阻率测井资料利用阿尔奇公式加以计算。20 世 90 年代中后期以来，密度—NMR 测井联合方法、各种形式的三相声波方程等也逐渐应用于水合物饱和度的计算。

阿尔奇公式建立了饱和水的未固结砂或砂岩地层的电阻率、孔隙度与孔隙水电阻率之间的经验关系。当沉积物中含有水合物时，其电阻率值会升高。假定电阻率的增加全部由水合物的存在而引起，则可以根据阿尔奇公式计算水合物饱和度。标准阿尔奇公式涉及孔隙度、孔隙水电阻率及经验参数 a、m 和 n 的求取。其中，孔隙度可以根据密度、声波或中子孔隙度测井求得，也可以根据岩心测试结果拟合得到的孔隙度随深度变化趋势进行估算。原位孔隙水的电阻率可以根据孔隙水盐度和地温梯度估算。a 和 m 分别被称为"弯曲度系数"和"胶结指数"，它们是反映沉积物孔隙结构特征的两个经验参数。通常根据完全水饱和沉积物的地层因素(水饱和时，地层的电阻率与孔隙水电阻率之比)与孔隙度在双对数交会图上的线性拟合关系来确定 a 和 m 值，其中最优拟合直线的斜率代表 m，该直线在地层因素轴上的截距(孔隙度=1)为 a。阿尔奇公式给出的固结砂岩的 m 值介于 1.8~2.0，未固结砂的 m 值在 1.3 左右，部分固结砂岩的 m 值介于 1.3~2.0。n 为饱和度指数，可以用不同岩性的平均值代替，Malinverno 等采用岩心饱和度标定方法确定 n 的值，Hyndman 等则假定 $n=m$，n 的取值还可用缺省值 2 代替。此外，阿尔奇认为，纯净的未固结砂和固结砂岩的 n 值一般在 2 左右，并由此提出了简化的阿尔奇公式，即快速评价阿尔奇公式。当孔隙水电阻率等参数未知时，可以用该公式来估算水合物饱和度。

标准阿尔奇公式为

$$S_h=1-\left(\frac{aR_w}{\phi^m R_t}\right)^{1/n} \tag{4.9}$$

简化或快速评价阿尔奇公式为

$$S_h = 1 - \left(\frac{R_0}{R_t}\right)^{1/n} \tag{4.10}$$

式中，S_h 为水合物饱和度，小数；a 为弯曲度系数，无量纲；m 为胶结指数，无量纲；n 为饱和度指数，无量纲；R_t、R_0、R_w 分别为沉积物、水饱和沉积物及地层水的电阻率，$\Omega \cdot m$；ϕ 为孔隙度，小数。

密度—NMR 测井联合法或 DMR 法均是利用 NMR 测井反映液体含氢量这一特性，将视 NMR 测井孔隙度（水合物是固体骨架的一部分）与视密度测井孔隙度（水合物是孔隙空间的一部分）联合，求解沉积物的总孔隙度和水合物饱和度。该方法假定，完全水饱和沉积物中测得的 NMR 回波幅度反映总孔隙度。当沉积物中含有很多小孔隙（如细粒富含黏土的沉积物）时，T_2 弛豫时间会短于 NMR 仪器的探测极限，此时 NMR 孔隙度将低估沉积物的孔隙度。DMR 方法的误差来源主要有两个：(1) 骨架密度不准引起的密度孔隙度计算误差；(2) 当沉积物含大量黏土矿物束缚水时，T_2 弛豫时间会加快，视 NMR 孔隙度将被低估，从而影响水合物饱和度计算结果的准确度。

DMR 方法为

$$\phi = \frac{\phi_D\left(1-\frac{HI_h P_h}{HI_w}\right)+\phi_{NMR}\frac{1}{HI_w}\left(\frac{\rho_w-\rho_h}{\rho_{ma}-\rho_w}\right)}{\left(1-\frac{HI_h P_h}{HI_w}\right)+\left(\frac{\rho_w-\rho_h}{\rho_{ma}-\rho_w}\right)} \tag{4.11}$$

$$S_h = \frac{\phi_D - \phi_{NMR}\frac{1}{HI_w}}{\phi_D\left(1-\frac{HI_h \rho_h}{HI_w}\right)+\phi_{NMR}\frac{1}{HI_w}\left(\frac{\rho_w-\rho_h}{\rho_{ma}-\rho_w}\right)} \tag{4.12}$$

可进一步简化为

$$\phi = \frac{\phi_D + \phi_{NMR}\left(\frac{\rho_w-\rho_h}{\rho_{ma}-\rho_w}\right)}{1+\left(\frac{\rho_w-\rho_h}{\rho_{ma}-\rho_w}\right)} \tag{4.13}$$

$$S_h = \frac{\phi_D - \phi_{NMR}}{\phi_D + \phi_{NMR}\left(\frac{\rho_w-\rho_h}{\rho_{ma}-\rho_w}\right)} \tag{4.14}$$

Collett 等的公式为

$$S_h = \frac{\phi_D - \phi_{NMR}}{\phi_D} \tag{4.15}$$

式中，ϕ、ϕ_D、ϕ_{NMR} 分别为含水合物沉积物、视密度测井、视核磁共振测井的孔隙度；HI_h 为水合物视 NMR 含氢指数；ρ_h 为水合物 NMR 极化校正，仅与 HI_h 组合出现；HI_w 为水的含氢指数；ρ、ρ_w、ρ_h、ρ_{ma} 分别为含水合物沉积物、孔隙流体、水合物、固体骨架的密度，g/cm^3。

根据声波测井计算含水合物沉积物的孔隙度和饱和度时，通常将水合物作为独立组分，采用各种形式的三相（矿物骨架+水合物+地层水）声波方程，包括三相 Wyllie 时间平均方程、三相 Wood 方程及三相时间平均—Wood 加权方程。Wyllie 时间平均方程是根据固结砂岩总结出来的经验方程，而 Wood 方程描述的则是悬浮颗粒的速度与孔隙度的关系。应用上述两个方程估算深海未固结或弱固结且含大量黏土及有机质的海洋沉积物的速度时，均存在着较大的误差，其中时间平均方程的估计值偏高，而 Wood 方程的估计值则偏低。为此，Nobes 等提出，可以将 Wyllie 时间平均方程和 Wood 方程结合起来，采用加权平均方法计算海洋沉积物的纵波速度，进而提出所谓的两相加权方程。Lee 等将该方程拓展至三相，提出了三相加权方程。

三相时间平均方程为

$$\frac{1}{v_p} = \frac{\phi(1-S_h)}{v_w} + \frac{\phi S_h}{v_h} + \frac{(1-\phi)}{v_{ma}} \tag{4.16}$$

三相 Wood 方程为

$$\frac{1}{\rho v_p^2} = \frac{\phi(1-S_h)}{\rho_w v_w^2} + \frac{\phi S_h}{\rho_h v_h^2} + \frac{(1-\phi)}{\rho_{ma} v_{ma}^2} \tag{4.17}$$

三相时间平均—Wood 加权方程为

$$\frac{1}{v_p} = \frac{W\phi(1-S_h)^r}{v_{wood}} + \frac{(1-W)\phi(1-S_h)^r}{v_{wyllie}} \tag{4.18}$$

式中，v_p、v_w、v_h、v_{ma} 分别为含水合物沉积物、孔隙流体、水合物和固体骨架的纵波速度，m/s；ϕ 为含水合物沉积物的孔隙度，小数；v_{wood} 为 Wood 方程计算得到的含水合物沉积物速度，m/s；v_{wyllie} 为 Wyllie 方程计算得到的含水合物沉积物速度，m/s；W 为加权因子，通常为 1；r 为水合物胶结常数，无量纲。

煤层气随钻测井评价技术

近年来，我国煤层气开发与利用力度不断加大，使得煤层气在缓解能源危机、提高新型能源利用率等方面发挥了重要作用。我国煤层气的成藏地质条件较为特殊，常规直井不能克服储层低渗、低压的问题，且单井产量较低，故煤层气在开发时多采用分支水平井的钻井方式，使井眼穿越更多的煤层割理裂缝系统，最大程度地连接地层各裂缝，从而加大泄气面积，减小煤层裂缝中气体的流动阻力，大幅提高煤层气的单井产气量和开采效率。

在开发煤层气时，为保障多分支水平井钻井效果，提升煤层钻遇率，需要引导钻头顺利进入煤层，同时保证钻头在煤层中实现最大距离的延伸，故需要在煤层气水平井钻井过程中应用地质导向钻井技术。在煤层气水平井钻进过程中，利用水平井地质导向技术能够根据各种地质资料、随钻测井及测量数据实时监测井眼轨迹。

4.4.1 随钻测斜、自然伽马射线测井系统

以斯伦贝谢公司生产的 Pathfinder 地质导向装置为例，该装置分为上下两个短节，下短节靠近钻头，其内部装有测量井斜角和伽马射线的传感器，所测得的数据通过电磁波从下短节的传感器传至上短节。上短节接收到数据再传递给 MWD 或 LWD，进而由 MWD 或 LWD 传至地面，增强了钻遇复杂地层的导向能力。

伽马射线传感器和三轴加速度计(测量井斜角)可以连续测量，上下两短节之间的数据传输是双向的。在钻井过程中，根据井斜角等数据可以确定井眼轨迹和钻头位置。近钻头传感器实时测得的岩石力学参数，可为大斜度井和水平井的着陆控制、套管程序设计及井眼轨迹优化提供依据。在煤层气水平井钻井过程中，根据近钻头井斜角可以确定适宜的增斜率或降斜率，以降低井眼的狗腿严重度，使井眼轨迹尽可能平滑。

自然伽马射线探测器安装在近钻头位置，其极限测量深度为 0.15m。煤层的自然伽马放射量比较低，与周围页岩地层有明显的区别。在钻井过程中可以根据伽马射线值判断岩性变化，如果伽马射线值变化明显，就说明传感器已处于地层的边界。对于煤层气水平井，综合应用随钻测斜、自然伽马射线测井和超前预测软件可以取得理想的导向效果。

垂直井段测井获取的重要参数，即自然伽马是随后造斜段 A 靶点着陆和水平段钻进中定向仪器随钻伽马值的标定依据。测井的伽马曲线结合其他参数曲线能够确定不同的地层岩性，而随钻伽马作为钻进过程中唯一判断地层岩性的参数，不同的伽马数值应与岩性有良好的对应性。如吻合度较低，应对随钻伽马系数进行调整，确保标定的准确性。另外，综合录井包括钻时、岩屑、气测、荧光、地化、X 射线等，由于录井的实时性，可以将录井比喻为水平井钻进的"眼睛"。在水平井着陆和水平段钻进过程中，跟踪井深实时进行岩屑和气测描述，通过钻时的变化、井口返出岩屑以及实时的气测数值，判断井下钻头所处地层岩性，为准确的地质导向提供依据。

沁水盆地横岭煤层气勘查区块整体为北西向倾斜的单斜。本区断层较少，但褶皱发育，主煤层 15 号煤层位于太原组下部，深度为 1385~1582m，厚度为 4.02~6.90m，平均厚 5.40m，含 0~5 层夹矸。该煤层顶板为碳质泥岩和泥质砂岩互层，底板为泥岩，局部见砂质泥岩。HL-U-04H 井为一水平对接井组的水平井，位于区块东南部的沁水复式向斜内；设计目的层位为 15 号煤层，A 靶点垂深 1442m，靶前距 350m，水平段长 639m，方位 104°，完井深度为 2459m。

目的层着陆是水平井施工的难点之一，着陆层位是否准确、角度是否合适决定了后期水平段施工的质量。在着陆之前，根据测—定—录综合资料，与邻井测井解释层位进行对比，通过对比多个标志层确定本井钻遇层位是否与设计吻合，相较邻井垂深超前或是滞后，总结地层变化规律，最终确定着陆 A 靶点垂深和角度是否需要调整。

根据井口返出岩屑及钻时、随钻伽马等工程参数，确定 HL-U-04H 井在 1363.39m 钻遇 K7 砂岩，该标志层垂深提前了 10.72m，如果 K7 砂岩以下层位稳定，根据等深对比推测法，按原设计会提前 10.72m 着陆，需要重新预算轨迹，调整造斜率，确保轨迹平滑。同理，在钻遇 K4，K3，K2 石灰岩时，也及时进行标志层对比，更新着陆轨迹。最终该井在井深 1849.93m、垂深 1438.51m 着陆，比原设计提前 3.49m，着陆井斜 85.22°、方位 101°(图 4.11)。

进入目的层后分析钻头所在地层岩性，通过小层对比识别其与煤层的相对位置，预测层位变化趋势，重新调整钻井轨迹。15 号煤层钻时快(钻时为 2~4min/m)，且普遍有大量煤粉返出，气测全烃值跳跃式增至 50%以上，随钻伽马在 70API 左右浮动。在井深 1897m 时，数据反映钻头已钻穿煤层。经现场分析，钻头从煤层顶出，并预测煤层下倾 9.6°(原设计地层倾角为 4.5°)。采取的措施是回撤钻头至 1869m(井斜 86°，方位 99.6°)，将钻井液排量降低至 15.2L/s，工具面调整为 150°，以 30m/min 匀速下放钻具，进行悬空侧钻 5m 后，钻具出现反扭角、岩屑增多，表明钻头已"吃压"，显示侧钻成功，调整轨迹与煤层倾角相符，正常钻进(图 4.12)。

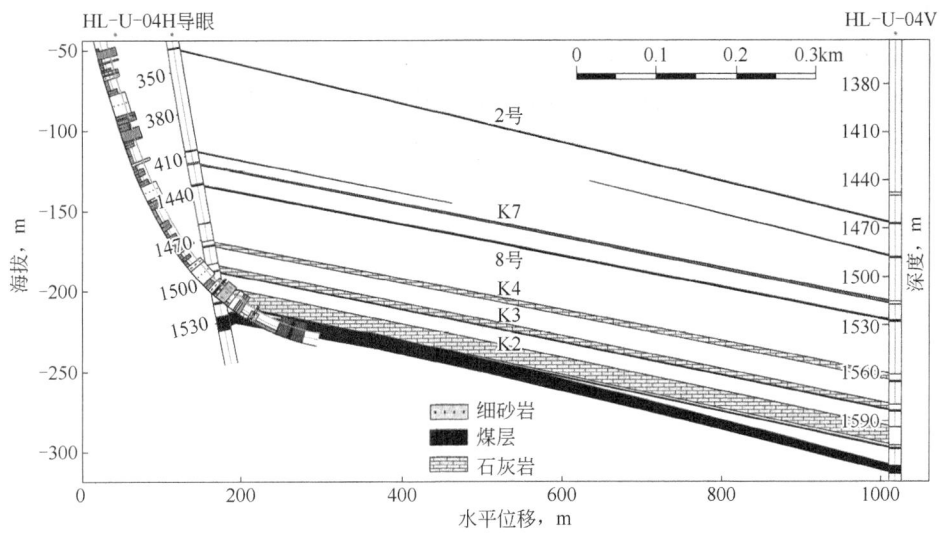

图 4.11　HL-U-04 水平井钻进示意图

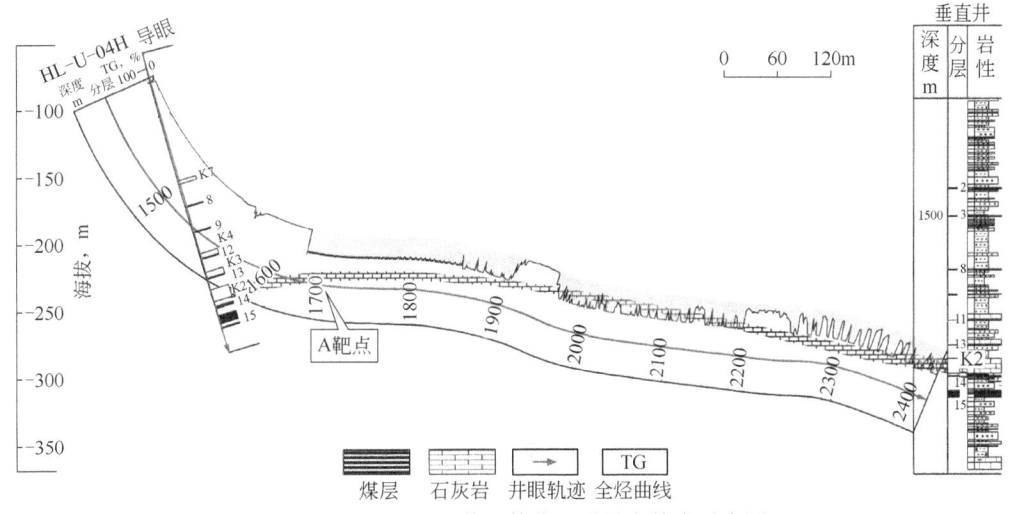

图 4.12　HL-U-04 井一体化地质导向技术示意图

4.4.2　随钻电磁波电阻率测井系统

随钻电磁波电阻率测井在国内部分油田进行试验应用取得了良好效果。首次在苏里格气田试验应用的随钻电磁波电阻率仪器 WPR(wave propagation resistivity)采用两种工作频率(2MHz 和 400kHz)同时工作，能提供 8 条不同探测深度的电阻率曲线，地层对比研究中主要采用浅侧向电阻率及深侧向电阻率两条曲线。WPR 与 MWD、随钻自然伽马共同组成井下电磁波电阻率随钻测井系统，其电阻率测点零长 9m，伽马测点零长 10.91m，定向测点零长 12.65m，仪器串长度 20.1m。该随钻系统与苏里格气田主要应用的随钻仪器相比具有以下优势：(1)旋转阀脉冲器泄流通道较大，信道稳定性、可靠性高；(2)参数测量部分的伽马、电阻率仪器性能稳定，精度高，与快速成像测井 EILog(express and image logging)对比相关性较好，能反映地层真实的岩石物理特性；(3)应用了最佳的对称补偿方法，能准确求取地层真电阻率，详细描述地层径向剖面，为精确判断油、气、水层提供可靠参数；(4)电池连续工作时间可达130h以上，可以在更换钻具时更换电池，不影响钻井周期；(5)仪器测点零长比常规随钻系统短5m，水平段钻遇泥岩或致密层可更早作出调整。

试验井S48-AH1井位于苏里格气田S48区块中南部，目的层位为二叠系下石盒子组盒8段，设计水平段长1500m，方位角0°。设计目的层砂体厚度约19m，入靶垂深3579.8m，入靶点位于目的层砂顶以下10m处。钻进过程中自井深3039m开始进行随钻电磁波电阻率测井，每0.1m一个测点。地质导向过程中紧密结合测井、录井资料，综合利用构造分析、岩性、厚度及地层对比等多种方法，确保水平井一次成功入靶及水平段实施效果良好。

1. 入靶过程中的地质导向

水平井入靶导向坚持"标志层多级控制、关键点提前预判、变化点及时调整"的原则。自二叠系石千峰组底部开始密切跟踪水平井钻井剖面，与邻井进行小层精细对比，准确判断所钻地层位置，逐级预测水平井入靶点垂深。进入目的层砂体后根据气层厚度及气测值响应特征，并结合工程参数，最终确定入靶点位置。

S48-AH1井钻进过程中，石千峰组底部及石盒子组随钻电阻率曲线特征与邻井S48-A井具有非常好的对应性(图4.13)。图中，D_v为垂深，ρ_{lld}为深侧向电阻率，ρ_{lls}为浅侧向电

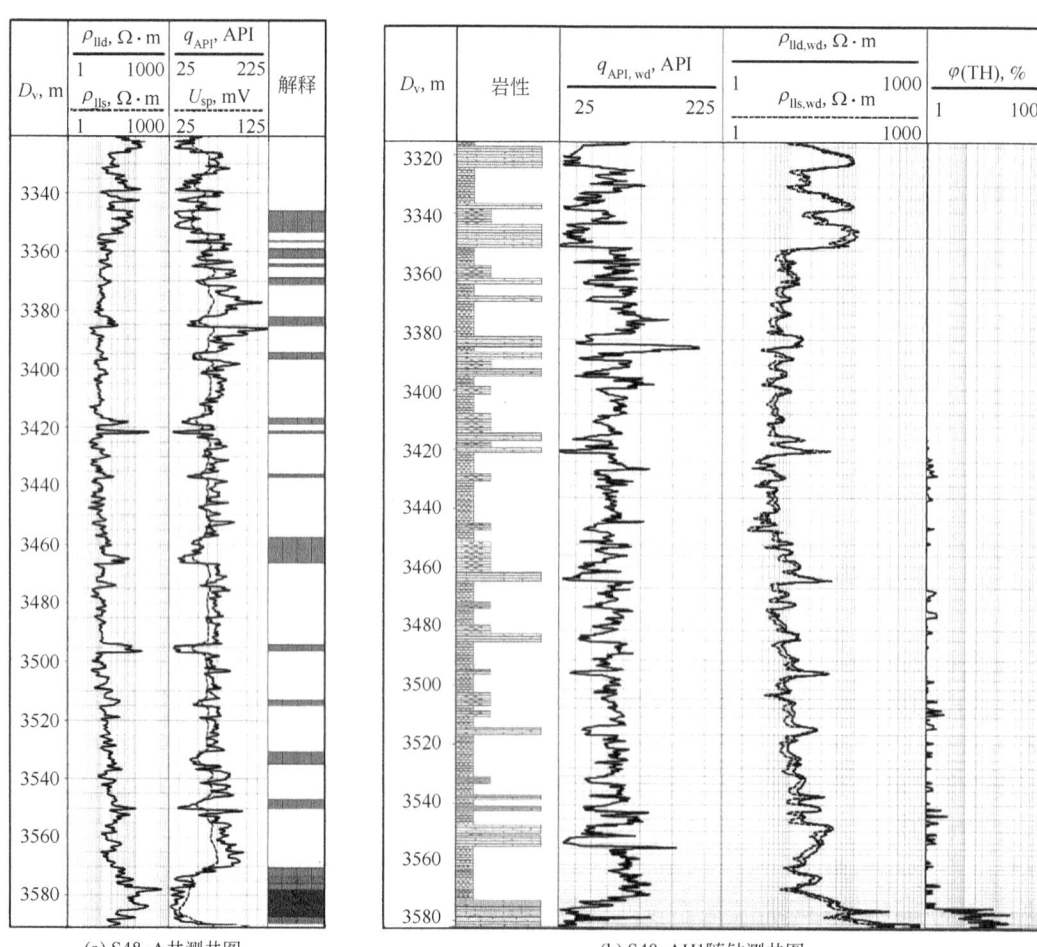

(a) S48-A井测井图　　　　　　　　(b) S48-AH1随钻测井图

图4.13　水平井入靶过程中地质导向跟踪图

阻率，q_{API} 为自然伽马，U_{sp} 为自然电位，$q_{API,wd}$ 为随钻自然伽马，$\rho_{lld,wd}$ 为随钻深侧向电阻率，$\rho_{lls,wd}$ 为随钻浅侧向电阻率，$\varphi_{(TH)}$ 为气测全烃体积分数。结合自然伽马曲线及岩屑（岩性）剖面，可以精确判断钻头所处地层位置，从而准确预测目的层砂顶及入靶点垂深，确保水平井一次顺利入靶。该井实际入靶井深3795m、垂深3582.0m，井斜89.5°，全烃峰值为14.9920%、平均为5.5173%。

2. 水平段钻进过程中的地质导向

水平段地质导向主要根据砂体叠置关系、沉积相变化趋势及微幅构造进行预测，提前预测储层变化并进行有效调整，确保水平段较高的有效储层钻遇率。

根据邻井资料对比分析，S48-AH1井水平段目的层的气层厚度为8~10m，构造平缓。水平井入靶位置处于目的层顶部位置，因此水平段以89.5°~90°进行钻进。钻进过程中电阻率与气测值呈较好的正相关性。井深4100m处钻时、自然伽马、岩屑均无变化，而气测和随钻电阻率陡然降低，与S48-A井底部含气层段电阻率特征一致。结合厚度分析认为，该处构造略微抬升，因此及时制定调整方案，将井斜增至90.5°~91°之间，垂深上升1m；至井深4330m时，随钻电阻率与气测明显上升（表4.1，图4.14）。

表 4.1　S48-AH1井水平段随钻参数及实施意见调整表

井深 m	钻时 min/m	$q_{API,wd}$ API	$\rho_{lls,wd}$ Ω·m	$\rho_{lls,wd}$ Ω·m	$\varphi_{(TH)}$ %	实施方案
3795~4100	2~30 平均值8	13~79 平均值36	43~389 平均值148	56~466 平均值193	0.1~9.5 平均值2.3	89.5°~90° 钻进
4100~4320	2~40 平均值6	12~61 平均值37	14~82 平均值37	27~104 平均值45	0.1~2.8 平均值0.6	90.5°~91° 钻进
4320~5303	2~40 平均值6	7~80 平均值23	24~338 平均值81	33~842 平均值120	0.1~33 平均值4.5	90° 钻进

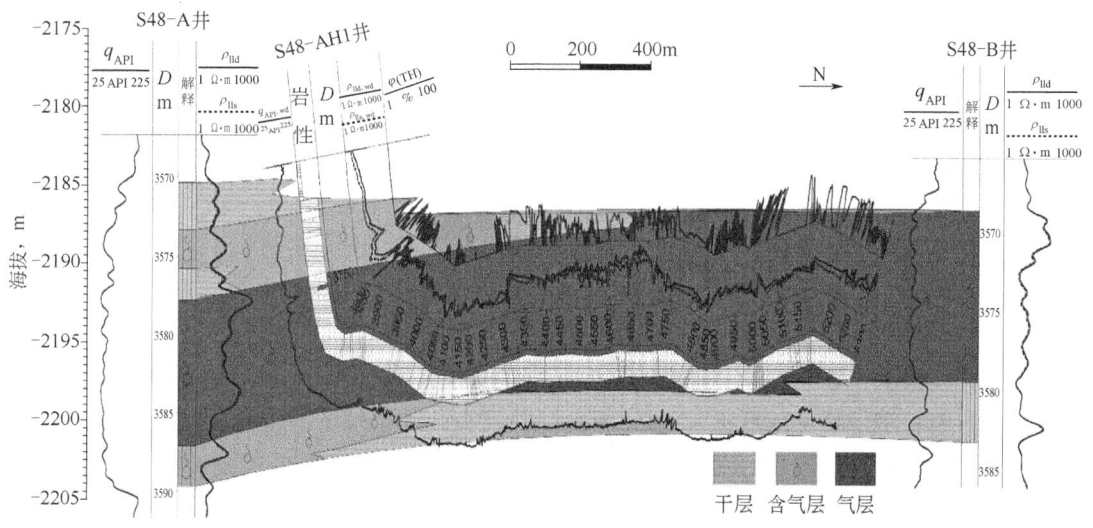

图 4.14　S48-AH1井水平段随钻跟踪剖面

该井水平段钻遇的干层段自然伽马与气层段无明显差别，若无随钻电磁波电阻率仪器，则很难判断目的层微构造变化并作出有效调整。该井最终完钻井深5303m，水平段长

1508m，录井显示砂岩长度为1508m，砂岩钻遇率为100%，气层长度为1110m，气层钻遇率为73.6%。

随钻地层压力测井技术

随钻测压工具在钻井过程中能实时监测地层压力数据，为现场复杂情况的处理提供数据支持。这不仅能有效提升钻井效率、保障井场安全还能加深对油藏的认识，为钻井作业提供重要指导。

4.5.1 随钻测压仪器

1. Geo-Tap 随钻测压工具

哈利伯顿公司的随钻测压工具 Geo-Tap 主要由电池堆集和测压总成等组成（图4.15）。它可以在任意井斜角条件下测试地层孔隙压力，在开泵或关泵条件下都可进行测试，其动力来自自身的电池，电池容量可以满足150个压力测试点的测试要求。

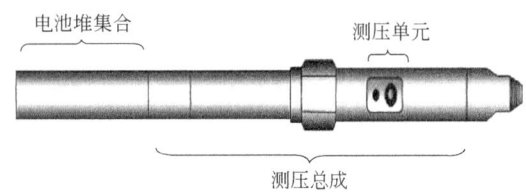

图4.15 随钻测压工具 Geo-Tap 的基本结构

当随钻测压工具在井下的深度确定后，从地面发出下行指令开始测压。下行指令通过地面的 GeoSpan 传至井下工具。GeoSpan 主要用于连接地面软件系统和井底 FTWD 等工具串。正是由于 GeoSpan 的存在，使地面操作者通过改变钻井泵的泵压向井下传输指令，地面发出的压力信号被接受后，通过工具内的传感器对其编码、识别，并执行相应的操作。

工具校好深度后，发出测压指令，此时探针伸出，其外部的塑料密封圈紧贴井壁，吸入管刺穿滤饼伸入地层，吸取地层流体进行压力测试。流速和吸入管外径的组合决定了一个有效的测试范围，其最大的水位压降波动可以通过以下的球形流动方程求得，在微分中取 $T=\infty$ 时，最终水位下降压力 Δp_{dd} 为

$$\Delta p_{dd}=0.14696\frac{v_{dd}}{2\pi}\frac{\tau_p}{r_p}\frac{\mu}{K_f} \qquad (4.19)$$

式中，Δp_{dd} 为最终吸入压力降，MPa；v_{dd} 为流速，L/s；μ 为黏度，mPa·s；r_p 为探针半径，m；K_f 为地层渗透率，mD；τ_p 为无量纲流动修正系数，$\tau_p=1.37$。

如果吸入速率为 0.01L/s，探针长 1.0cm，可以测试渗透率为 0.5~1000mD 的地层。该工具外部的塑料密封圈可以抵抗 42MPa 压力，并且在井底条件下的寿命较长。

测试流程为：

（1）在地面上检查随钻测压工具 Geo-Tap 并设置初始参数；
（2）在井口连接工具串；
（3）将随钻测压工具 Geo-Tap 下入井中，Geo-Tap 处于休眠状态；
（4）钻至目的井深，循环钻井液，将井眼清洗干净；
（5）校正井深，发送命令，使 Geo-Tap 变为待命状态；

(6)在地面发送测试命令,定位探针伸出,进行压力测试;

(7)该测试结束后,上提并进行下一测点的测试;

(8)重复步骤(5)~(8),直到全部测点测试结束;

(9)提出并卸下 Geo-Tap 下载测试数据。

2. StethoScope 随钻测压工具

StethoScope 随钻测压技术由斯伦贝谢公司设计研发,其中测压模块包含探针、压力计、平衡阀等部分(图 4.16),工具在开泵和关泵条件下都可以进行测试。由于坐封活塞的存在,可以使仪器在井筒内以任意角度进行测量,可实现钻进过程中随时获取分层地层压力、流度、环空压力等数据,适用范围广。

随钻测压原理为:当钻至设计目的层时,通过地面系统发送指令,井下工具接收指令后,工具支撑臂伸开使探针贴靠井壁储层,随后探针刺穿滤饼进入地层使得探针与地层之间建立连通通道,预测试室中的活塞后移,预测试室内压力低于地层流体压力产生压力降,从而抽取地层流体,并测试吸入流速,可在 0.2~2.0mL/s 范围内控制调节,同时仪器内置压力计测试记录预测试室内压力值变化。当流体充

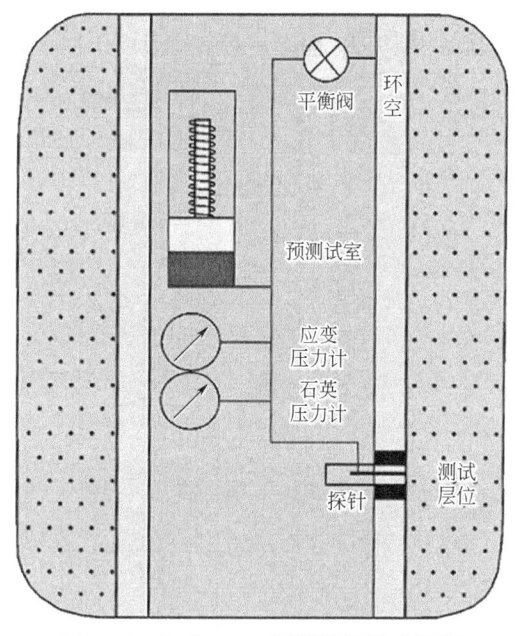

图 4.16 StethoScope 随钻测压技术原理

满预测试室后,内部压力停止下降,但此时压力仍低于地层压力,流体会持续流入,使得压力升高,地层中未被扰动流体不断补充低压区,直到预测试室内压力恢复速率足够小时(60s 压力变化小于 0.1psi),可认为已达到内外压力平衡,然后停止吸入,此时测量的预测试室内压力即代表地层压力。

通过分析压降与压力恢复情况判断地层渗透性,当地层渗透率较大时,抽取速度快、压降小,压力恢复时间短;反之,抽取速度慢、压降大,压力恢复时间长。通过连续测量多个深处的地层压力形成压力剖面,地层压力大小可直观反映储层动用程度及层间注采情况,为后续射孔层段选择、判断断层封堵性及储层连通性、井别调整(生产井转注水井或注水井转生产井)、预防钻井液侵入污染等方面的应用提供可靠依据。

相对测试探针而言,测试地层可被认为是均质的、无限大介质,流体流动主要发生在探针周围,吸取流体的体积也较小,因此地层流体流向探针的过程中,自探针向地层压降以球形向外传播,流体则以垂直等压面的方向形成球形流。当时间足够长时,通常假设测压曲线分析模型的流型为球形流。测试过程中,压力、时间与吸入流速、抽取体积等参数之间的关系反映了地层岩石的许多信息。当压力降小、压力恢复时间短、吸入流速大、抽取体积大时,反映出地层渗透率大;反之则地层渗透率小。

典型的随钻测压压力变化曲线包括侦查预测试和最终预测试(图 4.17)。现场多采用过平衡钻井来确保钻井过程安全,但会造成近井地带超压,这在低渗透率地层中更加明显,侦查预测试可有效释放超压,使最终预测试测得的压力更接近真实地层,从而求得真实地层流度(由此可推算渗透率)。地层流度 λ_f 可由式(4.20)求得:

$$\lambda_f = \frac{V\Omega_S}{4r_p \int_{t_0}^{t_1} [p_{sf} - p(t)] \, dt} + \varepsilon \qquad (4.20)$$

式中，λ_f 为地层流度，mD/(mPa·s)；V 为预测试抽取的流体体积，cm³；Ω_S 为形状因子，无量纲；r_p 为探针半径，in；t_0 为预测试压力下降开始时刻，s；t_1 为预测试压力恢复结束时刻，s；p_{sf} 为近地层压力，psi；$p(t)$ 为压力计在 t 时刻测得的压力，psi；ε 为流度误差，mD/(mPa·s)。

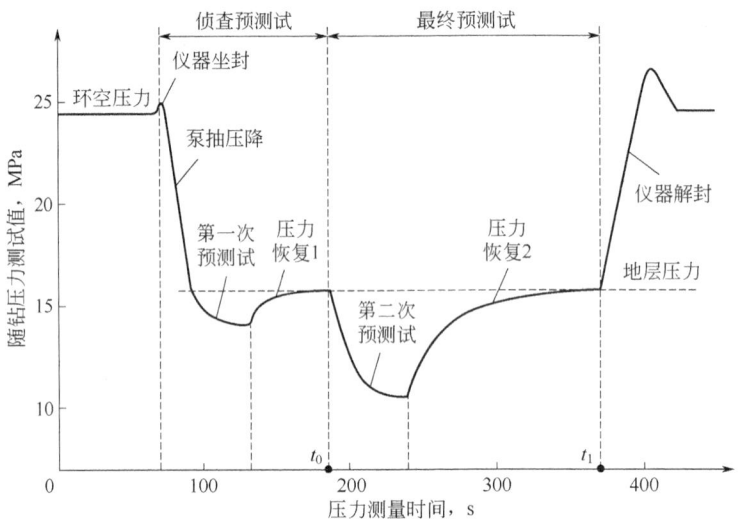

图 4.17　JZS 油田 StethoScope 随钻测压典型压力变化曲线

根据测试地层物性是否已知，StethoScope 随钻测压仪器提供了固定和时间优化两种测试模式(表 4.2)。

表 4.2　StethoScope 随钻测压两种测试模式参数

地层流度 mD/(mPa·s)	模式	类型	速率1 mL/s	体积1 mL	预测试1时间 s	速率2 mL/s	体积2 mL	预测试2时间 s
>0.1	固定	Type0-A	0.2	4.5	600	0.2	0.5	1200
>1		Type0-B	0.3	5.0	100	0.3	6.0	300
>10		Type0-C	0.5	9.5	100	1.0	14.5	300
>100		Type0-D	1.0	9.5	60	2.0	14.5	180
—	时间优化	Type1-A	0.5	9.5	—			300
		Type1-B	0.3	9.5	—			300
		Type1-C	0.5	0.5	—			300
		Type1-D	0.3	0.3	—			300

针对地层物性已知且流度量级明确的情况，选择固定模式可以取得较好的测试效果，即预测试时的泵抽流速、泵抽体积、测试时间均固定；针对地层物性未知或物性变化的情况，时间优化模式可确保取得最佳测试效果，仪器会根据侦查预测试的压降曲线智能计得到地层流度范围，从而采用合适的泵抽流速和体积进行后续测试，时间优化模式的总测试时间均为 5min，可有效提高测压效率。

4.5.2 现场实例

1. 随钻测压工具 Geo-Tap 在渤中 25-1 油田 E3 井的应用

以渤中 25-1 油田 E3 井为例，井身结构如图 4.18 所示，根据中靶的要求以及 φ244.5mm 套管固井质量，侧钻点在井深 2300m 左右。

钻具组合：φ215.9mmPDC 钻头+φ171.5mm 电动机+φ165.1mm 浮阀+φ196.7mm 稳定器+φ196.7mmFEWD+φ171.5mmFTWD+φ171.5mmMWD+φ165.1mm 短无磁钻铤+φ165.1mm 震击器+φ127.0mm 加重钻杆。在下钻及正常钻进过程中，Geo-Tap 处于休眠状态。为保证 Geo-Tap 能良好运转，在钻进过程中维持好钻井液性能，控制含砂量低于 0.1%，排量控制在 2L/min 左右，钻至完钻井深 2523m 循环、清洁井筒。

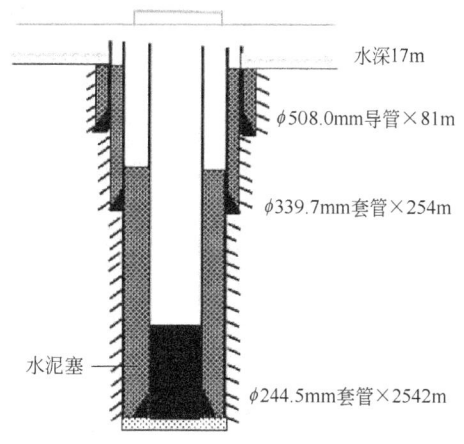

图 4.18 E3 井井身结构

该井采取从下到上的测试方式进行测试，具体的测试深度由地质监督和测井监督确定。第一测试点为井深 2445m，钻头和 Geo-Tap 工具串由井底往上移动，并释放钻柱扭矩。井深接近 2445m 时，通过伽马曲线校深，之后通过 GeoSpan 向井下发出命令，当信号在井底被井下工具确认后，Geo-Tap 工具由休眠状态转变为待命状态，同时返回到地面一个确认信息。地面收到井下返回的确认信号后，在地面发出第二个压力信号开始执行压力测试，此时工具探针伸出，贴靠井壁，吸入管刺入地层，吸取地层流体进行压力测试。

Geo-Tap 工具内测试容器容量为 30mL，对每一个点测试 3 次，每次吸入管吸入大约 10mL 液体，取其中最稳定的值作为该点的最终压力。对于每一个测试点，从开始校深到最后测试完成大约需要 15~20min，该井测试 6 个点，测试数据见表 4.3。

表 4.3 地层压力实测数据

井深 m	钻井液液柱压力，kPa		地层压力，kPa			地层压力系数
	测前	测后	第一次	第二次	第三次	
2351	20657.4	20595.4	16091.1	16092.4	16093.8	0.98
2385	20759.3	20774.6	11081.6	11101.4	11101.8	0.67
2415	21016.0	20960.8	14485.9	14497.4	14484.1	0.86
2418	21078.0	21043.5	14520.4	14591.5	14591.5	0.86
2442	21340.0	21340.0	14877.5	14876.7	14877.1	0.87
2445	21346.9	21305.6	14897.3	14897.8	14896.4	0.87

E3 井应用随钻测压工具 Geo-Tap 测定了储层压力，验证了储层压力衰竭情况，明确了层间压力矛盾，据此可针对目前储层压力合理调整生产压差，改变采油计划以获得最大产量。

2. 随钻测压工具 StethoScope 在渤海 JZS 油田的应用

选取 JZS 油田内 D12H 井进行 StethoScope 随钻测压技术应用，测试流程为完钻后起钻具组合至井口，更换随钻测压工具下至目的层，采用自下而上的方式进行测试。随钻测压技术钻具组合为 StethoScope825（随钻测压）+TeleScope（通信短节）+ARC（阵列补偿电阻率），探针到钻头距离 18.79m，所有测试点均为"开泵"测试，测点采用固定模式 Type0-C。StethoScope 工具内测试容器的容量为 25mL，每个测点共进行 2 次压降—压恢测试过程，总测试时间为 5min。测压过程如下：

（1）黏卡测试：在"开泵"状态下，顶驱分别停转 5min、10min、15min 后再开顶驱旋转，监测排量、泵压、上提下放悬重数据，均无钻具黏卡，继续测压作业。

（2）校深：利用 ARC 得到的自然伽马和电阻率两条曲线，通过自然伽马和电阻率曲线确定目的层，通过自然伽马曲线校深保证测压点深度准确，消除各种钻柱应力状态引起的深度误差。

（3）探针到达设计深度后发送指令，调整工具位置，将探针朝向较高一侧井壁，工具接到指令后坐封、测压，测试结束后数据通过 TeleScope 上传至地面，上传的数据主要包括环空压力、地层压力、压力降、流度和温度等。

该次测试在 10 个设计深度上共进行了 11 次测压，其中 10 次取得了有效测试数据，1 次测试测压结果显示为干点（表 4.4）。经过数据分析，10 个测压有效点涵盖了设计的 10 个深度点，均可用于压力亏空评价和侧向连通性分析。

表 4.4 D12H 井 StethoScope 随钻测压结果

测试号	垂深，m	最终压恢压力 MPa	压降流度 mD/(mPa·s)	测试温度 ℃	压力系数	原始地层压力 MPa	开泵情况	测试类型	测试评价
11	1624.2	14.79	49.48	56.67	0.93	15.92	开泵	Type0-C	有效点
10	1631.6	15.23	33.4	56.47	0.95	16.00	开泵	Type0-C	有效点
9	1637.9	15.01	6.54	56.26	0.93	16.06	开泵	Type0-C	有效点
8	1656.1	15.15	60.55	56.05	0.93	16.24	开泵	Type0-C	有效点
7	1664.0	14.97	62.43	55.39	0.92	16.31	开泵	Type0-C	有效点
6	1664.3	—	—	54.94	—	—	开泵	Type0-C	干点
5	1675.8	16.69	71.83	54.44	1.02	16.43	开泵	Type0-C	有效点
4	1686.5	16.73	314.03	53.59	1.01	16.54	开泵	Type0-C	有效点
3	1689.7	16.75	55.56	52.87	1.01	16.57	开泵	Type0-C	有效点
2	1699.3	16.46	14.58	51.85	0.99	16.66	开泵	Type0-C	有效点
1	1703.4	16.48	47.8	50.89	0.99	16.70	开泵	Type0-C	有效点

结合 D12H 井钻后地层对比资料、随钻测压结果及邻井压力资料（图 4.19），进行储层连通性及动用情况分析。可以看出，D17 井与 D12H 井在 Ⅱ 油组储层对比较好，而随钻测压结果也显示 D12H 井 Ⅱ 油组地层压力低于原始地层压力，表明 D17 井与 D12H 井的 Ⅱ 油组连通，已动用；而 D12H 井 Ⅲ 油组与 D17 井 Ⅲ 油组对比关系一般，随钻测压资料显示 D12H 井 Ⅲ 油组地层压力基本为原始地层压力，这表明两口井储层有未连通的可能（图 4.20）。

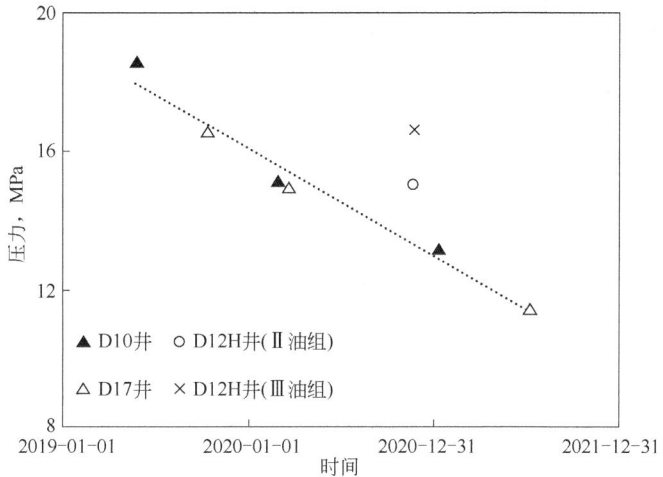

图 4.19 D12 井区及邻井地层压力对比分析

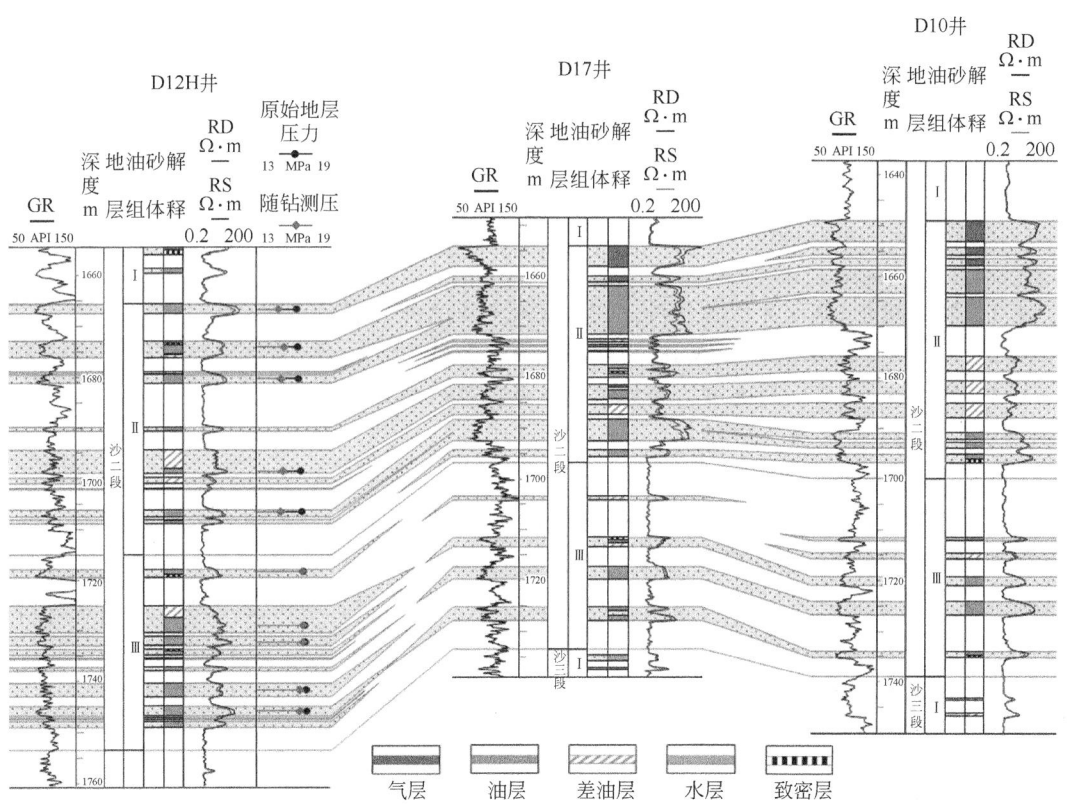

图 4.20 D12 井、D17 井、D10 井地层对比

参考文献

[1] 苏义脑, 窦修荣, 高文凯, 等. 油气井随钻测量技术发展思考与展望 [J]. 石油科学

通报，2023，8(5)：535-554.

[2] 杨晓峰. 近钻头 CGDS-LWD 侧向测井技术研究及应用 [J]. 石油仪器，2011，25(2)：14-15.

[3] 刘昌江. 在胜利油田难动用剩余储量开发中的应用 [J]. 石油钻探技术，2004，32(1)：40-42.

[4] 钟广法，张迪，赵峦啸. 大洋钻探天然气水合物储层测井评价研究进展 [J]. 天然气工业，2020，40(8)：25-44.

[5] 宁伏龙，刘力，李实. 天然气水合物储层测井评价及其影响因素 [J]. 石油学报，2013，34(3)：591-606.

[6] 李进步，吴小宁，魏千盛，等. 随钻电磁波电阻率测井系统在水平井地质导向中的应用 [J]. 石油天然气学报，2013，35(11)：70-75.

[7] 申鹏磊，白建平，李贵山. 深部煤层气水平井测—定—录一体化地质导向技术 [J]. 煤炭学报，2020，45(7)：2491-2499.

[8] 王忠良，龙斌，李金刚，等. 旋转导向随钻测井在长庆油田致密油水平井实验区的应用 [J]. 测井技术，2017，41(1)：52-56.

[9] 刘鹏飞，刘良跃，司念亭，等. 随钻测压工具 Geo-Tap 在渤中 25-1 油田 E3S 井的应用 [J]. 石油钻探技术，2009，37(3)：42-44.

练习题

4.1　随钻测井 LWD 有什么作用，相对常规电缆测井它有什么优势？

4.2　简述含水合物沉积物 NGH 随钻测井曲线特征。

4.3　随钻测井 LWD 钻进中，如何做到随钻跟踪地质目标呢？测井曲线与井眼轨迹和油藏剖面综合成图能说明什么问题？

4.4　简述随钻地层压力测井原理。

4.5　用于页岩气水平井段地质导向钻井的 Vision LWD 方法有哪几个？

4.6　应用 MWD—LWD 资料评价井眼轨迹与地层(油藏)的钻遇关系，可及时发现钻井井眼是否越轨，以便调整钻头沿目标层稳定钻进与准确入靶。利用其探测特性结合成图技术，可确定钻头在目标层中的空间位置及钻头到地层界面的距离。

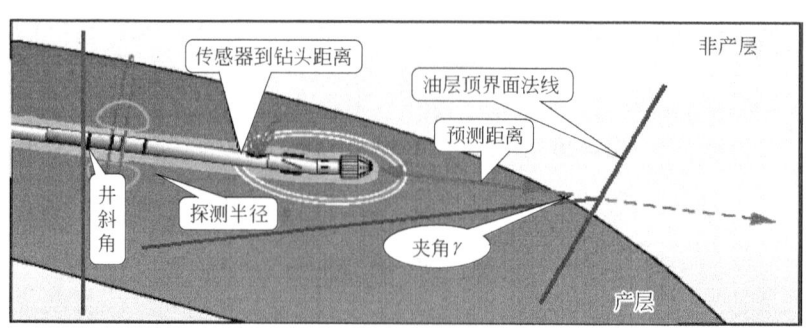

题 4.6 图

以题 4.6 图为例，若已知地层倾角（DIP）、井斜角（DEVI 或 β）和随钻测井仪器的探测半径（D_{oi}）及传感器到钻头的距离（S_{sd}）等参数，当井斜角很大，钻头快钻到地层界面时，则钻头到地层界面的距离（D_A）为：$D_A = D_{oi}/\tan\gamma - S_{sd}$。

某井 Pathfinder 导向的 ARC6/8/9 仪器，2MHz 输出 10 条电阻率曲线，其 Rad55 曲线探测半径为 22.5in，其记录点到 PDC Bit 的距离为 11.34m，机械钻速 $v_{ROP}=6$m/h。井眼先钻穿上部的泥岩层再进入下部的砂岩层（英 2 段含气砂岩地层倾角为 2.5°、顶深 1312.4m、斜深 2461.2m）。当从泥岩层钻至 2401.5m、井斜角为 85°时，则钻头到砂岩层顶界面的距离和时间分别为

$D_A = 22.5 \times 0.0254/\tan(90°-85°-2.5°) - 11.34 =$ ____（m）；$t = 11.34/v_{ROP} =$ _____（h）

第5章 过套管电阻率测井技术及应用

电阻率测井是在评价裸眼井油藏流体饱和度、区分含烃层和含水层方面应用最广泛的测井方法。传统的电阻率测井都是在裸眼井中完成,过套管电阻率测井(though-casing resistivity logging,TCRL)是一种可以在金属套管井中应用的测井新方法,可以用来进行测井评价、监测油气藏动态和跟踪油藏流体饱和度变化。通过测量套管外地层电阻率,可以对老井和套管井的储层进行重新评价,对开发过程中的油藏监测和剩余油评价同样有着重要的意义和广阔的应用前景。

5.1 过套管电阻率测井简介

5.1.1 技术历史

1939 年苏联学者 L. M. Alpin 提出了"在套管井中进行电测的方法",这种方法开辟了过套管电阻率测井的先河,但是由于 Alpin 没有很好地消除电场畸变对电压测量结果的影响,而且也没有解决好电流电极与测量电极之间的距离问题,所以这种方法没能在实际应用中展开。1948 年 W. H. Stewart 通过研究"电测方法和仪器"也获得了美国专利(U. S. No. 2459158),该专利提出了另外一种测量泄漏的方法,这项专利仍然有以下几个缺点:(1)不能确定出套管厚度和套管电导率的变化对测量结果的影响,所以无法校正其影响。(2)在该方案中,每段套管的电流是分别测量,因此放大器增益、套管电阻率、电源不稳均会影响测量结果,使得每次测量结果都不同。(3)接收电流电极之间的距离选择不当,也会对测量结果产生很大影响。(4)泄漏电流小,当时的电子技术不可能支持微弱信号的测量,所以这项专利还是没有得到推广。

直到 1986 年,PML 公司才开始研制仪器,1989 年前后国外发布 3 篇专利。1990 年前后,Kaufman 先后研制出第一代点测样机、第二代点测样机,第二代点测样机达到 10 秒/点。1994 年,Kaufman 等提出了一种新的理论:传输线方程简化模型和曲面积分方程模型,这种模型奠定了方法研究的理论基础。1999 年,第一代过套管电阻率测井仪器(cased hole formation resistivity,CHFR)在斯伦贝谢公司问世,紧接着 2001 年推出第二代 CHFR Plus 版测井仪器。2002 年,D. Benimeli 在 CHFR 的基础上提出了快速测量过套管电阻率的方法,改进后的 CHFR 的测井速度提高一倍,相应的测井精度也提高很多,为探测过套管电阻率提供了更好的方法,该仪器在大庆油田、冀东油田、吉林油田、新疆油田、华北油田等油田进行了测井。2002 年,国内部分油田利用斯伦贝谢公司的过套管地层电阻率测井(CHFR)仪器进行了 37 口井的测量,取得了比较明显的地质应用效果,但是使用费用相当昂贵。2004年,斯伦贝谢公司又推出第三代仪器 CHFR-Slim,同样取得了比较好的实际应用效果,得到了中国石油天然气股份有限公司等的认可。最新型号的 CHFR-SlimX 具备更高的分辨率和更强的抗干扰能力,可以在更复杂的井况中进行测量。CHFR-SlimX 的应用数据显示,2023年,CHFR-SlimX 在大庆油田、新疆油田、长庆油田等多个大型油田的测量作业中取得了突破性进展,测量的井数比上一代增长了 30%,测井精度提升了约 15%。

5.1.2　过套管电阻率测井仪器简介

斯伦贝谢公司的过套管电阻率测井仪器(CHFR)系列采用的是单极供电方法,其井下仪器结构示意图如图 5.1 所示。

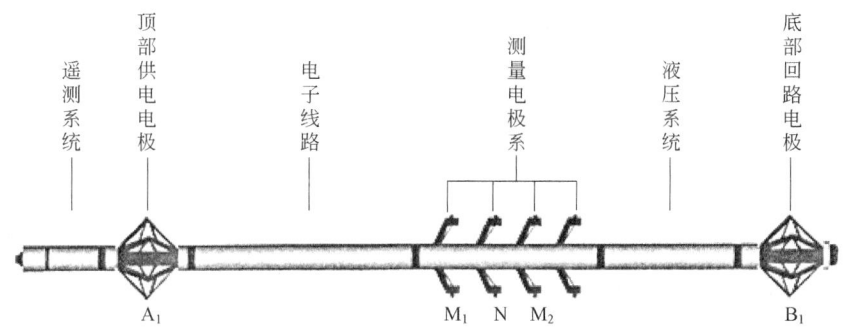

图 5.1　CHFR 井下仪器示意图

仪器电极系由测量电极系 M_1、N、M_2 未标注的那个测量电极系为备用电极,间距均为 2ft,每个电极由三个互成 120°的极板组成,极板之间并联)和两个电流电极 A_1、B_1(A_1 为供电电极,B_1 为回路电极,相隔 33ft)组成,并且两个电流电极 A_1 和 B_1 对称排列在测量电极 N 的两侧。

地面上的大功率电流源与供电电极 A_1 连接,由供电电极 A_1 向套管注入电流。注入电流为 1A 时,往往只能产生几毫安的泄漏电流。因此,要获得足够大的电位差,需要将足够大的电流注入到供电电极上。但受到测井电缆的限制,实际上注入电流一般为几安。注入电流从原理上应为直流电,但在实际中采用频率范围为 0.25~10Hz 的低频交流电(通常保持在 1Hz),可以有效地避免使用直流电时伴生的极化和漂移,以及套管的趋肤效应。

CHFR 仪器的操作频率范围是 0.25~10Hz,但通常保持在 1Hz。CHFR 仪器测量时,要求每三组测量电极得到一个深度点的电阻率数值,由于 CHFR 有四组电极,从而每一次点测能得到两组相距 2ft 的电阻率测量值,这就可使每两次点测相距 4ft,但仍可得到相距 2ft 的数据。同时,使测井速度加倍至 120ft/h,并提高仪器的纵向分辨率。

CHFR 仪器选择点测的原因有两个。
(1)测量过程分为两步:测量和刻度,应避免这两步中任何仪器移动。
(2)移动电极所造成的噪声比有用信号大 10000 倍。

CHFR 测量电阻率的范围为 1~100Ω·m,精确度在±10%以内。下限定为 1Ω·m,这是由固井水泥的影响所决定的；而上限100Ω·m是由信噪比和静止测量时间决定的，另外还取决于套管直径、套管厚度和质量、离套管鞋的距离等因素的影响，实际上限可能高于100Ω·m。另外还有两个重要因素影响CHFR的测量：一是随时间的推移，固结水泥的电阻率可能会发生变化；二是水泥固结的质量，这时建议在CHFR作业之前先进行CBT(水泥胶结测井)、CET(水泥评价测井)或USI(超声波成像测井)。

5.2 过套管电阻率测井分类及原理

5.2.1 过套管电阻率测井分类

1. 全电阻测量模式

全电阻测量模式(也称为阻抗测量模式)如图5.2所示，其中电流I_o从电极A注入，并通过地面回路电极B返回。这时测量电极J相对应参考电极G的电压U_o，便得到测量部分套管和地层的总电阻为

$$R = \frac{U_o}{I_o} \tag{5.1}$$

2. 套管电阻测量模式

套管电阻测量模式(刻度模式)如图5.3所示，测量电极C和D以及D和E之间的电阻。在这种测量模式下，从A电极注入电流I_n，回路电极在F极。此时极间泄漏到地层的电流可以被忽略，测量电极C和D之间的电压U_1'、D和E之间的电压U_2'，计算出极间套管的电阻分别为

$$R_1 = \frac{U_1'}{I_n}, \quad R_2 = \frac{U_2'}{I_n} \tag{5.2}$$

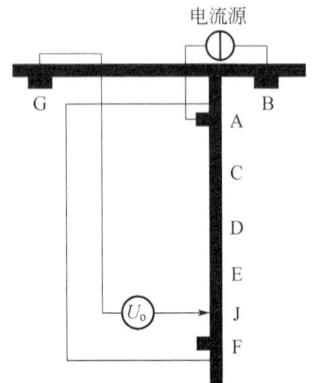

图5.2 全电阻测量模式

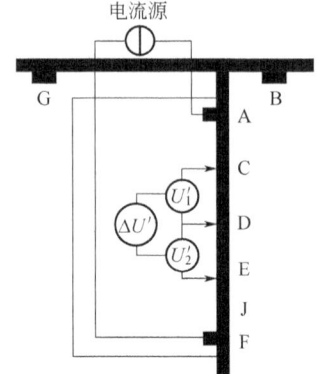

图5.3 套管电阻测量模式

3. 泄漏电流测量模式

电流泄漏测量模式(测量模式)如图5.4所示，电流I_m从电极A注入，回路电极在B

极。通过测量电极 C 和 D 之间的电压 U_1，D 和 E 之间的电压 U_2 来估计泄漏到地层的电流。计算套管上 C 和 D 之间的电流为 U_1/R_1，D 和 E 间的电流为 U_2/R_2，两电流的差值就为泄漏到地层的电流，即

$$\Delta I = \frac{U_1}{R_1} - \frac{U_2}{R_2} \quad (5.3)$$

5.2.2 过套管电阻率测井原理

目前，过套管电阻率测井均采用点测的测量方式，即 CHFR 仪器在每一个测量点上工作时处于静止状态，测量原理示意如图 5.5 所示。测量时，首先将开关 SW 置于 K_1 位置。

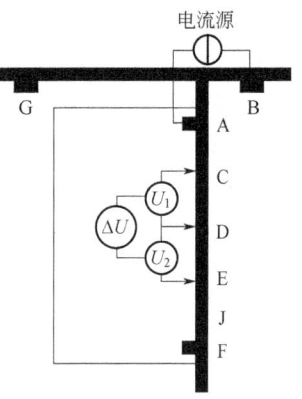

图 5.4 泄漏电流测量模式

供电电极 A_1 注入的电流中有一部分沿套管下行，而另一部分沿套管上行。测量电极 M_1、N 之间的套管段电流的泄漏会引起一个电压差 ΔU_{M1N}（一阶电位差）。同样，测量电极 N、M_2 之间的套管段上电流的泄漏也会引起一个电压 ΔU_{NM2}（一阶电位差）。这两个电压 ΔU_{M1N} 和 ΔU_{NM2}，分别通过差分运算放大器 D_1 和 D_2 检测，然后输入到差分运算放大器 D_3，检测出它们的电压差值，即二阶电位差 $\Delta^2 U'_N$。此时检测到的二阶电位差 $\Delta^2 U'_N$ 信号是由套管和地层共同引起。需要通过一定的测量手段消除套管电导变化引起的信号。

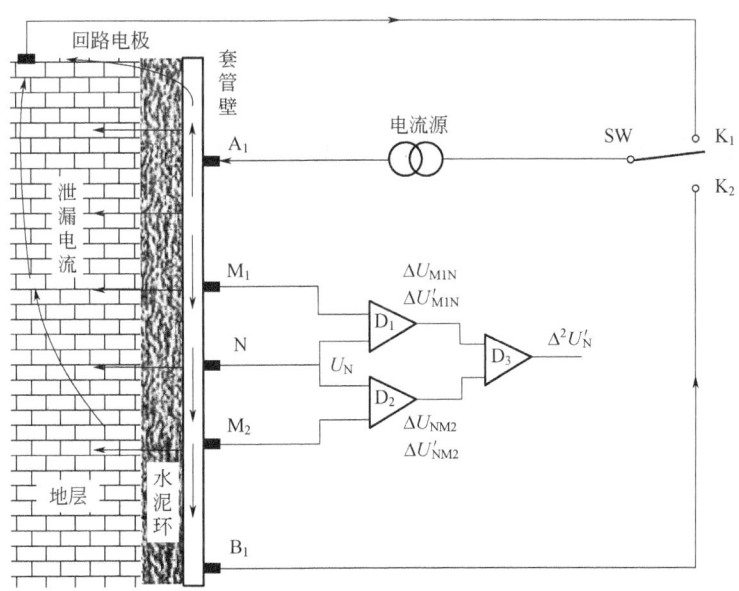

图 5.5 单级供电法测量原理示意图

其次，为了有效地消除套管电导变化对二阶电位差测量的影响，将 SW 置于 K_2 位置（地面电极应尽可能远离井口）。在这种测量方式下，电流从供电电极 A_1 沿套管下行，与回路电极 B_1 一起形成一个测量回路。此时，地层中的泄漏电流可以忽略不计。同理可以获得两个电位差信号 $\Delta U'_{M1N}$ 和 $\Delta U'_{NM2}$，此时消除套管电导变化后的二阶差分电位 $\Delta^2 U_N$ 为

$$\Delta^2 U_N = \Delta U_{MIN} - \frac{\Delta U'_{M1N}}{\Delta U'_{NM2}} \Delta U_{NM3} \quad (5.4)$$

最后，获得了二阶差分电位后，还需要测量电极 N 的电位 U(即测量点处与地面参考电极之间的电压)。这一步是进行极其精密的电位测量，采用直流供电方式。直流电流从顶部电流电极 A_1 注入到套管上，经过 K_1 到达地面。测量电极 N 与地面电极之间的电压，即为套管上的电位 U_N。这个电位的测量需进行 2 次：分别采用正极性和负极性，以消除因极化和漂移引起的系统误差。由于套管上的电位 U_N 随深度变化很慢，不需要在每个测量点上都测量，通常每隔 10 个不同的深度点上测量就可以了。获得电位 U 与消除套管电阻变化影响后的二阶电位差 $\Delta^2 U_N$，由式(5.5)可以获得测量点 N 处的地层视电阻率值 R_a：

$$R_a = K \frac{U_N}{\Delta^2 U_N} \tag{5.5}$$

为了确定电极系的刻度系数 K，需要对过套管电阻率测井仪器进行刻度，这是个很重要的步骤，一般有两种方法：理论刻度和实用刻度。其中理论刻度是在理想套管和地层条件下刻度得到仪器系数，利用数值模拟方法，调节测量值与地层真电阻率的关系，从而得到刻度系数 K。实用刻度是根据裸眼井电阻率测井资料，选择勘探过程中电阻率值基本保持不变的非渗透层(厚泥岩层)或在开发过程中地层没有产生变化的纯水层作为刻度标准层，将仪器的测量值与该标准层的裸眼井电阻率值进行对比，得到的比例关系即为仪器的刻度系数 K，故又称为标准化刻度。

仪器测量过程中，注入到供电电极 A_1 上的电流为 0.25~10A，电流沿套管下行到测量电极处套管段中的电流为 0~3A，流入地层的泄流电流仅有 2~20mA。测量电极 M_1、N 间的电压和测量电极 N、M_2 间的电压为 20~100μV，这两个电压的差值，即差分电压仅为 5~500nV。在测量电极所处的套管段的电阻通常为 20~100μΩ。套管上的电位 U_N 一般为 10~100mV。

过套管电阻率测井影响的因素

5.3.1 套管及水泥环的影响

过套管电阻率测井方法在实际测井过程中，套管对测量的影响是不容忽视的。首先，套管上测量点之间的距离 Δz 是无法无限接近于零的，测量电极可能会因相隔一定距离而处于不同地层，所以测得的测量电极的电势以及它们之间的二阶电势差等信号将会是属于分布在一段地层中平均电场的性质，使得最终测量结果受到该段地层平均作用的影响。这在效果上会使地层界面处即使忽略了水泥环的存在仍然会有一个过渡带，最终测量结果的分辨率也会因此受到影响。

其次，金属套管本身的性质也会对过套管电阻率测井响应产生影响。例如，套管的长度是有限的，无法达到传输线理论针对地层电阻率测量问题建立的模型中那样达到无限长。这样在实际测量中肯定会与理想结果产生偏差，所以需要选择测量得出的地层视电阻率与真实值接近的区域进行测量，实验证明，在金属套管 $2Z_c$(其中 Z_c 为特征长度)区段会有 86.5% 的电流注入地层，理想测量区域即是中场区(金属套管 0–Z_c 段)。再如，套管往往不是数学模型中所假设的那样是均匀性的，实际测井过程中，金属套管厚度的变化对结果影响不大，但是套管半径的不均匀会产生 5%~10% 的误差。即使金属套管位于测量电极间区段的电阻率没有发生变化，因套管常见的腐蚀、接箍、射孔等问题以及材料的变化均会产生电阻率异常，或是电流分布发生畸变（测量电极位于套管尾端）都会导致电势变化，而这种变化是不能表征地层电阻率的特性的。这就使得能够补偿套管非均质性对测量结果产生的影响的刻度步骤显得尤为重要，它能在金属套管电阻率变化较大的情况下减弱测量响应被影响的严重程度。

此外，套管与地层间的水泥环也会对测井响应产生影响。在传输线理论中，横向电阻率实际上是按径向成层的各地层电阻串联起来而形成的电阻率，这样实际测量得到的地层视电阻率其实也是串联电阻率。显而易见，水泥环的厚度会直接造成测量结果的误差，且越厚越大的水泥环造成的误差越明显，甚至当水泥环的厚度越过一定阈值时能引发100%的测量误差。研究表明，水泥环的电阻率与地层电阻率比值大于1时，测量结果将比地层的电阻率实际值大，当二者比值小于1时，则测量结果将比地层的电阻率实际值小。

5.3.2　测量电极间距离的影响

在过套管电阻率测井过程中，改变测量电极间的距离，将会使测井的分辨率产生变化。具体而言，测量电极间距离越大，信号响应越迟钝，测井分辨率越低。测量电极间距离越小，越接近理想模型状态，信号响应就越灵敏，测井分辨率就越高。但与此同时，也会使响应信号的强度减弱，其信噪比也会降低。因此在实际设计测井系统时，需要根据实际情况考虑两方面的因素，一般的响应信号的纵向分辨率约为测量电极间距离的2倍。

5.3.3　信号源频率的影响

由前面的内容可以得知，为了放大过套管电阻率测井的极微弱信号，从而进一步向上传输，一般选择交流信号作为激励信号源进行刻度步骤与漏电流测量步骤。从信号源的频率总结性来说，应将实际测井情况中地层各项电性参数的范围应用于趋肤深度的相关计算公式，结合针对性的研究，可得出信号源频率在过套管电阻率测井过程中应选择1Hz左右。

5.4　过套管电阻率测井的应用

5.4.1　主要应用领域

1. 确定剩余油饱和度

对于物性相同或相近的储层，其电阻率的高低取决于储层饱和流体的性质，当储层完全饱和水时，电阻率明显低于储层完全饱和油的电阻率。因此，应用过金属套管地层电阻率可以确定储层剩余油饱和度，此方法类似于裸眼井中利用地层电阻率评价储层剩余油饱和度。针对不同油田、不同储层地质特性，找出合适含油饱和度的解释模型。

根据开采状况和特点选择解释模型参数，尤其是地层水电阻率参数，在注水开发模式下，根据注入水性质调整地层水电阻率。大庆油田在2002年9月对某井进行过套管电阻率和碳氧比测井，该井在测井之前并没有射孔生产。利用过套管电阻率测井解释软件得到的含水饱和度，与岩心分析比较结果最大误差为 9.6%，最小误差为 2.8%，平均误差为 6.4%，低于碳氧比能谱分析结果平均误差(7.1%)。结果表明，过套管电阻率测井解释精度略高于碳氧比能谱解释精度。解释结果接近岩心分析的结果。

2. 识别未采油气层

在许多油田中，未采油气占了潜在开发可采储量的很大一部分，此类油气层不仅包括因疏忽而漏掉的油层或错判的油层，还包括有意留出的油气层和多年开采以后重新饱和的油层，过套管电阻率测井对剩余油评价有极大的帮助。

3. 评价油层水淹情况

确定储层水淹程度是进一步调整生产方案的重要依据。在垦东六断块的 3 口老井中进行过套管电阻率测井。利用过套管电阻率测井资料，结合裸眼井测井资料，进行 ELANPlus 地层评价及 CHFR 饱和度分析处理，得到 CHFR 和 ELANPlus 综合成果图，可以有效地确定储层水淹程度。采取措施后，油量增加，含水降低取得了较好的应用效果。

4. 检测流体饱和度

油藏监测包括时间推移测井，即在不同时间测井跟踪饱和度的变化及监测正常生产和注水过程中的流体界面位置。对注水开发油田，随着油田的开发，储层流体的性质将发生变化，在套管井中测量油层电阻率是油藏动态监测的有效手段之一。随着原油采出程度的提高，油藏含油饱和度不断降低，原始油层饱和度与剩余油饱和度的比值可以反映油层水淹状况。斯伦贝谢公司将其定义为衰竭指数 η，即

$$\eta = \frac{S_{\text{WOH}}}{S_{\text{WCHFR}}} \tag{5.6}$$

式中，S_{WOH} 为裸眼井测井时的地层含水饱和度；S_{WCHFR} 为套管井测井时的地层含水饱和度。衰竭指数在 0~1 之间变化，其值越低，说明油层水淹程度越高。这一定性指标的优点是不受过套管电阻率测井仪因子 K 的影响，不需要知道地层水电阻率以及地层孔隙度等参数，但地层水矿化度需保持不变。

2003—2004 年，斯伦贝谢公司在大庆油田应用过套管电阻率测井技术测试 12 口井，根据资料解释结果对其中的 5 口井采取措施，其中 4 口井取得明显的效果，达到了"控水增油"的目的。

5. 定位油水界面

一般来说，油具有高阻特征，水具有低阻特征，油的密度小于水，所以在水层上面，电阻率曲线突出高阻段一般对应油层，其下面的低阻段为水层，油水分界面在高阻向低阻变化的拐点处，这样利用裸眼井深电阻率曲线和 CHFR 电阻率曲线很容易划分裸眼井和套管井的油水界面，两个界面对比就能很直观看出油水界面的变化。

6. 结合其他测井方法对储层综合评价

虽然过套管电阻率测井技术具有明显的优势，但是在实际测井中还应结合常用核测井方法以及裸眼井测井资料，进行储层综合评价。

7. 监测压裂效果

在下套管固井后、未射孔之前，金属套管对电流有很强的导电作用，很难对地层进行电阻率的测量，尽管仍有极小部分电流通过套管进入储层，但其电阻率显示为高值。在射孔压裂后，由于射孔井眼和裂缝的存在使得井内流体与地层流体连通，过套管电阻率在裂缝处测

得的电阻率显示为低值。将压前、压后两条电阻率曲线绘在同一道中，电阻率曲线异常处（两条曲线不重合且相差较大）就是压裂缝位置。

5.4.2 现场应用实例

1. 判断油水界面促老井挖潜

惠州 26-1 油田是一个边、底水能量充足的多层砂岩油田，探明地质储量超过 $5000×10^4m^3$。HZ26-1-16A 井是位于油田构造高点的一口生产井，合采 M10 层和 M12 层两个底水油藏，从 1991 年投产后到 2006 年 8 月已累计产油 $105×10^4m^3$，含水超过 90%。为了准确认识剩余油的分布规律，从而有针对性进行挖潜调整井的部署，对该井在 1837~2485m 井段进行了 CHFR 测试。

HZ26-1-16A 井主力油藏 M10 层射孔段的 CHFR 测井结果（图5.6）显示，底水的非均匀推进造成生产层段已经大部分水淹，其中第一个隔层下部（2427~2433m）底水驱动程度较高，剩余油饱和度只有 40%；而隔层上部（2419~2426.5m）含水饱和度为 20%，剩余油饱和度达 60%。第二个隔层下部的油饱基本保持为原始含油饱和度。CHFR 测井结果验证了在该油田一直存在的泥岩隔层对剩余油分布规律的影响，指明了在存在隔层分布的部分井寻找剩余油的挖潜方向。

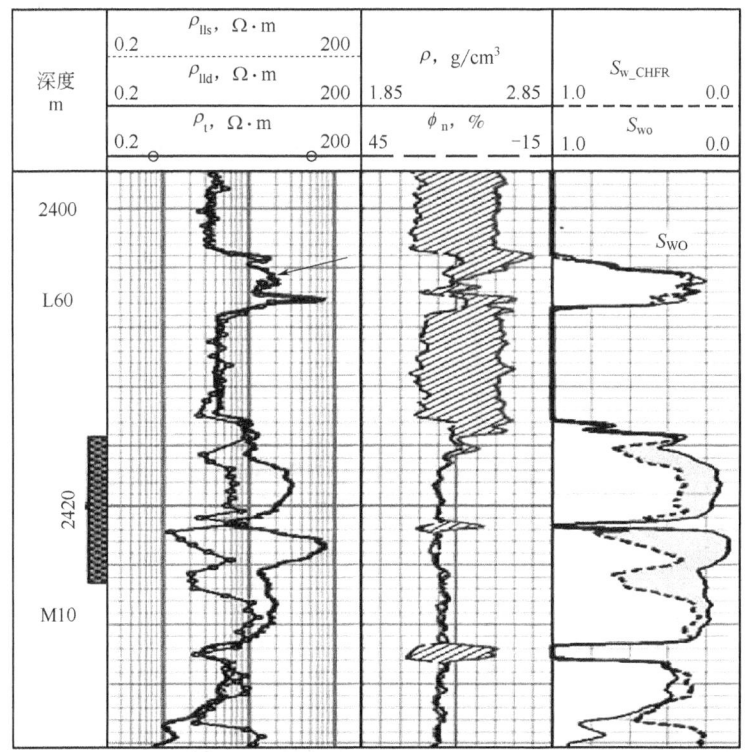

图 5.6 HZ26-1-16A 井 M10 层油藏 CHFR 测井结果

2. 确定未动油藏的含油性

CHFR 测井可以应用于漏失油藏的含油气识别，评价未开发油藏的烃类饱和度。HZ26-1-16A 井在 2310~2320m 层段的 CHFR 测井结果显示 L30 层油藏油柱高度几乎未动用，含油饱和度高达80%（图5.7）。结合其他井的储层饱和度测井仪（RST）测试资料及领眼井资料，于2007年1月在L30层边水油藏侧钻分支水平井HZ26-1-12SbMa井、HZ26-1-12SbMb井，开采泥岩隔层上下部分剩余油（图5.8）。该井采用裸眼完井方式完钻后水平段有效长度565m，储层渗透率预测为1200mD。投产后初产油量达到1367BOPD❶，含水率57.05%。

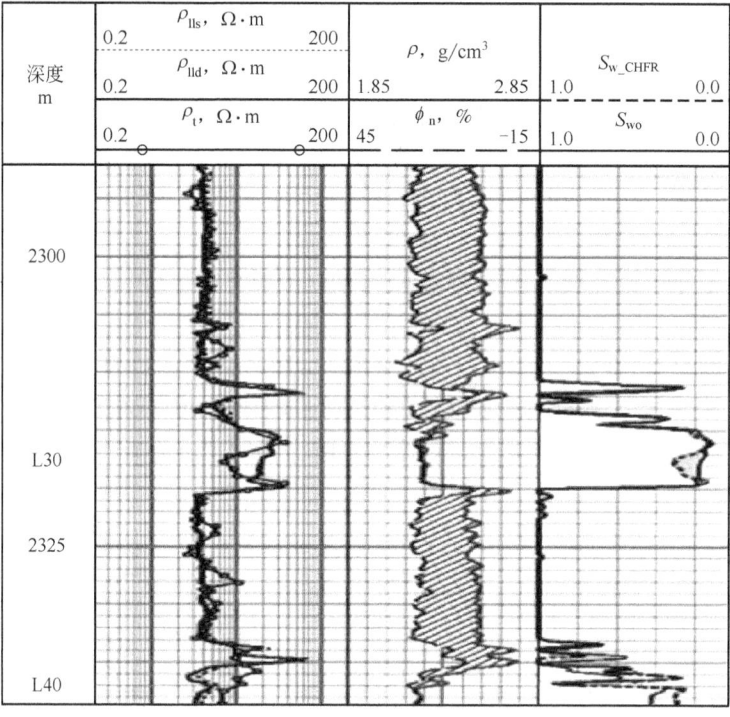

图5.7　HZ26-1-16A井L30油藏CHFR测井结果

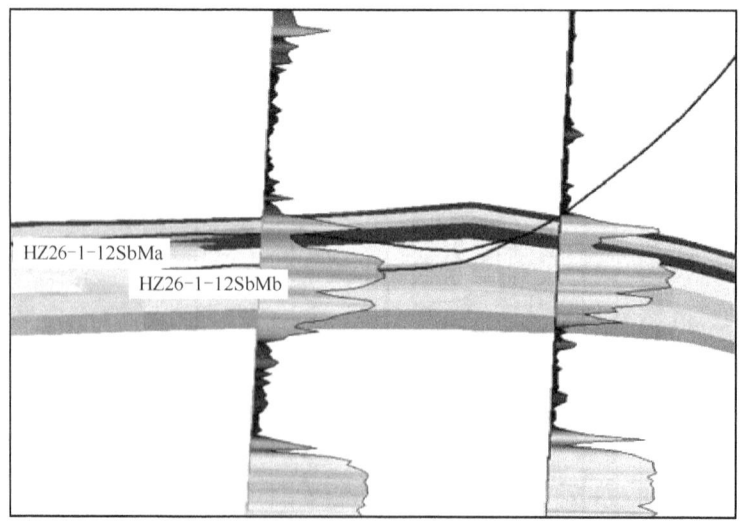

图5.8　水平井HZ26-1-12SbMa井、HZ26-1-12SbMb井剖面示意图

---

❶ BOPD为日产油桶数，1BOPD=158.98L/d。

3. 结合数值模拟分析剩余油分布

油藏数值模拟研究是油藏管理的主要手段和工具。在没有油藏监测资料之前，油藏数值模拟的主要拟合指标是产量、含水率和压力。通过结合 CHFR 测井等动态监测资料，能够在数值模拟中更直观地定量拟合剩余油饱和度。

图 5.9 和图 5.10 分别是 HZ26-1-16Sa 井在 M10 层油藏和 M12 层油藏含水饱和度变化对比。图中虚线为 1991 年裸眼井随钻原始含水饱和度 S_{wo} 测井曲线，实线为 2006 年 CHFR 测试含水饱和度 S_{w-CHFR} 曲线，网状柱状图为 1991 年油藏模型初始化时的含水饱和度 $S_{wo-model}$，其与原始含水饱和度测井曲线相对应，而点状柱状图为 2006 年油藏模型中拟合的含水饱和度 $S_{w-model}$。

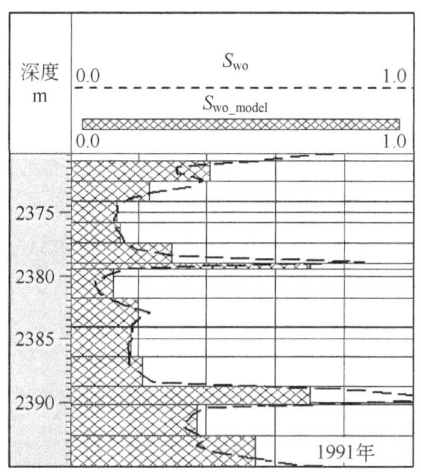 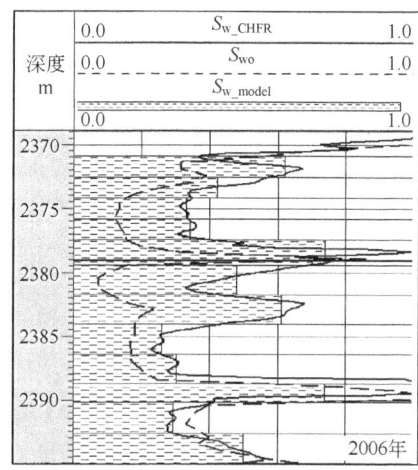

图 5.9　M10 层油藏数值模拟与 CHFR 测井含水饱和度对比

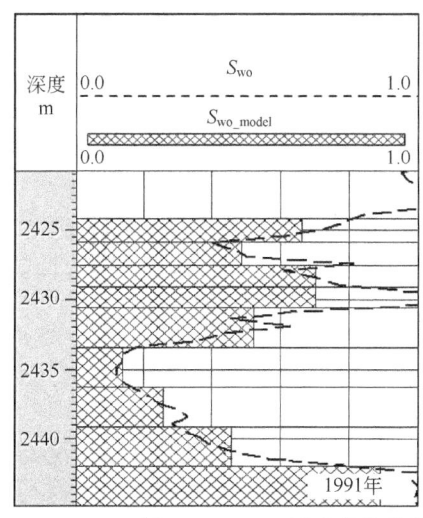 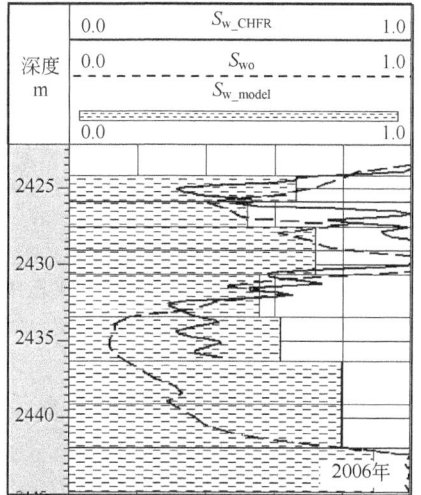

图 5.10　M12 层油藏数值模拟与 CHFR 测井含水饱和度对比

数值模拟研究结果与 CFHR 测井对比表明，M10 层油藏的含水饱和度拟合比较好，点状柱状图与 CHFR 测井资料符合度较高，表明数值模拟的拟合精度较高，剩余油有很大可能集中在第一个隔层的上部和第二个隔层的下部。而 M12 层油藏的含水饱和度拟合效果不太理想，隔层上部的水驱程度比模型显示得更高，需要对隔层的渗透率和分布范围进一步拟合。

4. 识别压裂缝方法

由图 5.11 所示的安 XX 井时间推移电阻率测井曲线可知，Rtoh 为裸眼井电阻率曲线，Rtch1 为压裂前电阻率曲线，Rtch2 为压裂后电阻率曲线(明显降低)，斜深为 2583~2608m 处 Rtch2 曲线与 Rtch1 曲线、Rtoh 曲线差异较大、发生明显分离，为压开层段。

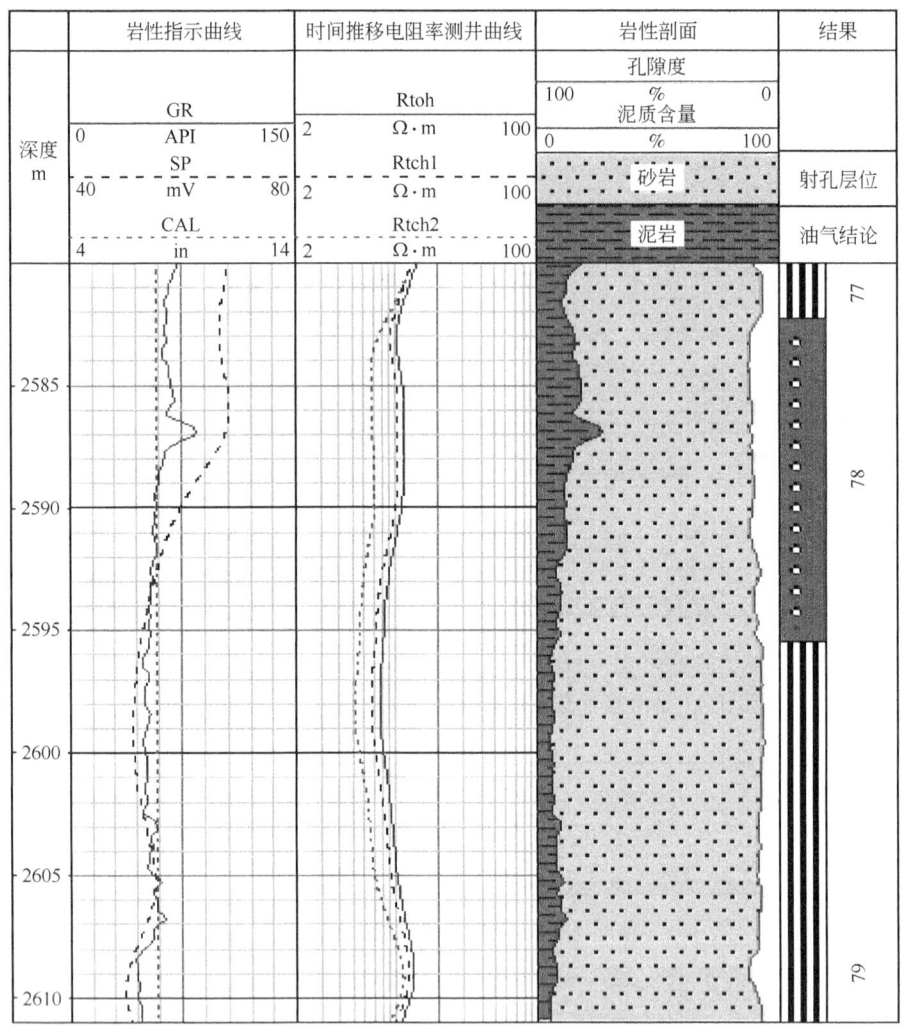

图 5.11 安 XX 井水平段压裂前、压裂后的电阻率曲线对比

参考文献

[1] 袁瑞. 过套管电阻率测井资料预处理方法研究 [D]. 荆州：长江大学，2013.
[2] 王华. 过套管电阻率测井刻度装置关键技术研究 [D]. 西安：西安石油大学，2011.
[3] 马辉. 过套管电阻率测井方法应用研究 [D]. 西安：西安科技大学，2012.
[4] 王焕友. 过套管电阻率测井刻度系统研究 [D]. 西安：西安石油大学，2014.
[5] 宋洁. 过套管电阻率测井仪现场测试影响因素分析 [J]. 化学工程与装备，2022(9)：

144-146.

[6] 田翔,李黎,谢雄,等. 过套管电阻率(CHFR)测井技术在南中国海上油田应用效果评价 [J]. 石油天然气学报, 2013, 35(9): 88-92.

练习题

5.1 简述过套管电阻率测井的原理,它属于感应测井还是侧向测井?

5.2 CHFR测井测量的是套管电阻率吗?影响测量的因素有哪些?测量电阻率范围多深?探测深度有多深?纵向分辨率如何?其电阻率曲线能够识别油气水层吗?

5.3 CHFR测井常受哪些因素影响,CHFR的探测深度理论上有多深?

5.4 与裸眼井电阻率测井相比,为什么用CHFR测井计算的S_w更高?有人认为$R_{toh}/R_{tCHFR}=S_{WCHFR}/S_{Woh}$对吗?

5.5 CHFR测井技术在工程上有哪些应用,选择一个应用进行详述?

5.6 结合图5.6 & 图5.7,说明如何利用过套管电阻率测井识别水淹层和评价剩余油饱和度?

5.7 某纯砂岩地层的$a=b=1.0$,$m=n=2.0$,$R_W=0.09\Omega \cdot m$,$\phi=0.2$,Rtoh$=25\Omega \cdot m$,计算其裸眼井的地层含油饱和度$S_o(\%)$。请读出图5.11中2590m处的电阻率曲线值、孔隙度值,且假定$a=b=1.0$,$m=n=2.0$,$R_w=0.16\Omega \cdot m$,试计算S_o?从图5.11中读出的直井压开层段大约为多少米?

第6章 套管损伤测井检测技术及应用

套管完整性评价结果直接影响着作业安全生产及油气产能。造成套管损伤的因素很多，主要有井身因素、地质因素和生产因素。套管损伤往往会造成套管外串槽漏失，从而引发地层间串槽、注水能量分散等现象，进而引起采油效率降低和增产措施失效。通过定期油套管损伤检查，对套管损伤进行早期预防，可以有效减少管柱损伤带来的生产损失，对油气稳产增产起着重要作用。

6.1 套管损伤测井检测仪器及原理

套管损伤测井检测技术主要有井径式套管损伤检测、电磁波探测、声波反射成像等。其中，井径式套管损伤检测主要采用机械探测臂来测量套管的形变损伤程度、井斜等，它只能对套管内壁情况进行检测，无法评价管柱外壁以及套管壁厚损失情况，另外，机械探测臂无法全覆盖井周测量，导致井径覆盖率有一定限制。电磁波探测可以探测双层乃至多层管壁，但该测井方法探测的壁厚是套管的加权平均壁厚值，不能确定套损种类和位置。下面将介绍这几种常见套损检测仪器及原理。

6.1.1 超声波套管损伤检测系统及其原理

1. 超声波套管损伤检测仪器

超声波具有方向性好、穿透能力强、测量精度高等特点，可对套管的内壁变化进行精确测量。超声波套管损伤检测仪器总体构成主要分为存储式电池仓、数据存储与控制短接、电子仪短节、声系短节、扶正器短节这5个部分，如图6.1所示。

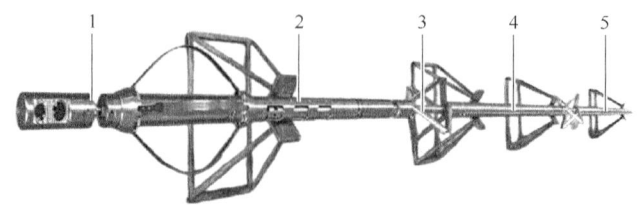

图 6.1 超声波套管损伤检测仪器
1—声系短节；2—电子仪短节；3—扶正器短节；4—数据存储与控制短节；5—存储式电池仓

超声波套管损伤检测仪器的主要功能参数：外壳材质为沉淀不锈钢，骨架材质为硬铝合金；仪器外径为52mm，总长为5200mm；换能器转速为360~480r/min；图像分辨率为315点/周；纵向分辨率为2.08~8.33mm；径向分辨率为0.5mm；到时分辨率为0.3μs；工作电压为72V；系统功耗≥36W；工作时间≥8h；存储容量≥10GB。判断条件：根据时间判断，控制整串仪器供电开、关。

2. 测量原理

超声换能器在电机的带动下，以恒定速率连续旋转扫描井壁，超声换能器发出声波，遇到井壁后进行反射，仪器接收发出声波，测量回波的到达时间和最大幅度，并将其数字化，所有信息存储在存储短节中，通过软件处理后检测套管的损伤及腐蚀或变形特征。超声波套管损伤检测原理如图6.2所示。

6.1.2 井径类测井仪器及原理

多臂井径成像测井仪在套管损伤检测和射孔质量评价中广泛应用，以监测油气井的腐蚀和变形，提供多臂实测井径、相对方位、井斜等多个参数。

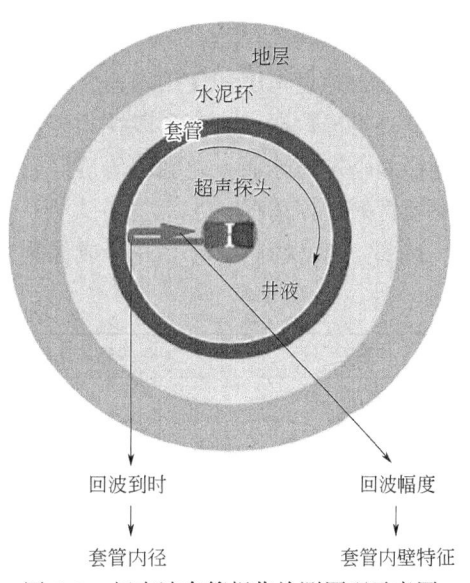

图6.2 超声波套管损伤检测原理示意图

常用的多臂井径成像测井仪有24臂、40臂和60臂等井径成像测井仪。24臂井径成像测井仪可以测量24条独立曲线，5.5in以下套管的形变及损伤；40臂井径成像测井仪可以测量40条独立曲线，测量4~7in的套管；60臂井径成像测井仪可以测量60条独立曲线，测量5.5~10in的套管，可满足海上大套管井的使用(图6.3至图6.5)。

图6.3 24臂井径成像测井仪(CJ24-300D)

图6.4 40臂井径成像测井仪(CJ40-200)

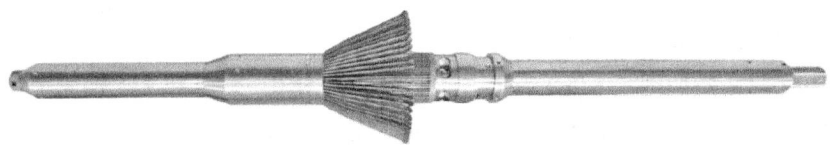

图6.5 60臂井径成像测井仪(CJ60-100D)

多臂井径是使用检测机械臂来测量套管直径(半径),测量获得的套管直径(半径)用来确定工程测井套管的变形程度、金属套管的质量状况,识别套管变形、错位、弯曲、裂纹和外部套管腐蚀或缺陷指示的范围和套管损坏零件,提供井筒倾角和倾斜方位角信息,以及准确测量横向裂缝、纵向裂缝和套管壁厚的外壳。在成像软件的支持下,绘制出油管、套管变形的三维成像和解释结果,以进一步了解井下油管、套管状况。

以 40 臂井径成像测井仪为例。该仪器采用桥式电感无触点位移传感器(体积小),提高了传感器的测量精度和使用寿命,实现了仪器小直径下的高密度测量。同时该仪器采用三阶高密度码传送数据,改变了以往大多数模拟或脉冲传送信号的方式,提高了传输速率。井下信号经编码发向地面,地面解码后经软件处理,得到套管内径的立体成像解释图,清晰反应井下套管的受损情况。

24 臂、40 臂和 60 臂等井径成像测井仪的性能指标如下(表 6.1)。

表 6.1 仪器性能指标

参数	24 臂井径成像测井仪	40 臂井径成像测井仪	60 臂井径成像测井仪
额定电压,VDC	90		
额定电流,mA	30±5		
温度范围,℃	−30~175		
最大压力,MPa	100		
仪器外径,mm	43	70	100
仪器长度,m	1.42	1.36	1.44
测量范围,mm	45~140	80~180	105~254
测量精度,mm	1		
测量分辨率,mm	0.1		
相对方位精度,(°)	±3(井斜>10)		
相对方位范围,(°)	0~360		
井斜精度,(°)	±3(井斜<85)		
井斜范围,(°)	0~90		
最高测速,m/h	600		

6.1.3 电磁探伤测井仪器及其原理

套管电磁探伤技术属于工程测试中的磁测井系列,其系统结构组成如图 6.6(a)所示,电磁探伤仪由测试绞车控制起下,各磁探头测取套管的相关信息数据,通过配套单芯电缆传至地面数据处理装置,并以图像方式实时显示。现场测试完毕后通过解释软件进行解释分析,完成套管质量检测的分布测试报告。

电磁探伤仪器结构如图 6.6(b)所示,整个仪器主要由 x、y 和 z 三轴向电磁探头(纵向长探头 A、横向探头 B 和横向探头 C)以及上下扶正器组成,另外还附加了伽马探头和温度探头两个探头,各电路模块穿插在各个探头之间。其中,纵向探头 A 探测范围较大,主要用于测量套管厚度、纵向裂缝和腐蚀情况。而横向探头 B、横向探头 C 主要用于探测套管的横向裂缝、射孔和腐蚀情况。通过电磁探头三轴向排布设计，实现了对所测井段信息的全方位覆盖。温度探头用来检测井内流体温度场的变化；伽马探头用来探测井身周围自然伽马强度，即用于校深；上扶正器、下扶正器保持仪器在套管中居中，起到扶正作用。

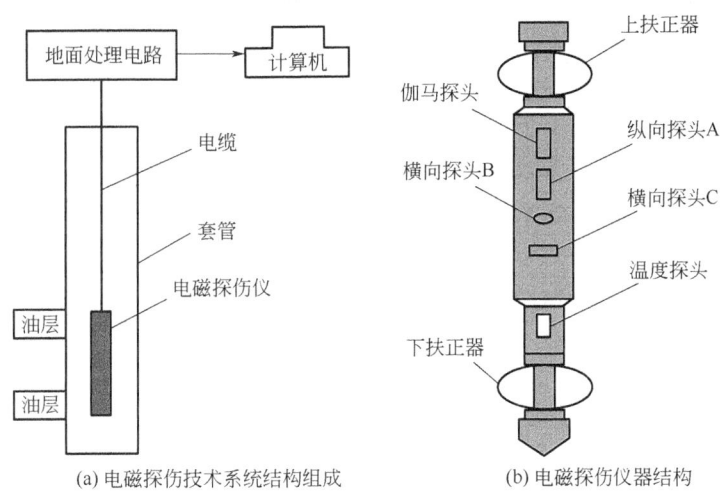

(a) 电磁探伤技术系统结构组成　　(b) 电磁探伤仪器结构

图 6.6　电磁探伤技术系统及仪器示意图

电磁探伤仪是应用法拉第电磁感应定律原理，以瞬变电磁法为理论基础进行设计的。该仪器由发射系统和接收系统两部分组成，工作过程分为发射、电磁感应和接收三部分。发射电流为双极性电流脉冲，采用正负间断方式脉冲发射，具有瞬时波场和平面波场的特点。

利用瞬变电磁原理对生产井进行套损检测，其测井物理理论模型如图 6.7 所示。在直流脉冲电流关断瞬间，其周围产生一次场，然后磁场衰减在井下套管中产生纵向涡电流和径向环电流；由于感应电流随时间变化，在其周围又产生按指数规律随时间衰减的二次磁场，接收线圈检测感应电动势 ε 为

$$\varepsilon = S \frac{dB}{dt} \tag{6.1}$$

式中，ε 为感应电动势；S 为线圈面积，$S = S_1 NK$，S_1 为单一线圈面积、N 为线圈匝数、K 为磁常数；B 为磁通量；t 为时间。

对 ε 进行分析计算，便可得出油管或套管的厚度、裂缝及变形。

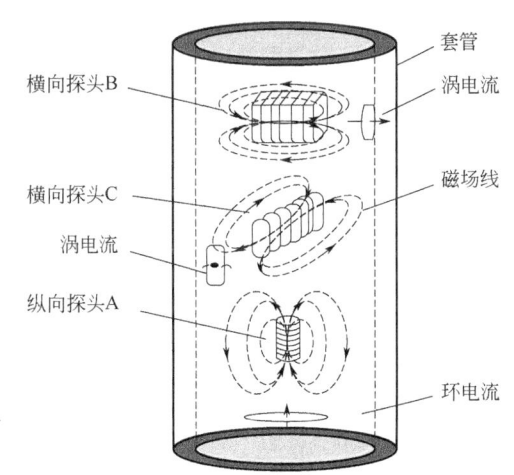

图 6.7　瞬变电磁测井物理模型

发射电流关断后由于一次场不断衰减且趋于消失，仅有二次感应电流磁场相互作用，同时二次场的传播衰减速率与套管形状、电导率等信息有关，当套管发生变形、腐蚀、孔洞和裂缝等损伤时，将部分或全部切断感应电流的通路，改变感应电动势 ε 的幅度，再通过解释程序对测取数据进行显示、分析和处理，就可定性定量地判断套损状态。

瞬变电磁法套损检测时，观测是在脉冲间歇中进行的，且只测量关断后期的纯二次场数据，由此该技术具有以下主要特点：

(1)具有更强的探测能力。测量纯二次场信息,排除一次场干扰,减少对检测对象产生异常响应的分析,分辨率高,加大发射功率即可直接提高探测能力。

(2)具有更高的观测准确度。单脉冲激发可得到包含更多信息的整条瞬变磁场的衰减曲线,通过多次叠加可大幅提高信噪比,同时提高观测准确度。

(3)具有更广的适应性。采用非接触式连续快速测试,现场检测操作简单可靠,测试效率高。

对比磁壁厚测井仪(MTT)、多臂井径成像仪(MIT)和电磁探伤成像测井仪(MID-k)三种仪器,MIT、MTT、MID-K作为现今应用较为成熟的测井仪器,其技术指标见表6.2。

表6.2 MIT、MTT、MID-K测井仪器技术指标一览表

参数	MID-K	MTT	MIT
仪器类型	磁探测测井仪器	磁探测测井仪器	井径类测井仪器
仪器外径,mm	42	43	43(24臂)
仪器长度,m	2.10	2.12	1.14(24臂)
最大工作压力,psi	30450	15000	15000
最高工作温度,℃	175	150	150
质量,kg	9	13.6	9.1(24臂)
传感器数量,个	5	12+1	24臂、40臂、60臂
井眼覆盖率,%	100	100	19.5(24臂)
测量范围,mm	62~324	50.8~177.8	45~245
测井分辨率	探测管柱横向损伤:最小长度1/4管柱周长;探测管性纵向损伤:最小长度50mm	金属损失率>35%,壁厚损失>50%,10mm以上孔可识别金属损失率>20%,壁厚损失>30%,20mm以上孔可识别	测量半径分辨率为0.076mm,垂直分辨率为2.54mm

三种仪器的优缺点见表6.3。

表6.3 MIT、MTT和MID-K测井仪器优缺点对比表

	MIT	MTT	MID-K
优势	(1)仪器精度和探测分辨率最高,能够定量评价油套管本体和接箍的内壁损伤和结垢程度。(2)能够进行油套管变形分析,射孔孔眼标定,以及油套管穿孔、断裂位置确定。(3)附带解释软件可以创建三维成像图和横截面图,能直观清晰地显示出油套管内壁情况。(4)能够识别同一深度处发生损伤的数量和相对方位	(1)可以和MIT一起下井作业,提高测井效率,同时通过管柱内壁和管柱厚度的检测,可以定量计算出第一层管柱的厚度和外壁损伤情况以及损伤的数量和相对方位。(2)同一检测平面内12个传感器对管壁进行全覆盖测量,能够获取12个方向管柱厚度,相对于MID-K的5个探头能够获得第一层管柱的更多信息。(3)可三维方式对管柱厚度进行成像显示,简单直观	(1)如果与MIT一起测井,能够通过管柱内壁和管柱厚度的检测,定量计算出管柱的外壁损伤厚度。(2)径向探测深度要比MTT的深近两倍,对外层管柱获得信息更多,可以检测多达3层的油套管结构。(3)可同时对第一层和第二层管柱进行探伤及厚度测量,确定壁厚变化大小及其纵横向的损伤,从而避免重新压井、起下油管等作业时所面临的高成本和高风险
不足	(1)无法对管柱外壁进行评价。(2)井径臂覆盖率本有一定限制。(3)受井况影响大,测井前需要进行洗井通井作业,尽量保正管柱内壁没有泥和蜡等杂质	(1)无法定量检测第二层管柱的壁厚损伤,但能定性判断。(2)当第二层管柱与油管距离较近时,磁信号受干扰较重,需要校正。(3)无法单独判断油套管内壁损伤和结垢	(1)不能和MIT一起下井,分别下井作业增加了时间成本和工程施工风险。(2)检测管柱壁厚损伤分辨率不高。(3)无法判别油套管内壁损伤和结垢。(4)不能判别损伤数量和方位

6.2 套管损伤测井检测技术的应用

6.2.1 检测套管的弯曲变形

地层压力异常、固井过程中水泥压力不均匀或者是其他的机械应力等因素会引起套管弯曲变形。从图6.8中可以看出测出的臂值曲线有弯曲，且变化幅度较明显，变形曲线比较圆滑，经成像处理后的图像颜色不均匀，尤其在曲线变化明显处颜色有异常。由此可以判断该套管存在弯曲变形。

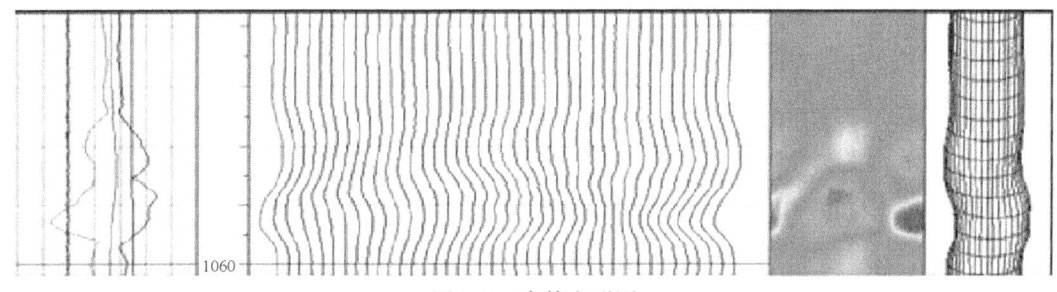

图 6.8　套管变形图

6.2.2 检测套管的断裂

套管的断裂通常是由地质应力变化、射孔密度过大或套管受到长时间腐蚀等因素引起的。断裂是一种严重的扩径现象，当扩径达到一定程度就会造成断裂。从图6.9可以看出，在断裂处的所有曲线都是不连续的环状曲线，经过处理后从成像图看出，由于内径超出了仪器侧臂的测量范围，有一段深色区域出现，结合其他曲线即可判断此处为套管断裂。

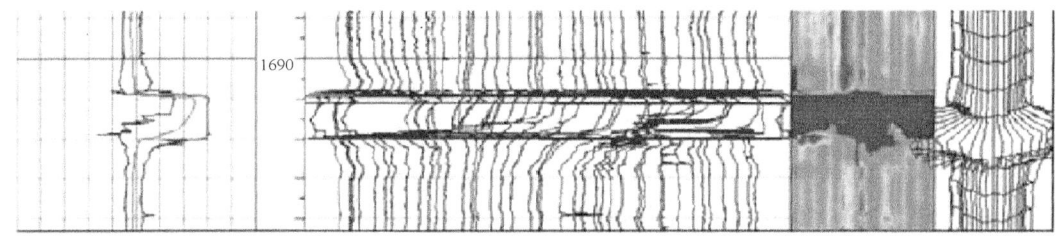

图 6.9　套管断裂图

6.2.3 井下工具的识别

图6.10中1673m处存在近2m宽的高幅度异常，计算的套管厚度很大，经查证此处为封隔器所在位置，放置的封隔器使得此处金属厚度增大，导致了高幅度的厚套管的显示。在

电磁探伤测井所测的曲线中，井下的工具在曲线上都会有明显显示。

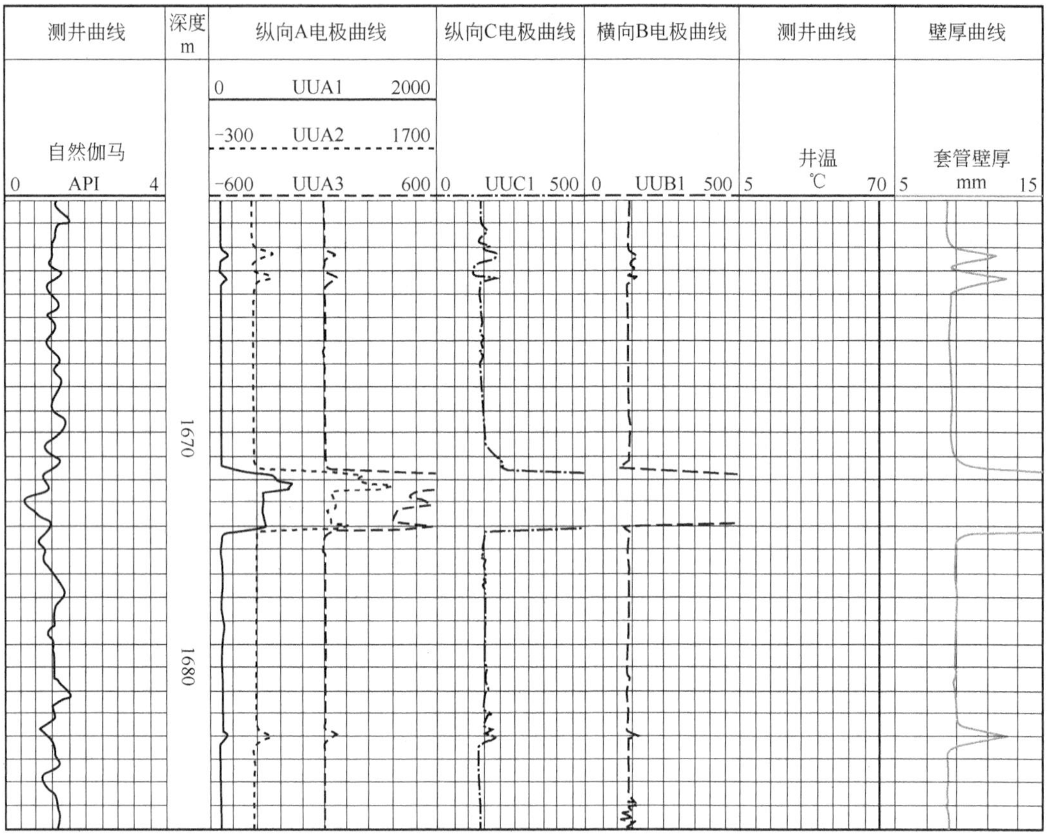

图 6.10　X28 井电磁探伤测井解释成果

参考文献

[1] 王向阳，韩金良，刘建伟，等. 超声波套损检测技术在煤层气井套管检测中的应用 [J]. 中国科技论文，2021，16(9)：1030-1034.

[2] 李光辉. 油套管损伤测井检测评价技术在土库曼气田中的应用 [J]. 测井技术，2014. 38(3)：360-364+369.

[3] 王冬冬，刘世伟，侯振永. 多功能超声成像测井仪在塔里木油田应用效果评价 [J]. 测井技术，2023，47(3)：364-370.

[4] 刘红兰. 油水井电磁探伤技术与应用 [J]. 电气应用，2018，37(5)：40-44.

[5] 马明宇，杨文军，王磊飞，等. 套损检测技术在安塞油田的应用 [J]. 中国石油和化工标准与质量，2014，(11)：18-19.

[6] 谷来梅，阚朝阳，谷海笑，等. 电磁探伤测井技术与推广应用. 石油地质与工程，2010，24(3)：132-133.

练习题

6.1 什么是工程测井？目前的工程测井有哪些？

6.2 目前现场套管损伤质量检测有哪些常规测井方法和新方法？有哪些比较流行的评价软件？如何确定窜槽(挤水泥)位置？

6.3 简述常见的套管损伤类型，并列举适用于每种类型的检测方法。

6.4 评价套管损伤检测技术中的声波测井有哪些？

6.5 详细说明超声波检测在套管损伤评价中的原理和应用，包括其优缺点。

6.6 解释电磁探伤原理，并说明其在套管损伤检测中的特点。

6.7 比较电磁探伤和其他检测方法在检测灵敏度、成本和实施难度等方面的优缺点。

6.8 解释套管完整性的概念，概括其在油气行业中的重要性。

第7章 其他测井新技术及应用

除核磁共振测井、远探测声波测井、过套管电阻率测井等新技术外,随着钻井新技术的应用以及人工智能的不断发展,测井技术及资料处理方法不断突破,本章主要阐述欠平衡测井技术和人工智能测井技术的原理及应用。

7.1 欠平衡测井技术及应用

为了进一步提高机械钻速、延长钻头寿命、降低钻井成本、完成复杂井段的钻井任务、及时发现和有效保护油气层、提高油气层开发利用率。目前,越来越多地采用空气钻井、泡沫钻井等欠平衡钻井体系。新的钻井技术的应用对测井技术提出了新的要求,如测井施工工艺的变化、测井环境的变化、测井响应关系的变化等,这些因素的变化影响了完井作业周期和测井地层评价的准确性。

是否采用欠平衡测井,主要根据欠平衡钻井的目的来确定。如果为了保护地层和地质需求,必须采用欠平衡测井技术;考虑工程安全因素,原则上不在探井或深井中进行欠平衡测井,只在开发井中进行欠平衡测井。

7.1.1 欠平衡测井技术简介

1. 技术发展历史

欠平衡测井(underbalanced wireline logging,UBL)技术是随着欠平衡钻井技术发展而来的,目前世界上已有20多个国家推广应用欠平衡钻井技术,并获得显著的经济效益。美国和加拿大的欠平衡钻井数量已经占其钻井总井次的1/3甚至更多。欠平衡钻井技术在降低地层伤害、提高油气开采量、降低钻井成本以及解决复杂地层钻井难题方面取得了很好的应用。

赵平等分析了气体钻井和泡沫钻井的测井工艺以及测井资料质量改善方法。司马立强等对于气体钻井段的测井响应特征及异常现象进行分析,从仪器结构和原理等方面讨论空气钻井对测井结果的影响。纯氮气钻井作为一种新的钻井技术已在四川盆地川东地区的 zbl 井首次投入使用。2003年2月1日,四川测井公司数控分公司对该井进行了测井施工作业。针对纯氮气钻井测井中出现的现象进行了分析与探讨。当井筒中只充满氮气时,对自然伽马测井、补偿密度测井影响很小，这两种测井响应基本反映了地层真实情况；而深浅双侧向、补偿声波和补偿中子等测井响应受井筒中氮气的影响严重，不能反映地层真实特征；井径测井测量的不是地层信息，也完全不受井筒内介质性质的影响。在氮气井中要测量地层信息时，可选择自然伽马、双感应、补偿密度及其他一些在设计上贴井壁(定向发射、接收)测量的测井方法。

近十年国内外的经验证明，采用非常规钻井的欠平衡钻井可以不污染地层，有助于油田发现和保护油气层，且在激烈的石油技术市场竞争中能创造更大的经济效益和社会效益。

2. 基本概述

1) 欠平衡测井定义

欠平衡测井也称负压测井，实际上是井口带压作业，井眼内的压力低于地层孔隙压力的测井技术，在测井过程中允许地层的流体连续地进入井眼。井眼内的介质为轻钻井液或天然气，测井施工的重点是防止井喷。

欠平衡测井技术是随着欠平衡钻井技术发展而衍生的在欠平衡井实施测井的新技术。因为在井口存在一定的压力，考虑到施工作业的安全性，要求测井时井口在密封的状态下进行，从而需解决许多相应的技术问题。其中，如何在井口密封、带压的条件下进行测井施工作业是实现真正意义上的欠平衡井口带压测井的技术关键。

2) 欠平衡技术工作原理

测井仪器在防喷管内，防喷管、仪器捕捉器、电缆防喷器、闸板封井器依次连接密封，由电缆防喷盒(电缆防喷控制器)对电缆密封，然后开启闸板封井器使防喷管内压力平衡防止井喷。通过注脂泵向电缆防喷盒注脂从而推动电缆下移，使下井仪器下井和控制电缆在上下移动过程中井内液体外泄。

3) 欠平衡测井技术特点

欠平衡测井技术是一项新的测井技术，它是在所钻开地层压力大于井筒液(气)柱压力、井口存在压力差的状态下的一种测井技术。其特点是带压测井，由于井筒液(气)柱压力低于所钻开地层压力，不能平衡地层压力(即欠平衡)，在井口存在井口套压，所以测井时要求井口密封，同时测井仪器如何顺利下入井底也与常规测井有所不同。欠平衡测井与常规测井方式的区别在于：欠平衡测井作业时必须在井口安装专门的井口防喷装置，确保测井施工作业过程中实现井口带压密封，而常规测井作业不需要安装类似的装置。欠平衡测井技术的发展过程包括井口装置的研制、工艺技术与解释技术的完善以及安全施工作业管理等技术的建立。

4) 欠平衡测井的优点

(1) 欠平衡测井时钻井液对地层的侵入可以忽略，避免了侵入对电法测井及核磁共阵等测井项目的影响，使所得到的资料更加接近于地层的真实情况，提高了对油、气、水判断的准确性。

(2) 欠平衡测井在目的层处很少有滤饼的形成，因此受滤饼影响较大的测井项目如密度测井、微球型聚焦测井及电成像测井等测井项目所得到的资料更接近于地层的真实情况。

(3) 应用欠平衡测井技术可以避免由于测井作业前需要压井作业而对地层所造成的侵入及污染，也避免了因测井作业而使欠平衡钻井获得的产能效益受到损失。

5) 欠平衡测井的缺点

(1) 如果打开的目的层为含气层或气层，在欠平衡测井过程中由于气体不断进入井眼，会对部分测井资料如声波时差、长源距声波、声成像等结果有一定的影响。

（2）欠平衡测井施工工艺复杂、测井时效降低。每次下井的仪器串长度最大为28m（使用套管阀技术除外），导致组合测井变得困难，测井时效明显降低。

7.1.2 欠平衡测井仪器介绍

在欠平衡测井过程中，地层压力大于钻井液柱压力的状态下进行测井施工作业，井口存在着一定的压力，井喷的概率和风险非常大，施工时必须采取措施防止和杜绝井喷。为此测井过程中井口必须在密封的状态下进行，此时防喷设备成为欠平衡测井的主要设备，如图7.1所示，包括法兰、电缆封井器、防落器、防喷管、电缆控制头、电缆密封盒、注脂系统及相关辅助设备组成。

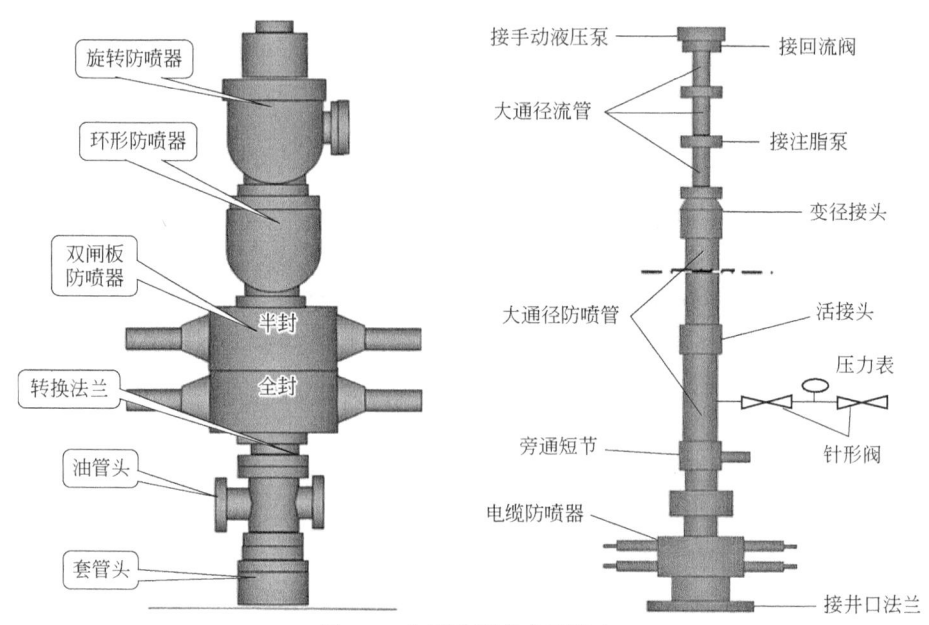

图7.1 欠平衡测井主要设备

井口法兰盘（flange）是将测井专用的压力控制系统与钻井队井口防喷系统进行对接的接口装置。

电缆封井器（blowout preventer）是一种整体闸板型的结构，用来关闭和密封静止的电缆，以便在有压力情况下必须开展作业时对电缆或防喷器上部设备进行修理。封井器可有单、双、或三组，阀可以液压或手动操作，并配有压力平衡阀或高压平衡联管节，液压驱动阀还配有手动操作闸板驱动器，它的操作与正常压力驱动闸板无关，这些驱动器用来收拢关闭闸板总成并且只在紧急情况下使用。

仪器防落器（tool trap）是一种安全装置，安装在防喷管串内紧靠电缆封井器的上方，它的作用是防止仪器意外落井。当处于关闭状态时，下落的仪器会被防落器挡住，上行通过防落器的仪器会把防落板抬起，形成自由进入防喷管的通路，当仪器通过后防落板会立即回到关闭位置。此时仪器如要下行进入到井内，防落板必须手动打开或通过液压打开，使用何种方式取决于仪器防落器的型号。

大通径防喷管(lubricator)是用于容纳下井仪器串,又起井口密封作用。防喷管的长度可以根据下井仪器的长度进行调节,一般要求防喷管的长度比下井仪器串长 1~2m 以上,确保仪器串能全部安全进入防喷管内。

仪器捕捉器(head catcher)是一种装在防喷管串顶部,自动捕捉电缆头打捞颈的安全装置,如果仪器意外地拉到防喷管串顶部使电缆脱落,该装置可以防止仪器掉下,被抓住的电缆头可以通过泵入液压油启动一个活塞强行使弹性爪打开而取出。仪器捕捉器常有两种型号,一种带整体球型单向阀,另一种不带整体球型单向阀。带有单向阀的捕捉器可以防止电缆断时发生压力泄漏。

带旁通短节的欠平衡测井作业时,如果使用普通的防喷管泄压阀,钻井液中的颗粒或杂质有可能堵塞阀孔。旁通短节是一种泄压装置,用于在封井器关闭后完成泄压与排放防喷管内部的钻井流体,还可用来做试压时的注入装置。

电缆控制头(grease control head)位于防喷管串的最顶部,用来在运动的电缆周围建立一个密封空间,以防止井内流体从井口或防喷管串中溢出。生产测井所用的一般是直径为 5.6mm 或 8mm 的电缆,电缆直径较小,从事的施工井内流体一般为清水或气体,电缆比较干净且长期受密封脂保护,电缆状况较好,电缆控制头流管间隙易调整,根据长期以来生产测井的经验,只要流管间隙控制在 0.05~0.15mm 之间,流管数量控制在 3~5 根,压力密封采用单泵注脂就可以确保井口压力在 40MPa 之内的电缆密封。

密封盒(pack off)用来使测井电缆周围密封,防止存留在防喷管内的钻井流体污染井场,密封盒额定工作压力为 3000~5000psi。液压电缆密封盒顶部的喇叭口均制成漏斗状,以防止在井口安装和拆卸过程中电缆打结。液压电缆密封盒还含有使电缆在密封脂或橡胶衬内居中的软质钢耐磨补心装置,以及根据不同型号用于将液压转换成压缩力以挤压电缆周围的密封脂的胶囊或不锈钢活塞。

注脂液控系统是由注脂泵通过高压注脂管线向注脂密封控制头的阻流管与电缆之间输送高黏度的密封脂。用该装置将密封脂注入密封脂控制头,能在高压力状态下密封测井电缆,对井内流体或溢流进行可靠密封。注脂液控系统通常安装在一个橇装框架上,提供了完整的高压管线和管线卷绕成套系统,专门设计的液压油箱和注脂油箱固定在橇装框架上。包含有 1 个柴油气压泵、1 个蓄气筒、2 个气动林肯泵和 2 个手动泵,在带压测井期间 2 个气动林肯泵可以交换使用,也可以同时使用提供较高的密封脂需求。

7.1.3 欠平衡测井工艺技术

1. 欠平衡测井与电缆测井工艺间的差异

由于欠平衡测井带有井口装置,同时井筒条件也比较复杂,因此其工艺技术也需要改进完善。在电缆测井技术的基础上,对部分电缆测井工艺技术进行了改进,发展形成了欠平衡测井工艺技术。

常规电缆测井井口是敞开式的,井筒内钻井液液柱压力略大于地层压力,依靠钻井液液柱压力压住储层,防止地层中的油气或地层水涌出井口;在测井施工前,钻井队通过循环钻井液,并静止观察 24h 后,井口的钻井液是稳定的,即钻井井口不出现溢流或井漏现象,把钻井井口移交给测井队进行测井施工。而欠平衡测井,钻井井筒内的钻井液液柱压力略小于地层压力,钻井井口不能敞开,若敞开井口,井筒内的钻井液就会向钻井平台溢流或涌出;

测井施工前的井控是依靠钻井井口封井器或欠平衡钻井装置、带压钻井装置控制井口压力。

欠平衡测井与常规电缆测井之间的明显区别就在于欠平衡测井施工，钻井井口带有测井防喷装置，而常规电缆测井的钻井井口是敞开的。针对欠平衡测井工艺技术要求，除了增加欠平衡测井防喷装置外，还需在电缆测井工艺技术的基础上对局部测井辅助器件和测井工艺技术进行适当改进，包括对电缆测井中双侧向软电极的改进、补偿中子偏心器的安装、补偿声波橡胶扶正器的安装以及测井加重杆如何设置等诸多问题，这些都是欠平衡测井与常规电缆测井有区别的地方。

1) 双侧向测井加长电极的改进

欠平衡测井的井口装置及钻井流体与常规测井相比有很大程度的不同，其中，双侧向测井施工作业需要安装防喷管，仪器的组合长度受到测井防喷管长度的限制。同时，由于安装了电缆控制头，在进行双侧向测井作业时，常规电缆双侧向测井仪器的软加长电极因不能通过测井电缆控制头，而在欠平衡测井工艺中不能使用，需用硬电极来代替软的加长电极，以缩短加长电极长度，加强电缆控制头对测井电缆的密封，以保障欠平衡测井的施工安全。

在欠平衡测井的基地准备工作中，需要在硬加长电极根数与软加长电极根数之间进行资料对比，建立起彼此之间的测井资料校正模板。当欠平衡测井时，需用该校正模板对双侧向测井资料进行校正，才能作为正式的双侧向资料用于成果解释评价。

2) 补偿中子测井偏心问题

欠平衡测井时，补偿中子偏心器能否顺利通过测井井口封井器与钻井封井器，直接关系到欠平衡测井施工的安全问题。一般而言，补偿中子测井时加偏心器是为了获得更可靠的资料，但由于欠平衡条件下井口装置较复杂，加偏心器给安全施工作业带来了更大的挑战，因此在偏心器的使用上需慎重取舍。欠平衡测井施工时，若需在补偿中子测井仪器上增加偏心器，要保证封井器和井队阀门全开，井口内无台阶，防止仪器串起下时遇阻遇卡。

如果现场条件确实不能加偏心器，为了解决上述问题，需认真分析补偿中子测井的原理。目前主要的改进方法有两种：一是在中子探测器背面加上 1/4 瓣的 6in 橡胶扶正器，能达到局部偏心，改善测井资料质量；二是将中子仪器接到密度仪器的下部。由于中子仪器离密度推靠器更近，在密度仪器打开推靠臂时使补偿中子仪器偏心，也可以改善补偿中子测井资料质量。

3) 补偿声波测井居中问题

补偿声波欠平衡测井工艺面临的主要问题是扶正器尺寸与井口防喷管尺寸和井眼尺寸间的配套问题。声波测井加扶正器的目的是为了保证仪器居中并防止仪器与井壁摩擦产生噪声，以免对声波测井资料产生干扰。但扶正器尺寸太小可能起不到扶正的作用，因此需要在井眼尺寸与扶正效果之间权衡来寻求一个合理的扶正器尺寸和类型。通过现场的试验及应用情况看，目前在大井眼井筒内使用灯笼扶正器，在小井眼井筒内使用橡胶扶正器，这样声波测井资料明显有大的改观。

另外，针对气层段欠平衡测井中声波时差容易跳波的问题，目前主要还是通过选择合理的欠压值来解决。

4) 欠平衡测井仪器加重装置的研制

在欠平衡测井过程中，由于井筒压差较大时，仪器串和电缆的自身重量不足以让测井仪器下到井底，这时需要给仪器加重。

加重装置与仪器的组合方式有两种，一种是在仪器上部和电缆马龙头之间加接加重装置，这一类加重装置是利用硬短节接在仪器和电缆马龙头之间，外径为92mm，长度为4m；另一种是在仪器底部加接加重装置，这一类加重装置一般加工成杆状的短节，外径为92mm，长度为1.5m。

从常见的应用情况来看，如果井筒压差较大，又要求单测某一项目，如测自然伽马以确定层位界面，那么仪器自身的重量可能有限，在这种情况下，可根据现场具体情况决定选择哪一种方式给仪器加重。

若测井仪器串本身就比较重，根据井筒内相关参数计算，能满足欠平衡测井条件，入井的仪器串可凭借自身重量，不需进行专门的仪器加重。

2. 气体介质欠平衡测井工艺技术

当钻井井筒内的介质为气体状态时，若从事欠平衡测井工作业，涉及补偿密度测井和核磁共振测井两项目，其测井工艺与钻井液液态介质测井施工也存在不同之处。

1）补偿密度气体介质欠平衡测井工艺的改进

补偿密度欠平衡测井工艺主要针对气体钻井介质的情况。在气体介质条件下，由于补偿密度仪器的推靠探头与井壁之间处于"干摩擦"状态，这样对仪器的磨损问题特别突出，需要做一些改进。传统的解决办法是在探头上涂抹润滑脂并尽量降低测井速度（最低测井速度为4m/min）。

2）核磁共振测井工艺的改进

核磁共振测井仪器在钻井液介质条件下测井时，为了降低或消除井眼介质对测量结果的影响，需要在探头部位加装井眼介质排出器。但在井眼介质为气体时，由于气体介质不导电，根据核磁共振测井原理分析，可以将该装置去掉；另外，由于在气体介质条件下，核磁共振测井的 Q 值（环境因子）更高，可以将测井速度提高1~2倍。

7.1.4 欠平衡测井的影响因素

1. 欠平衡测井中地层对测井响应的影响

欠平衡钻井与平衡钻井过程中，地层的侵入模型有较大的区别：欠平衡钻井过程中钻井液对地层的侵入较浅甚至可能不侵入地层；而平衡钻井过程中，钻井液对地层的侵入几乎是普遍存在而且可能较深的。因此，这种侵入模型的差异，必将会导致测井响应有所不同。

1）自然伽马及自然伽马能谱

自然伽马GR及自然伽马能谱NGS测量的是仪器测量范围内介质的自然放射性强度。从自然伽马及自然伽马能谱测量的原理不难看出，如果钻井介质（水基钻井液、油基钻井液或气体）不存在高放射性的情况时，井筒介质对自然伽马或自然伽马能谱测井响应没有影响。

2）自然电位

自然电位SP的产生是由井筒水基钻井液与地层接触时发生离子交换而产生的。由于欠平衡侵入较浅，在一定程度上可能影响钻井液与地层水之间离子交换的数量和程度。因此，在钻井介质为水基钻井液的情况下，从自然电位产生机理上讲，欠平衡状态下自然电位异常的幅度可能变小，也可能没有明显区别。

3) 深浅双侧向、微球聚焦

钻井液的侵入不仅影响深浅双侧向电阻率的差异，而且影响其幅度值。深浅双侧向电阻率的幅度值是受井筒钻井液、侵入带和原状地层共同影响的结果，它们对深浅双侧向电阻率的影响程度由其几何因子决定。如果侵入浅，侵入带的几何因子变小，在井筒条件不变的情况下，地层的几何因子增大，地层电阻率对深浅双侧向电阻率的影响增加。若地层为高阻，深浅双侧向测量值比深侵的情况下测量值同时增高。因此，欠平衡条件下，深浅双侧向测量值较侵入较深的情况下的测量值偏高。

微球聚焦测井主要反映冲洗带电阻率 R_{xo}。如果钻井液侵入较浅，低于微球的探测深度，此时微球将更多地受地层电阻率的影响。因此，微球反映的不完全是冲洗带的电阻率。如果钻井液的侵入深度超过微球的探测深度，则微球反映的是冲洗带电阻率。

4) 补偿密度和补偿中子

从补偿密度 CDL 和补偿中子 CNL 的测量原理来看，两者都反映的是井壁附近一定空间内介质的相关属性的平均值。补偿密度反映的是井壁附近一定空间内介质体积密度平均值，而补偿中子反映的是井壁附近一定空间内介质视孔隙度（含氢指数）的平均值。因此，对于水层而言，由于钻井液滤液与地层水的密度及含氢指数相差不大，有无侵入对测井响应的影响并不是很明显。而对于气层，情况有所不同，因为钻井液滤液与天然气的体积密度和视中子孔隙度有很大的差异，因此无钻井液滤液侵入或较浅钻井液侵入（欠平衡测井）比有钻井液滤液侵入（常规条件测井）时的密度值偏低，视中子孔隙度也偏低（因为有天然气挖掘效应和流体含氢指数差异双重因素的影响）。这时，钻井液侵入的影响不可忽视。

5) 声波时差

声波时差 AC 的探测范围较小，主要反映冲洗带（基于常规条件而言）的地层属性，对于水层而言，有无钻井液滤液的侵入对声波时差影响不大。但对于气层，欠平衡测井声波速度会受到影响，特别是声波的幅度影响更为严重。另外在气层欠平衡测井过程中，由于气体向井筒作泡状流动，往往会产生跳波现象，造成声波时差的增大和幅度的严重衰减。这种情况虽然有利于气层识别，但不利于储层孔隙度参数计算。

2. 原油及天然气介质条件下的测井响应影响分析

1) 自然伽马或自然伽马能谱

自然伽马值在天然气介质和原油介质下两者基本重合，说明两种介质条件下测量自然伽马不受影响。这与自然伽马仪器测量原理及其地质基础是一致的。

2) 井温曲线

天然气介质下所测井温曲线变化趋势较好，在气层段出现明显低温异常，为确定储层位置直接提供有力的依据。而原油介质下所测井温曲线在气层段异常的幅度特征，变化不明显。二者进行相关性对比，相关系数 $R=0.63$，说明在两种介质条件下所测井温曲线差别较大。

3) 光电截面吸收指数

天然气介质下所测光电截面吸收指数比原油介质下所测光电指数略偏大，偏大值在0.5电子左右，二者变化趋势相同。在井径规则处，两者一致性较好，误差较小；而在井径较大处，两者都增大，而天然气介质的测量值大于原油介质的测量值，表明井眼扩大时天然气介质会使光电截面吸收指数增大得更多。总体来看，光电截面吸收指数在两种介质中的测井结果有一致性，能较好地用于识别地层岩性——岩性指示分辨器。

4）补偿密度

补偿密度测井值反映的是仪器探测范围内介质的平均视密度值。如果考虑井壁表面粗糙不平的影响，不难分析出，在井壁条件相同的情况下，在天然气介质中测得的补偿密度值一般比原油介质中测得的补偿密度值略低，因为天然气密度比原油密度低。从实际测量结果看，基本上也反映了上述特征，两者对比的总体特征是：在井眼条件好的井段基本重合（天然气介质的密度测井值略低于原油介质的密度测井值）；在井眼扩大处，由于极板不能很好贴靠井壁，受井眼影响较大，二者测量值均偏低，且二者变化趋势大体相同，但天然气介质下所测密度值更低。这是因为补偿密度探测深度较浅，在补偿密度探测范围内天然气造成密度测井值降低。

5）补偿中子

补偿中子测井主要反映仪器探测范围内介质的含氢量。但理论研究和实践都证明了当仪器探测范围内介质中含天然气时，不仅减少了含氢量，同时还增大了超热中子的减速长度，使得实际的中子测量值比探测范围内介质的含氢指数低，即中子孔隙度偏低，这一特殊现象被称为"挖掘效应"，需要进行校正。然而由于天然气钻井的井壁一般都很粗糙，这样就会造成在仪器探测点与地层之间产生大量的充满天然气的空间，使得中子测井值偏低。

7.1.5 欠平衡测井技术的应用

1. 欠平衡钻井条件下带压测井的井口动密封问题

欠平衡钻井使得井筒液柱压力低于钻开地层压力，井口形成压力差，因此为了防止井喷并录取地层资料，井口动密封是欠平衡测井的关键技术之一。

在直井条件下，欠平衡测井在井口动密封的问题主要靠选用合适的高压密封井口装置实现。影响井口动密封效果的主要因素有：注脂压力、密封脂黏度过高或过低、阻流管内径和长度、注脂管线的内径与长度、井内物质等。

欠平衡测井井口动密封问题在吐哈油田的应用过程中，与常规测井相比需要注意以下关键环节：

（1）认真按照欠平衡测井要求做好各项辅助设施配套、仪器检查刻度、安全薄弱环节的检查，以及井控设备承压试验等准备工作。

（2）采用多节流管（根据井口压力）、双级注脂泵进行井口电缆密封。

（3）仪器下井前，对井口防喷装置进行仔细检查并试压 20MPa 方能进行下一步作业。防喷管连接好后，启动测井队压力防喷系统，缓慢打开井队防喷器调节压力防喷系统，使防喷系统的压力高于井口压力 1~2MPa。仪器在防喷管内停留 10min 左右确定无泄漏，仪器方能下放。

（4）在仪器下井过程中，派专人负责检查清洁电缆，去除尘砂，保证电缆顺利通过流管。井口留人值班，观察井控设备工作情况，一旦发现泄漏，尽快起出电缆，使仪器串安全进入防喷管后关井，再处理泄漏设备。

（5）电缆起下过程中，如果发现断钢丝，应立即停车，关闭电缆封井器的两级闸板，并通过两级闸板的注脂孔注入密封脂，泄掉防喷管中的压力后可拆开防喷管与电缆封井器的连接活接头，进行维修以便排除故障。

(6)安装井口或吊装仪器过程中,首选木制或铜制工具,须用铁制工具时要小心轻放,避免产生火花。

(7)在井队闸门开启前,封井器上下两级闸板必须呈关闭状态,待压力平衡后缓慢开启封井器。

2. 欠平衡测井资料质量控制

为了使欠平衡钻进所保护的油气层不受污染,又能取得评价储层所必需的测井资料,需要进行欠平衡带压测井。对于欠平衡带压测井资料的质量控制,可通过一定措施来改善测井资料质量,以满足对储层进行精细评价的要求。

1) 对双侧向测井的影响

一般欠平衡带压测井施工中防喷管线的总长度约20m,受到井架高度(约27m)的限制,相应地限制了仪器长度(16m~19m)。对于常规的双侧向电阻率仪,仪器零长约14m,再加上加长电极长度约10m,其仪器总零长达24m左右,这样的双侧向电阻率仪就不能装入防喷管线内,为此被迫缩短加长电极长度,而加长电极缩短后就不能测得深部的地层电阻率值,这就使得深侧向曲线无法使用。因为深侧向在正常情况下其主电流和屏蔽电流均以远处电极为回路,但受现场施工条件限制,改变了其回路电极,屏蔽电流在地层中经过很短的距离就到达回路电极,使聚焦性能变差,主电流进入地层时很快扩散,所测曲线受井眼影响较大,不能反映地层的真实电阻率,深浅侧向趋势一致,但数值偏低。

由于欠平衡带压测井所接仪器长度受到防喷管长度的限制,双侧向测井仪器无法接加长电极,为了解决深侧向屏蔽电流的回路问题,可以采用双侧向电阻率仪在水平井测井技术中屏蔽电流的回路的解决办法,即在双侧向仪的顶部加装隔离绝缘短节。

2) 对补偿声波曲线的影响

欠平衡井中地层压力大于钻井液柱压力的状态下,地层的气体可进入井眼内。若为了使套管压力控制较低而不断排气泄压,势必造成地层中天然气不断进入井眼,天然气在井眼中的流动对声能可产生较强的衰减,造成声波时差曲线在天然气进入井眼处出现跳波变值,从而影响储层孔隙度的计算。

为解决对声波测井资料的影响,可采用两种方法:一是在测井前通过提高钻井液密度,使井下地层达到近平衡状,确保天然气不渗入或低渗入井眼中,不在井眼内产生流动;二是井口控制一定套压,在测井过程中不进行排气作业,从而使井下流体达到平衡状态,不产生流体。同时,在进行声波测井时,降低测速,避免测井时产生抽汲作用。

3) 对补偿中子测井的影响

补偿中子测井的基本原理是中子由中子源射向地层,在中子源周围,为快中子的减速区,稍远处为热中子的扩散区。补偿中子测井就是利用与中子源有一定距离的中子探测器来测量热中子的密度。通常在较长距离条件下,当地层中的孔隙度大时,含氢量就高。

为消除钻井液中的含氢量影响,常规测井时通常加装中子仪偏心器,使仪器贴井壁运行。欠平衡带压测井时,可根据井身情况来考虑,若井斜较大,中子仪本身会贴井壁运行,可不用加装偏心器;若井眼较直,在确保安全的情况下,应加装偏心器来保证资料质量。

4) 对成像测井的影响

由于欠平衡钻井钻井液的限制,很难在井壁上形成滤饼,因此井壁不够光滑,这使得成像极板上24个纽扣电极在小井眼内有时无法全部贴在井壁上,使个别井的资料效果不是非常理想。

3. 欠平衡测井在吐哈油田的应用实例

在吐哈油田开展欠平衡钻井的区块目前基本集中在红台区块和三塘湖区块(地层压力较低)。红台区块采用氮气钻井或天然气钻井技术,三塘湖区块已开展了可循环微泡及无固相充气钻井液欠平衡钻井技术,从获取的实测资料看,三塘湖区块微泡钻井液对测井质量影响不大,基本不失真。

人工智能测井技术及应用

测井方法技术自 1927 年产生以来,经历了"模拟测井""数字测井""数控测井""成像测井"四个时代,测井仪器的种类及测量信息不断丰富,井眼覆盖率、垂直分辨率不断提高,径向探测范围逐步扩大。受数据分析技术的制约,传统测井解释方法对多源测井信息相关性分析及以其为基础的储层评价和应用研究不足。随着人工智能(AI)技术的不断发展,如何将其运用到测井大数据的加工、挖掘和利用,实现测井信息的"增值",升级油气勘探与开发服务,成为新时代测井应用研究的重要内容。

7.2.1 人工智能测井技术简介

1. 人工智能测井基本概述

20 世纪 80 年代,针对油气勘探开发领域面临的难题,测井专家开始利用人工智能技术探索解决方案,如 Wu 等、Delfiner 等基于统计分析和匹配方法,对测井数据进行了岩相自动解释。21 世纪初,Nikravesh 等提出智能储层特征的概念,回顾了以模糊推理、遗传计算和概率推理为内容的"软计算"处理办法的发展历程,并预测了其未来发展趋势。近年来,人工智能在石油勘探开发领域的研究热度逐步增加。Bergen 等系统分析了数据驱动下的各类机器学习方法在地球科学方面的应用;Alkinani 等总结了人工神经网络在油气行业的应用;Xu 等探讨了机器学习在岩石物理大数据中的应用前景,提出岩石物理数据驱动下的解析法(petrophysical data-driven analytics,PDDA)。斯伦贝谢公司和贝克休斯公司正利用人工智能技术逐步实现基于随钻测井数据的地质导向模型的自动更新、修正、迭代和最佳井眼轨迹的调整,形成井眼轨迹控制的技术。

基于人工智能定制化工作流,利用分布式计算、高性能计算、人工智能等新技术形成集钻井、测井、油气生产等勘探开发一体化的工作平台(如 DELFI 服务平台)已成为一种新的思路和发展趋势。贾承造提出中国石油工业上游亟须开展新一代人工智能油田、智能云网平台、石油工业智能机器人、石油工业智能与仿生材料技术和可再生能源与油气上游的融合等 5 个方面的科技攻关,其中 4 项涉及人工智能。肖立志等探索了物联网、机器人、新型核磁、人工智能等新兴技术可能引发的石油测井科学前沿问题。立足解决油田勘探开发过程中面临的测井数据规模大、处理解释难度大、数据匹配性和平面覆盖性不足带来的难题。石玉江提出随着数字技术快速发展,测井技术在数据采集和资料处理解释等领域均有新进展,数字化、智能化程度不断增强,协同化、一体化技术突出,低碳化、清洁化转型明显。

2015 年,中国石油测井公司(CPL)技术中心经过潜心钻研,攻克了一体化中舱工程结构设计、绞车自动控制、测井作业自动判断处理以及运行流程化控制等多项技术难题,成功设计研制出全球首套集仪器下井、质量控制和安全管控于一体的智能化测井现场作业系统。与传统测井作业过程相比,这套由变频电驱动绞车、一体化中舱、智能采集系统、智能控制软件、实时监控系统组成的系统,通过良好的人机交互设计,实现了测井仪器供电程控化和下井输送自动化,并能自动判别仪器遇阻、遇卡等特殊情况,及时采取报警或自动停车,减少人工干预,防止人为误操作。此外,该系统还集成了车辆及行车安全、放射源、火工品、生产指挥运行等多种在线监测系统,实现了现场作业24小时全过程、全要素有效管控。为不断降低运行成本,研发人员通过智能控制将绞车岗和操作岗合二为一,同时,采用双排座位和双层仪器架结构设计,将原测井车和工程车的功能集成在一辆车上,既大幅减少了装备数量、降低了劳动强度,又有效解决了生产高峰期人员周转紧张的问题。由于提高了工作效率,并满足现场安全性和降本增效需求,2018年7月,一体化智能测井系统被列入中国石油集团重大工程技术现场实验项目。

2. 人工智能发展历程

人工智能是计算机科学的一个分支,是研究计算机模拟人的某些思维过程和智能行为的学科。针对某些特定或综合的任务,人工智能可以使计算机形成与人相近或超越人的解决问题能力,通过研究与设计智能体(intelligent agents),使其达到目标的成功率最大化。

1950年,阿兰·麦席森·图灵首次提出人工智能的设想,1956年的达特茅斯会议被认为是人工智能的起源。按照技术迭代可将人工智能技术划分为三个阶段,其中,第一阶段为知识驱动的人工智能技术,是由研究者利用知识、算法和算例三个要素,在物理符号系统假设基础上构造人工智能;第二阶段是以深度学习为代表的数据驱动人工智能技术;第三阶段人工智能技术指未来将要发展的相关技术,其目标在于建立可解释的理论与方法,发展安全、可信与可扩展的人工智能技术。

机器学习是人工智能的核心,受到数据量、计算机性能和算法等因素制约,许多机器学习所关联的人工智能方法并未发挥预期的良好效果,人工智能的研究也因此经历了数次兴起和跌落。20世纪80年代至21世纪初,学者们提出一系列浅层学习机制的算法,但这些算法均为模型,仅适用于一定规模数据的应用和理论分析,在大样本数据分析或复杂特征数据(如图像、语音和文本等)的特征提取等方面应用效果不佳。对于具有多维度特征的数据,如何用更少维度的特征数据来表征数据样本点特性并进行有效的特征提取是提高机器学习预测精度的难点之一。2006年,Hinton等指出深层神经网络对高维数据有降维作用,能够很好地表征目标数据,可以在一定程度上缓解多维海量数据分析识别带来的难题,这种深层学习模型可以让一部分特征工程自动化,成为机器学习的一个亮点。

2017年,中国国务院制定了人工智能行业的指导规划,用于指导各行业的人工智能应用研究。2019年12月,李涓子等利用AMiner平台对计算机视觉、自然语言处理、语音识别、计算机图形学、机器人、信息检索与推荐等13个人工智能子领域的研究成果进行了可视化分析和知识图谱的构建。2021年1月,清华大学人工智能研究院、清华大学(计算机系)—中国工程院中国工程科技知识中心"知识智能联合研究中心"联合发布了《人工智能发展报告2020》,报告回顾了近10年人工智能技术的发展历程,预测未来人工智能技术的重点发展方向包括强化学习、神经形态硬件、知识图谱、智能机器人、可解释性AI、数字伦理、知识指导的自然语言处理等。人工智能技术的不断发展为其在测井领域的研究应用提供了良好的土壤。

图 7.2 展示了常见的机器学习算法类型，虚线箭头代表了某些浅层方法通过变形之后可以升级为深层学习方法。机器学习分为有监督机器学习和无监督机器学习，不同深度结构下的有监督机器学习和无监督机器学习的算法分类，主要包括神经网络和概率模型两种方法。由于无监督学习所形成的内容依赖于有监督学习的进一步标定，或者无标签数据中夹杂少量标签数据，所以无监督学习往往又表现为"无监督+有监督"的半监督学习形式。

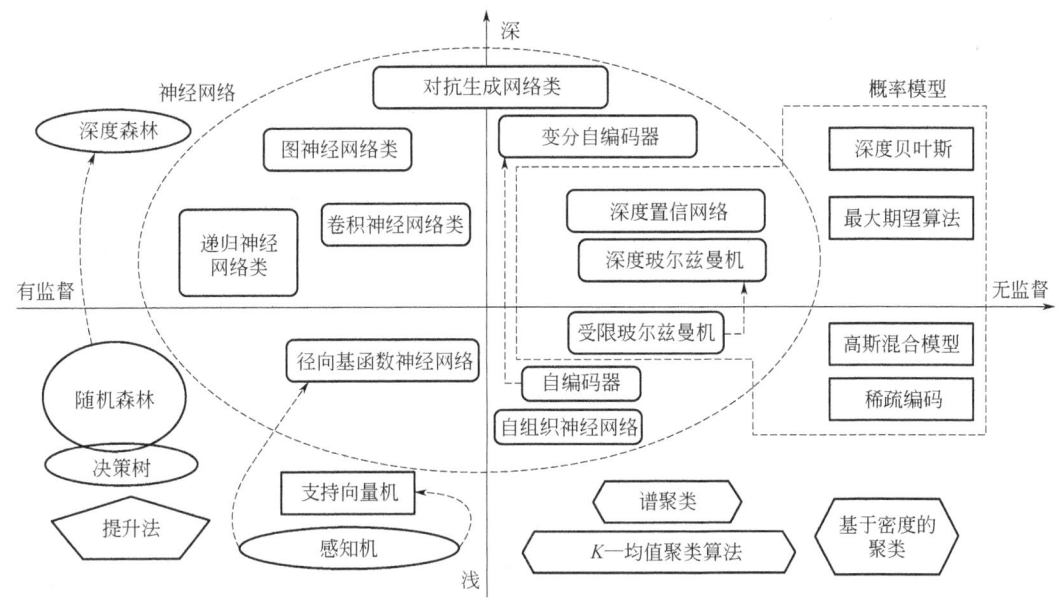

图 7.2　常见机器学习算法分类

7.2.2　人工智能测井原理

人工智能是指利用特定算法获取信息后，执行具有人类特征任务的能力，如识别物体、声音，以及从环境中学习以解决其他问题。人工智能的关键在于自动化方法的设计，即设计出一种学习算法，使计算机能够在没有人类干预或帮助的情况下自动获取知识。机器学习方法的不断优化，促进了人工智能领域相关技术的发展。它是计算机科学及统计学研究的领域之一，旨在针对给定数据设计及训练出具有拆分、排序、转换等能力的特殊算法。根据学习任务的特点，可分为监督学习(supervised learning)、无监督学习(unsupervised learning)和半监督学习(semi-supervised learning)。

训练数据样本包含了输入向量以及对应目标向量的机器学习任务被称为监督学习。根据学习目标的不同，可分为分类与回归这两类任务：分类任务用于为每个输入向量分配离散标签；回归任务则用于输出一个或多个连续变量，以表征输入变量与目标变量之间的统计关系。诸如支持向量机(support vector machine，SVM)、人工神经网络(artificial neural network，ANN)、决策树(decision tree)、随机森林(random forest)等经典监督学习方法，正逐步被应用到测井解释作业中。

训练数据仅由 1 组输入向量组成、不含对应目标标签的机器学习任务称为无监督学习。根据学习目标不同，无监督学习任务可分为聚类(clustering)、密度估计(density estimation)

与数据可视化(visualization)等。聚类任务的目标是将样本整体划分为若干个由相似对象组成的类簇;密度估计用于确定输入数据在空间中的分布;数据可视化主要利用降维方法,将数据从高维空间投影到二维或三维空间,供从业人员直观可视。常用无监督方法包括 K-均值聚类、具有噪声的基于密度的聚类(density-based spatial clustering of applications with noise,DBSCAN)、主成分分析(principal component analysis,PCA)等。

为了最大限度提高机器学习任务模式识别能力,可构建具有一定深度的模型,获取数据更深层次的特征或表征,以提升算法在处理更大数据量、更高维度的数据集时的准确度和可靠性。这些具有层次结构更为复杂的机器学习方法被称为深度学习(deep learning,DL),包括卷积神经网络(convolution neural network,CNN)、堆栈自编码网络(stacked auto-encoder network)、深度置信网络(deep belief nets)等。

还有一类模式识别任务利用少量标签数据和大量未标签的数据实现,此类任务即半监督学习。研究表明,少量标签有助于显著提升聚类效果,结合无监督学习降维方法的半监督分类任务则可在标签不足的情况下提升监督学习分类效果。

通常而言,地球物理领域所获取的数据是海量的,数据分析人员可根据数据及待求任务的特点,应用或自定义最佳的机器学习算法(图 7.3)。

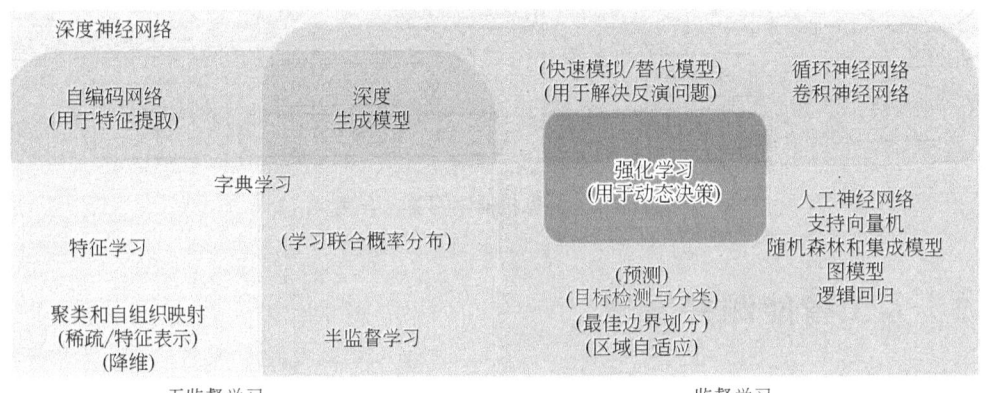

图 7.3　机器学习算法可按需选择

整体而言,目前的地球物理测井领域的数据量呈现了大容量、多尺度、高维、多噪声等特点。同时,基于物理或经验模型的数值模拟任务也为测井领域带来了大量的待处理数据及海量的计算任务:如 Prioul 等基于物理模型正演了井外各向异性介质(裂缝)对井壁电阻率成像、声波测井、垂直地震剖面等的响应情况,进行实际诱发裂缝方向研究;Wang 等则利用三维有限差分研究了套管偏心、不同胶结情况、方位窜槽等情况下的单极子和偶极子声场特征,有助于利用声波测井资料解释套管井的固井质量。基于物理模型的测井解释核心在于探索以领域知识为基础的变量间的可靠关系,即基于岩石物理体积模型建立近似的线性方程组来优化求解。这种做法在岩性简单的常规地层应用问题不大,但在复杂岩性地层中,测井响应与物性参数呈非线性关系,需要结合当地的地质情况进行相应的调整。利用人工智能处理测井资料能够更高效可靠地处理多变量物理参数间的关系。

图 7.4 展示了地球物理测井领域的两种数据分析工作流程。与以知识为基础的模型驱动方法相比,基于数据驱动的机器学习方法通过探索数据本身内存在的更大函数空间,更好地挖掘数据内潜在参数间的关系,将数据与目标(或称为标签)相联系,以非线性方

式，从高维空间中发现变量间关系。随着计算成本和运行时间的减少，内存、网络深度和可用数据样本的不断增加，Scikit-Learn、Tensorflow 等易于实现的机器学习算法库的开源使用，传统机器学习算法及更多新算法可以在学术和商业环境中方便各行业的人们使用(图7.5)。

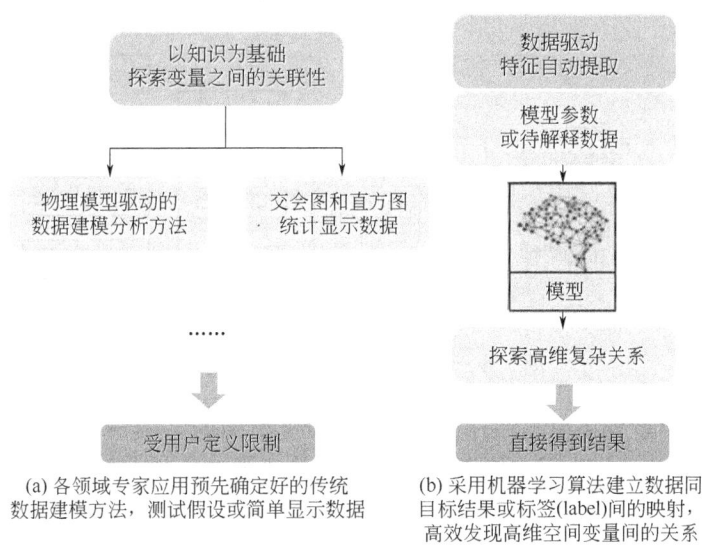

图 7.4　地球物理测井领域的两种数据分析工作流程

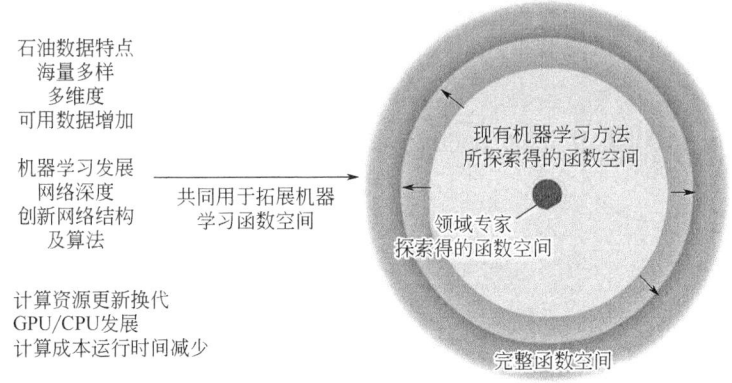

图 7.5　人工智能适合于地球物理测井领域

7.2.3　人工智能测井的应用

基于人工智能在测井领域的学术研究现状和研究热点，在此重点介绍人工智能在测井曲线重构、岩相预测和水平地应力预测三个方面的应用现状。

1. 测井曲线重构

测井曲线重构是指利用关联数据或从海量数据中得到的客观规律对现有测井曲线中不恰当的部分进行数据重造，例如声波时差曲线、密度曲线。而数据关联规律的寻找又依赖于有监督或无监督学习。当前利用机器学习方法重构测井曲线的途径主要包括单级测井曲线重构、多级测井曲线重构和复合级测井曲线重构三种方法。

单级测井曲线重构一般只依赖线性回归、决策树、神经网络等算法中的一种或几种方法（图7.6）。通过输入测井数据、聚类分析、数据变换、数据集划分等环节借助算法构建模型，实现目标曲线的重构。测井曲线重构后，根据预先评估指标筛选重构效果较好的模型，因而模型学习环节表现为这些算法的"并联"。

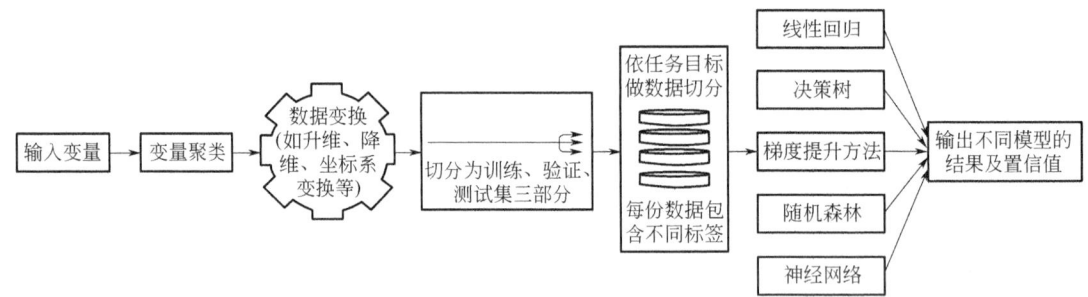

图7.6 单级测井曲线重构方法示例

与单级测井曲线重构方法相比，多级测井曲线重构通常表现为机器学习方法的"串联"，需要关联由单级测井曲线重构方法重构的测井资料来重构目标测井曲线。如一种多阶段的曲线生成方案（图7.7），每一个阶段生成的测井曲线将作为一种约束条件自动参与下一阶段的曲线预测，以提高最终解释结果的可靠性，最终重构的曲线质量取决于每一阶段生成曲线的精度。

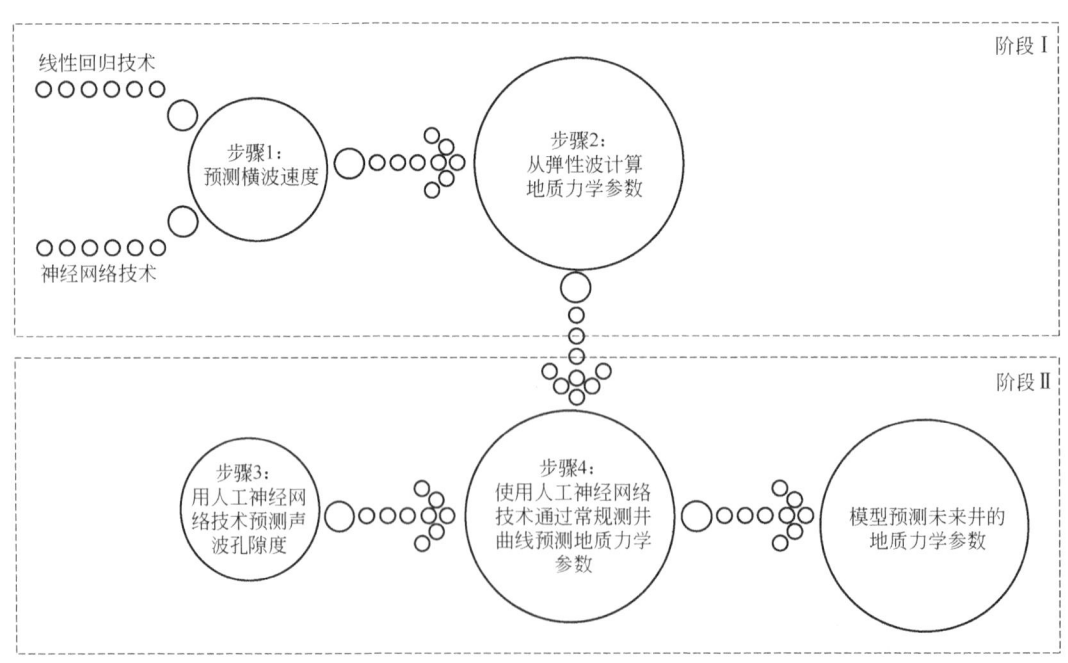

图7.7 多级测井曲线重构方法示例

2. 预测岩相

近年来研究人员逐渐开始使用机器学习等技术探索测井资料和岩相之间的关系、构建预测岩相类型的方法。

数据标签是构建有监督学习岩相预测模型的基础和前提。岩石物理学家和测井专家根据测井数据等地质资料划定岩性,并利用岩心和岩屑样品进行校正,建立测井资料预测岩相的函数模型,并利用机器学习方法进行样本的训练和层岩相的预测。

为建立更加精准的岩相预测模型,人工智能专家和地质学家利用常规测井资料进行了大量的探索与尝试。除利用常规测井资料构建机器学习模型识别岩相外,部分学者还将成像测井的图像资料引入岩相预测模型的构建,也是该领域热点前沿。为进一步提高预测岩相类型的精度,需要引入图像语义分割等技术实现对岩相的像素级别预测,以实现预测结果与不同岩相的语义信息的一一对应。相关技术已应用于地震数据处理,如图7.8利用全卷积网络和反卷积网络构成的分类方法预测地层语义信息,该模型运行时,左侧的"解码器"负责将图像数据信息和人工语义标签信息(岩相类别、图中位置等)转化为数字信息;右侧的解码器则将数字信息转换成技术人员按规则设定的标签语义信息,类似一个"翻译"过程。人工智能可以让机器不停地学习"翻译"技能,以减少直观评价带来的多解性和不确定性。

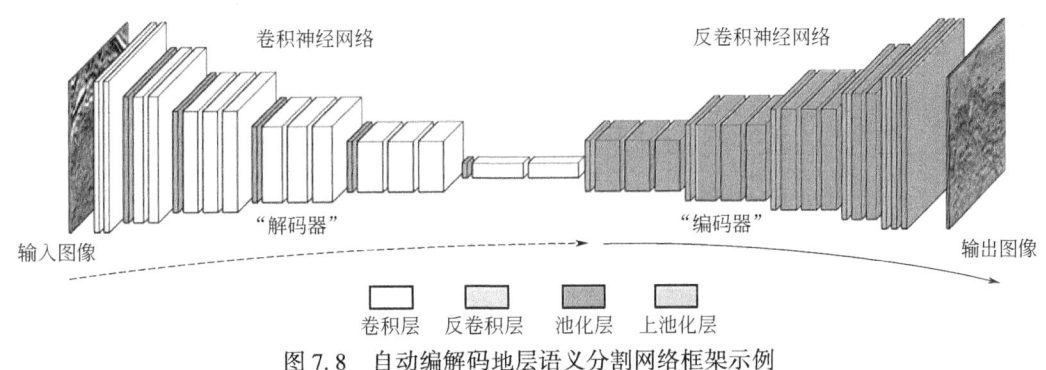

图7.8 自动编解码地层语义分割网络框架示例

卷积神经网络构建的语义分割模型能够胜任裂缝型储层的测井解释与评价任务,除少数边界信息的识别结果不准确外,其对目的层段裂缝发育级别的解释与测井专家分析结果相吻合。

基于不同算法的有监督学习得到的岩相预测结果准确性差异较大,特别是对测井图像的解释效果欠佳,分析认为主要由两个原因造成的:一是用于训练的数据尚不够丰富,无法全面展示算法的预测效果;二是不同岩相类型的测井图像在训练集和验证集中所占比例不同,造成该类方法对某些特定岩相的识别能力较差并导致整体预测性能的下降。此外,地质学家对测井数据的解释结果并不具唯一性,且无法保证其精准度,这也导致机器学习方法难以界定真实测井数值。

当测井数据的标签有限或测井数据缺少标签但含有其他地质信息时,可以先利用无监督学习方法获取数据隐含的类别特征,再根据其他地质信息或借助测井专家的支持确定相应的机器学习方法,最终建立可自主预测目标储层岩相类型的模型。

3. 水平地应力预测

利用明化镇组砂泥岩、太古宇变质岩的岩石力学参数、地应力实测数据及测井主成分信息,建立了水平最大地应力 σ_H、水平最小地应力 σ_h、垂向地应力 δ_v 等的神经网络训练样本数据模式,见表7.1。

表7.1 人工神经网络法进行水平方向地应力训练数据表

编号	σ_V MPa	声波时差 μs/ft	密度 ρ g/cm³	杨氏模量 E GPa	孔隙度 ϕ	σ_H MPa	σ_h MPa
1	94.79	82.6	2.641	11.695	0.138	59.18	84.90
2	87.11	84.2	2.649	16.383	0.170	63.20	77.71
3	87.06	84.9	2.626	13.810	0.168	63.37	77.77
4	106.72	92.6	2.490	21.868	0.177	97.71	103.17
5	106.02	95.6	2.490	23.133	0.184	96.52	102.27
6	77.00	75.5	2.438	38.650	0.226	55.00	66.00
7	80.78	50.2	2.232	32.850	0.200	64.00	75.00
8	87.91	72.2	2.476	32.615	0.219	57.25	73.39
9	91.88	70.5	2.451	26.204	0.237	88.45	90.03
10	88.39	71.3	2.496	40.795	0.265	61.50	77.91
11	84.43	69.9	2.487	33.294	0.245	60.64	80.19
12	86.12	69.1	2.517	26.348	0.305	60.70	79.29
13	90.62	69.5	2.497	26.348	0.305	87.39	91.76
14	86.96	69.3	2.504	33.170	0.294	61.42	79.09
15	97.19	64.1	2.521	28.468	0.214	95.97	98.53
16	89.21	64.3	2.544	33.465	0.266	65.39	87.51
17	89.41	62.3	2.542	30.440	0.233	65.86	85.07
18	89.04	62.4	2.543	35.308	0.253	66.98	82.15
19	87.00	49.4	2.704	37.500	0.215	53.00	68.00
20	106.00	50.6	2.635	28.900	0.226	81.00	90.00
21	97.00	48.8	2.666	43.750	0.202	61.00	80.00
22	101.00	51.6	2.681	53.650	0.188	67.00	84.00
23	95.00	52.9	2.716	33.850	0.225	71.00	78.00
24	96.10	66.5	2.469	26.075	0.258	88.60	110.60
25	105.00	51.6	2.658	42.900	0.253	72.90	110.20
26	98.90	55.3	2.658	40.675	0.243	69.60	105.10
27	110.00	51.5	2.723	28.900	0.211	81.00	93.00

神经网络法的学习建模和参数预测流程为：

(1) 精心组织样本数据 (X_1, X_2, …, Y);

(2) 反复训练学习样本数据的特征;

(3) 学习完后，输入层到中间层、到输出层的神经元链接权值(系数，相当于回归方程的系数)存在一个模型数据文件里，通过输入待判层段(点)的自变量参数值 (X_1, …, X_n)，就可以用于参数的计算或预测或模式识别。

表7.1中有5个自变量(σ_v、AC、ρ、E、ϕ)，2个因变量(水平最大地应力δ_H、最小水平地应力δ_h)，中间层(隐含层)设置12个结点，则通过对样本数据的学习训练后，建立人

工神经网络法预测 σ_h 模型见表 7.2。人工神经网络法预测 σ_H 模型与此类似。

表 7.2 人工神经网络法预测水平地应力模型

三层网络：(5, 12, 1)；作用函数：$f(x) = 1/[1+\exp(-x)]$；
信息逐层正向前进，则有：
输入层 $x(i) \rightarrow$ 隐含层 $S_2(j) = \sum_{i=1}^{n_1} W(1,i,j) * X(i) \rightarrow V_2(j) = f[S_2(j)]$
$\rightarrow$ 输出层 $S_3(k) = \sum_{j=1}^{n_2} W(2,i,j) * V_2(j) \rightarrow$ 预测值；Yout$(k) = V_3(k) = f[S_3(k)]$；
$S =$ Yout$(k) * 105$；$i = 1, 2, \cdots, n_1 (n_1 = 5)$；$j = 1, 2, \cdots, n_2 (n_2 = 12)$；$k = n_3 = 1$。

			$W(1,i,j)$					$W(2,i,j)$ j 同左边，$k=1$
		i						
	j		1	2	3	4	5	
网络输入层与隐含层，以及隐含层与输出层之间的连接强度或者权系数	1		-6.11215	-2.49230	4.02594	-2.30902	2.75258	4.528955
	2		-5.24938	-2.91711	2.16332	2.29198	-4.13717	-5.070181
	3		11.11406	0.99257	-8.83407	-4.41700	2.63319	3.777912
	4		-0.89942	-0.03862	-0.29890	-0.08658	-0.74129	0.731570
	5		0.01297	-0.37061	-0.72469	-0.76485	-0.32766	-0.204376
	6		-1.80222	1.72578	3.44122	0.42170	-0.52762	2.201861
	7		1.70836	-5.40150	0.05465	-4.80314	5.10585	-5.249489
	8		-6.28109	7.11388	1.61444	0.76375	-1.90010	-3.884530
	9		-0.10796	-0.45821	-0.90768	-0.35895	-0.22537	-0.084905
	10		-0.97330	-0.09560	-1.25655	-0.90922	-1.93303	-0.896090
	11		1.56238	-1.75841	-6.60190	-2.67485	-2.31492	2.954218
	12		-0.79579	0.47558	-0.37024	0.00119	-1.01099	0.871462

其回归方程为

$$\begin{cases} \sigma_h = 1.497\delta_v + 0.047AC - 59.029\rho - 0.387E + 62.718\phi + 77.118 \\ \sigma_H = 1.364\delta_v + 0.067AC - 30.005\rho - 0.166E + 86.262\phi + 17.141 \end{cases} \quad (7.1)$$

采用回归公式反算的这 27 组 σ_H、σ_h 地应力值，其绝对误差的最大值、最小值和平均值分别为 14.93MPa、0.197MPa、4.79MPa、16.741MPa、0.628MPa、5.145MPa；而采用人工神经网络模型反算这 27 组 σ_H、σ_h 地应力值，其绝对误差的最大值、最小值和平均值分别为 0.223MPa、0MPa、0.034MPa、0.257MPa、0.001MPa、0.03MPa。可见采用高度非线性逼近的人工神经网络模型来计算地应力，其精度远远优于传统的回归分析拟合公式。

参考文献

[1] 谢璞，李文彬，朱满宏，等. 欠平衡测井技术在吐哈油田的应用 [J]. 石油仪器，2009，23(2)：60-76.

[2] 张军. 欠平衡条件下测井曲线环境校正 [D]. 青岛：中国石油大学(华东)，2010.
[3] 赵平，侯春会. 特殊钻井之测井对策 [J]. 测井技术，2006，(1)：16-18.
[4] 司马立强. 空气井测井响应现象分析与探讨 [J]. 测井技术，2003(6)：499-501.
[5] 孙龙祥，韩宏伟，冯德永，等. 基于人工智能的测井地层划分方法研究现状与展望 [J]. 油气地质与采收率，2023，30(3)：49-58.
[6] 石玉江. 油田公司与中油测井一体化工作模式构建与思考 [J]. 石油科技论坛，2023，42(5)：30-36.
[7] 韩宏伟，王继晨，康宇，等. 测井智能处理与解释方法现状与展望 [J]. 三峡大学学报(自然科学版)，2022，44(6)：1-14.
[8] 王华，张雨顺. 测井资料人工智能处理解释的现状及展望 [J]. 测井技术，2021，45(4)：345-356.
[9] 夏宏泉. 裂缝性碳酸盐岩储层测井精细解释方法研究及应用 [D]. 南充：西南石油大学，1997.

练习题

7.1 什么是欠平衡测井技术？

7.2 简述欠平衡测井技术的测井原理。

7.3 欠平衡测井所用到的仪器中防喷装置有哪些？举两个例子说明其作用。

7.4 简述欠平衡测井技术与电缆工艺的差异。

7.5 欠平衡测井的影响因素主要分为哪两个方面？欠平衡测井的响应特征有哪些？

7.6 如何利用非线性判别分析法或神经网络法或灰色关联理论或支持向量机法或决策树法等机器学习大数据处理技术，进行测井岩性识别或油水气层识别或预测横波时差？

7.7 简述人工智能与测井的适应性分析。

7.8 比较人工智能测井与传统测井技术的优缺点。